建筑施工技术人员上岗必修课系列

预算员上岗必修课（市政工程）

郭令梅　等编著

机 械 工 业 出 版 社

本书依据《建设工程工程量清单计价规范》（GB 50500—2013）、《市政工程工程量计算规范》（GB 50857—2013）等新版计价规范编写而成。全书分 3 篇 9 章。第一篇为市政工程综述，介绍所做工程的工程造价费用所属的阶段，这个阶段造价费用所起的作用。第二篇为市政工程定额计价与清单计价的编制和程序，介绍了造价费用的编制，编制的依据和计价方法，如何用表格形式把费用表现出来。第三篇为市政工程定额计价与清单计价，分别按定额计价模式、清单计价模式阐述了通用工程、道路工程、管网工程、桥涵工程等市政专业工程的工程量计算规则、计算方法以及工程造价的计算。书中附有大量案例，以提高读者实际工程计量与计价的能力。书中还介绍了"营改增"对工程造价的影响，同时例题中增加了增值税计价中一般计税法计价和简易计税法计价两种模式。

本书可作为市政工程造价人员学习用书，也可作为市政工程技术人员、管理人员和在校相关专业师生的学习参考资料。

图书在版编目（CIP）数据

预算员上岗必修课. 市政工程/郭令梅等编著. —北京：机械工业出版社，2019.2

（建筑施工技术人员上岗必修课系列）

ISBN 978-7-111-61772-3

Ⅰ.①预…　Ⅱ.①郭…　Ⅲ.①市政工程-建筑预算定额-岗位培训-教材　Ⅳ.①TU723.34

中国版本图书馆 CIP 数据核字（2019）第 006323 号

机械工业出版社（北京市百万庄大街 22 号　邮政编码 100037）
策划编辑：闫云霞　责任编辑：闫云霞　张大勇
责任校对：王明欣　封面设计：鞠　杨
责任印制：李　昂
中国农业出版社印刷厂印刷
2019 年 3 月第 1 版第 1 次印刷
184mm×260mm·20 印张·490 千字
标准书号：ISBN 978-7-111-61772-3
定价：59.00 元

前言

近年来，随着我国工程造价价格体系的变化以及清单计价模式的实施，我国的工程造价进入了崭新的阶段，对于市政工程造价从业人员的需求量也与日俱增。同时，随着住房和城乡建设部、国家质量监督检验检疫总局联合发布的《建设工程工程量清单计价规范》（GB 50500—2013）、《市政工程工程量计算规范》（GB 50857—2013）等新版计价规范的实施，我国建设工程计价规范体系进一步发展与健全。因此，如何快速、高效地掌握 2013 计价规范，提高造价人员素质和市政工程造价的编制质量，已成为市政工程造价从业人员迫切需要解决的问题。本书以现行规范为准则，重点从实用的角度来介绍市政工程造价编制。本书从定额的角度来介绍在预算编制的过程当中应注意的问题，同时结合实例通过预算过程中每一个小细节的计算来介绍预算的编制全过程。

本书共分为九章。第一章、第二章由刘兆云编写；第三章由郭银锁、李梅娟合编；第四章由刘李霞、张涛合编；第五章由刘李霞编写；第六章、第七章、第八章和第九章由郭令梅编写。

因编写人员水平有限，加之当前我国的工程造价处于不断的改革与发展当中，书中内容难免有疏漏或未尽之处，希望读者提出批评、指正。

目录

1

第一篇　市政工程综述

第一章

Chapter ▶▶ 01

市政工程概述

第一节　市政工程概念及特点

本书所称市政工程是指城市重要的基础设施工程，它包含城市道路、桥涵、隧道、给水、排水、防洪堤坝、燃气、集中供热及绿化等设施。这些工程由城市政府组织有关部门经营管理，通常称为市政公用设施，简称市政工程。

一、市政工程作用

1）市政工程是城市重要的基础设施，是城市必不可少的物质技术基础。西方发达国家的工业，都是伴随着市政、交通、能源等基础设施的发展而发展起来的，许多发展中国家的工业化，都是以大力发展基础设施为前提。一个现代化的城市必须有与之相配套的基础设施，这样才能和城市的生产和各项建设事业的发展相适应，才能创造良好的投资环境，提高城市的品位。

2）城市基础设施在数量和质量上针对不同性质的城市和要求会有所不同。一定数量的城市用地和建筑面积，一定量的服务设施和生产能力，需要与其相应的一定量的城市基础设施相配套。大城市及特大城市，市区面积大，人口密集，用水量大必然导致引水和供水距离的加长；交往出行距离长，输入输出和过境物资的不断增加，也将导致道路宽度及道路网密度的大幅度增加。中小城市相对就比较宽松一些，人口与市区面积有限，生产与服务设施规模不大，供水一般能就近解决，且交往出行的距离也不会过长，流动人口与过境物资不会太多，市政工程设施投资就比较省。但是近年来随着国家政策的调整，新型城镇化的提出，意味着中小城市的发展步伐加快，市政设施的发展也随之需不断完善。这就对中小城市的市政设施提出了更高的要求。

3）城市的市政工程设施，同时具备直接为生产和生活服务的功能。城市道路既通行生产用车，又通行生活用车；城市排水系统既排放工业污水，又排放居民生活污水；城市供水既有工业用水，又有生活用水；城市燃气、供水、防洪、绿化等即为生产服务，又为生活服务。

4）市政工程设施同居民生活息息相关，且其建设具有先行性。因市政工程大多都是涉及民生的工程，具有投资大、工期要求紧的特点。如燃气、供热、供水、道路工程，工期要求紧，且涉及周围居民，需提前安排；而排水、防洪、桥梁、隧道工程，一般都有工期的限制，需要避开雨季或者河道的丰水期等特殊要求。同时在市政工程设计方面，在考虑市政工程设施适应城市要求的前提下，还要考虑城市发展的要求，需要在设计上留有一定的余量。

二、市政工程特点可以概括为以下五个方面

（一）产品的公益性

城市生活配套的各种公共基础设施建设都属于市政工程范畴，是为满足社会公众公共需要的工程，比如常见的城市道路、桥梁、地铁、比如与生活紧密相关的各种管线：雨水、污水、上水、中水、电力、电信、热力、燃气等，还有广场、园林等的建设，属于国家基本建设，是城市生存和发展必不可少的物质基础。

（二）施工多样性

市政工程一般所建的地理位置处于市区范围内，有着几种不同的施工作业方法，比如说同样一个市区修两条路，根据周围环境的不同、居民的多少、地质情况的不同等因素，设计便有所不同，有的市政工程仅含道路、排水、给水、绿化、强电、弱电等一些基本工程，有的市政工程就复杂一些，除基本工程满足要求外，还要有综合管廊、桥梁工程、污水处理设施、地铁、隧道等一些复杂的配套工程。设计的不同，与之配套的施工也有所不同，就形成了施工多样且复杂多变。

（三）产品复杂性

施工环境复杂，作业面条件多变，不具备同比参考性，大部分施工项目都必须设置专项方案。在市政工程施工里，各专业交叉施工较为显著，如城市立交桥施工就包含了高处作业、管线配套、桩基挖埋等作业面；而地铁修建则又包含了地下施工、隧道挖填、轨道铺设、电气接入等作业面。作业面广泛，既有桥涵隧洞、跨越线路等大型施工项目，也有日常路面坑槽维护、管线挖填等一些小型项目。施工场地复杂，市政工程大多位于市区繁华路段，项目周边环境复杂，人员流动大，有些改建工程作业面不够，危险源复杂，外部因素多，有时为了保证道路畅通，经常会分段分片进行控制施工，出现左边施工右边通行或者上方施工下方通行的情况。给市政工程施工带来了很大的难度，且对市政管理也提出了很高的要求。

（四）费用的大额性

因市政工程大部分都是事关民生的工程，属于国家基本建设，因而其工程费用大部分都非常昂贵，动辄数百万、数千万，特大的市政项目造价可达百亿人民币。

（五）工程的个别性

每一项市政工程都在不同的地点建造，且每项工程的地质条件、结构类型、设计尺寸、地形条件等都不可能完全相同，且每个工程都有特定的用途、功能、规模，这就决定了市政工程的个别性的特点。

第二节　市政建设项目的划分

市政建设项目按工程管理和工程造价的层面要求，可划分为建设项目、单项工程、单位工程、分部工程、分项工程5个层次。

一、建设项目

建设项目是指在一个总体范围内，由一个或几个单项工程组成，经济上实行独立核算，行政上实行统一管理，并具有法人资格的建设单位。例如一个污水处理厂的新建工程由若干条道路工程和污水处理设施等单项工程组合而成。

二、单项工程

单项工程是指具有单独设计文件的，建成后可以独立发挥生产能力或效益的一组配套齐全的工程项目。单项工程从施工的角度看是一个独立的系统，也称为工程项目。如一个道路新建工程，它含有道路、给水、排水、燃气、集中供热、绿化等单位工程，也就是说若干个单位工程组合成一个单项工程；一个城市立交桥的新建工程由道路、排水、绿化、桥涵等单位工程组合而成。

三、单位工程

单位工程是指竣工后不可以独立发挥生产能力或效益，或者是生产能力的发挥和效益有条件限制，但具有独立设计，能够独立组织施工的工程。它是单项工程的组成部分。例如道路、桥梁、给水、排水、燃气、集中供热、园林绿化、路灯等，即称为单位工程。

四、分部工程

分部工程是单位工程的组成部分，分部工程的划分是按照专业性质、建筑部位确定的。市政工程的各个分部工程，按市政工程的主要部位或工种工程及安装工程的种类划分。例如土石方工程、围堰工程、钢筋工程、路基工程、道路基层、道路面层、交通管理设施、管渠工程、附属构筑物、管道安装、水处理设备安装、取水工程、管件安装等。

五、分项工程

分项工程是分部工程的组成部分，是施工图预算中最基本的计量单位。它是按照不同的施工方法、不同材料的不同规格等，将分部工程进一步划分的。例如，土石方工程按开挖方式的不同可分为人工开挖、机械开挖等分项工程；围堰工程按不同的施工方法及不同材料可分为土草围堰、圆木桩围堰、钢桩围堰等分项工程；钢筋工程按不同钢筋种类及规格、施工方法分为普通钢筋、钢筋电渣压力焊连接、钢筋机械连接、钢件及拉杆制作安装、预应力筋、预应力钢绞线等分项工程；路基工程分为路基整形、路基盲沟、翻浆处理、土工材料处理路基、排水边沟等分项工程；道路基层按不同材质及施工方法分为石类土基层、水泥稳定土基层、沥青碎石基层等分项工程；道路面层分为沥青混凝土面层、水泥混凝土面层、沥青拌合料加工、块料面层等分项工程；交通管理设施分为交通标志杆制作安装、标志牌制作安装、标线、道路隔离护栏安装、减速带安装等分项工程；管渠工程分为垫层、基础、接口、渠砌筑、盖板制作安装等分项工程；附属构筑物分为雨水井、污水井、砌筑井、混凝土井、井壁勾缝及抹灰、井盖或井箅安装、排水管道出口砌筑等分项工程；管道安装分为混凝土管、铸铁管、塑料管、接口等分项工程。

多个分项工程构成一个分部工程；多个分部工程构成一个单位工程；多个单位工程组成

一个单项工程；多个单项工程组成一个建设项目。分项工程是市政工程的基本构成要素，且必不可少。

第三节　市政工程建设的基本程序

市政工程建设从项目建议书、可行性研究、设计阶段、建设准备及实施阶段、项目竣工验收及投入使用、项目后评价六个基本程序进行，各阶段有不同的工作内容。

一、项目建议书

项目建议书主要的作用是推荐一个具体的项目，是供有关决策部门选择并确定是否进行下一步工作的建议文件，是拟建项目单位向有关决策部门提出的。

主要内容包括：

1）建设项目提出的必要性和依据。

2）项目的规模、建设地点的初步设想。

3）投资估算和资金筹措设想。

4）项目的进度安排。

5）项目效益的初步评价及估计。

6）项目的资源、建设条件及其他需分析的情况。

二、可行性研究

按照批准的项目建议书，就可组织进行可行性研究。可行性研究的主要目的是通过多个方案的比较和论证，通过建设必要性、技术的可行性、经济的合理性，推荐出最优方案，编制可行性研究报告。

可行性研究报告的主要内容：

1）提出项目的建设规模。

2）资源的落实情况。

3）方案的比选。

4）技术经济指标的选择。

5）总体布置及工程量估算。

6）环境保护、城市规划、人防等要求和拟采取的相应措施。

7）项目的建设工期和实施进度。

8）投资估算及资金筹措。

9）取得的经济效果和社会效益估计。

三、设计阶段

一般项目进行两阶段设计，即初步设计和施工图设计。也有的重大项目或技术较复杂的项目两阶段不能满足要求，需进行三阶段设计，即在初步设计之后，进行技术设计，再进行施工图设计。

（一）初步设计

初步设计是根据批准的可行性研究报告提出具体的实施方案，其编制的深度要满足项目的投资、材料及设备订货、土地征用和施工准备的要求，并编制项目的总概算。

初步设计包括设计说明、工程总概算书、主要材料设备、设计图四部分。

（二）技术设计

技术设计应以初步设计为基础，进一步解决初步设计中提出的重大技术性问题，目的是使设计更加完善，技术指标更好。因涉及一些细节性的更改，在此阶段需编制项目的修正概算。

（三）施工图设计

施工图设计是根据批准的初步设计和技术设计，进行进一步设计，其深度应能满足施工要求。在此阶段需编制施工图预算。

四、建设准备与实施阶段

在初步设计已经批准，项目开工之前要做好各项准备与实施工作，其内容包括：

1）组建精干熟练的项目班子。

2）建设现场的准备：包括征地、拆迁及三通一平。

3）准备必要的施工图。

4）组织招标投标，选择施工单位、监理单位、设备及材料供应商。

5）办理质量监督手续及施工许可证，为施工单位进入现场做好准备工作。

6）针对建设项目总体规划安排施工，按照工程设计的要求、施工合同条款、施工组织设计、投资等，在质量、工期、安全目标的前提下进行施工，达到竣工验收标准。

五、项目竣工验收及投入使用

建设项目按合同规定的施工及验收规范和质量评定标准等内容全部修建完成后，便可组织竣工验收。竣工验收且合格，工程项目就可以投入使用。

竣工验收的主要内容有：

1）竣工验收前，建设单位要组织设计、施工等单位进行初验，向主管部门提出竣工验收报告。

2）建设单位要整理完整的技术资料、竣工图、各种原始资料及记录等竣工资料，在竣工验收时作为技术档案，移交相关单位保存。

3）建设单位要认真清理所有财产和物资，编制工程竣工决算，报上级主管部门审查并进行审计。

六、项目后评价

项目后评价是建设项目投资管理的最后一个环节。通过后评价可以总结经验、吸取教训和改进工作，从而提高决策水平。项目后评价主要内容为：

1）对项目立项决策、竣工投产、设计施工、生产运营等全过程进行分析。

2）对实施过程及实际取得的效益进行分析。

3）对实际效益和评估时的预测、决策效益进行对比。

4）评价效益的差异及分析产生的原因。

5）总结经验、提出改进意见。

第四节　市政工程概预算分类

一、投资估算

投资估算一般在项目决策阶段编制。一般由建设单位或受其委托的咨询单位编制，根据项目建议书、投资估算指标、类似工程指标、其他与工程有关资料，确定工程投资额。

投资估算的编制步骤：

1）准备工作，收集资料。

2）估算建筑安装工程费用、设备及工器具购置费用。

3）估算其他费用。

4）估算流动资金。

5）汇总总投资资料，装订成册。

二、设计概算

设计概算在初步设计阶段或扩大初步设计阶段编制，一般由设计单位编制，根据初步设计图、初步设计说明、概算定额、概算指标、取费标准、其他与工程有关资料，确定工程费用。

设计概算的编制步骤：

1）准备工作，调查研究，了解建设项目的性质、类别、设计规模、工程内容、设计范围、外部环境、工艺路线及设计方案等。

2）现场调查，收集资料。

3）编制概算，包括工程费用、工程建设其他费用、预备费用、建设期投资贷款利息、铺底流动资金等。

4）资料汇总，装订成册。

三、修正设计概算

修正设计概算是设计单位在技术设计阶段，随着对初步设计内容的深化，对建设规模的结构性质、设备类型等方面进行必要的修改和变动，一般由设计单位编制。

修正设计概算的编制步骤：

1）准备资料，如已编制好的初步设计概算及配套的图样、设计概算编制时收集的资料、修正后的图样、其他资料。

2）编制修正设计概算。包括工程费用、工程建设其他费用、预备费用、建设期投资贷款利息、铺底流动资金等。

四、施工图预算

施工图预算是在施工图设计完成后，工程开工前，根据已批准的施工图，在施工方案或施工组织设计已确定的前提下，按照国家或省市颁发的现行预算定额、费用定额、材料预算价格等有关规定，进行逐项计算工程量、套用相应定额，并进行工料分析，计算直接费、间接费、利润、税金等费用，来确定工程造价。一般由建设单位或施工单位编制。施工图预算编制的主体不同作用也不相同，施工图预算由建设单位或建设单位委托的咨询单位编制时，主要用作招标控制价。施工图预算由施工企业编制时主要用作投标预算，其中也包括支付工程进度款时的施工单位编制的预算。

施工图预算的编制步骤：

1）准备资料，如图样、规范、施工组织设计（施工方案）现场资料、预算定额、各项取费标准、建设地区的自然及技术经济条件资料等。

2）根据施工图计算工程量。

3）根据工程量和定额分析工料机消耗量。

4）计算直接费、间接费、利润、税金。

5）工程汇总形成工程造价。

国有资金投资的建设工程招标，应当编制招标控制价，作为投标人的最高投标限价，也是招标人能够接受的最高的交易价格。

五、合同价

合同价形成一般分为两种情况：

第一种情况。是指在工程招标投标阶段，建设方同施工方双方在签订合同协议书中列明的合同价格。如果以单价合同形式招标，工程量清单中各种价格的总和即为合同价。如果扣除暂列金额，即为有效合同价。在特殊情况下，也可能把中标价经过修正后签约的价格作为合同价。特殊情况是指，发出中标通知书以后，签订合同书以前，由于国家法律、法规和规章有改变，经合同双方协商改变了中标通知书的中标价，改变后的价格为签约合同价。

第二种情况。以施工图预算为基础，协商决定合同价。这种情况主要是适用于抢险工程、保密工程、不宜进行招标的工程、依法可不进行招标的工程等项目。

合同价签约步骤一：

1）实行招标的工程已进行招标投标，且已确定中标单位。

2）招标人与中标人依据招标文件、中标人的投标文件签订合同。在合同中明确关于工程的工期、造价、质量等方面实质性内容。

3）合同中明确的工程费用即为工程合同价。

合同价签约步骤二：

1）不实行招标的工程，在项目前期工作都已完备，具备开工条件，且有与施工配套的施工图。

2）根据施工图算出施工图预算费用。

3）双方协商决定有关工程的工期、造价、质量方面实质性内容。

4）签订合同，合同中的费用即为工程合同价。

在工程招标投标中，招标人和中标人应当自中标通知书发出之日起 30 日内，按照招标文件和中标人的投标文件订立书面合同，招标人和中标人不得再行订立背离合同实质性内容的其他协议；不实行招标的工程合同价款，在实际工作中，施工图预算编制有的由建设方编制，有的由施工方编制，不论由哪方编制，最后都是以双方经过认可的工程价款作为签约合同价。

六、工程结算

工程结算一般在工程竣工后编制。一般由施工单位编制。

工程结算的编制步骤：

1）准备资料，如施工合同、施工图预算书、设计变更、应列入工程结算的其他资料。

2）深入现场，对照观察竣工工程。复核原始资料。

3）在已有施工图预算的基础上，计算及调整工程量，并调整费用。

4）汇总结算造价。

七、竣工决算

竣工决算一般在竣工验收交付使用阶段编制。一般由建设单位编制。

竣工决算的编制步骤：

1）收集、整理和分析有关依据资料的完整性。主要是各种变更、签证、施工图、竣工图等。

2）清理各项财务债权及债务，结余物资的妥善管理。

3）变动的各项情况的核实，重新核定工程造价。

4）编制竣工决算说明，并填写竣工决算报表。

5）做工程造价对比分析。

6）资料装订。

市政工程概预算费用中，投资估算、设计概算、修正设计概算、施工图预算、合同价、工程结算、竣工决算，针对一个项目，投资估算费用最大，竣工决算费用最小，它们之间的关系如图1-1所示。

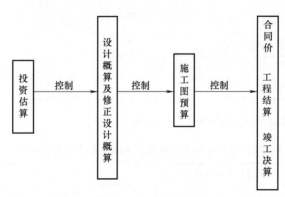

图1-1　市政工程概预算费用之间的关系

第二章

Chapter ▶▶ 02

建设项目总投资构成

第一节　建设项目总投资构成结构

工程建设项目总投资是指与工程建设有关的工作所支出的一切费用。建设项目的总投资，应包括建设投资、建设期贷款利息、固定资产投资方向调节税和建成投产后所需的铺底流动资金。建设投资包括建筑安装工程费、设备及工具、器具购置费、工程建设其他费用、预备费用等。其总投资构成见表2-1。

表2-1　工程建设项目总投资构成

		工程费用	建筑安装工程费
建设项目总投资	建设投资		设备及工具、器具购置费
		工程建设其他费用	与土地使用有关的费用
			与建设项目有关的费用
			与未来企业生产经营有关的费用
		预备费用	基本预备费
			价差预备费
	建设期贷款利息		
	固定资产投资方向调节税		
	铺底流动资金		

工程建设项目总投资构成及各项费用计算程序见表2-2。

表2-2　工程建设项目总投资构成及各项费用计算程序

序号	工程建设项目总投资构成	计算式	
1	建设投资	①	②+⑤+⑨
1.1	工程费用	②	③+④
1.1.1	建筑安装工程费	③	
1.1.2	设备及工具、器具购置费	④	
1.2	工程建设其他费用	⑤	⑥+⑦+⑧
1.2.1	与土地使用有关的费用	⑥	

（续）

序号	工程建设项目总投资构成	计算式	
1.2.2	与建设项目有关的费用	⑦	
1.2.3	与未来企业生产经营有关的费用	⑧	
1.3	预备费	⑨	⑩+⑪
1.3.1	基本预备费	⑩	
1.3.2	价差预备费	⑪	
2	建设期贷款利息	⑫	
3	铺底流动资金	⑬	
4	工程建设项目总投资	⑭	①+⑫+⑬

注：表中计算式列中两列的带圈数字为投资费用的代号及计算过程，例如建设投资用"①"来表示，基本预备费用"⑩"来表示，价差预备费用"⑪"来表示，则预备费计算式为"⑩+⑪"，表示预备费是由基本预备费和价差预备费构成。

　　建筑安装工程的项目种类繁多，门类划分细致，相互间的联系十分紧密。建筑安装工程从费用计算的角度分为：房屋建筑与装饰工程、通用安装工程、构筑物工程、爆破工程、矿山工程、市政工程、园林绿化工程、城市轨道交通工程、仿古建筑工程等。市政工程属建筑安装工程中一个专业类别，本章是从整个建筑安装工程的层面来介绍工程建设项目总投资的构成。

第二节　建筑安装工程造价费用构成

　　营业税模式下建筑安装工程造价费用构成：

　　建筑安装工程造价由直接费、间接费、利润和税金组成。

　　直接费由直接工程费和措施费组成。

　　间接费由规费和企业管理费组成。

　　利润是指施工企业完成所承包的工程应获得的利润。

　　税金是指国家税法规定应计入建筑安装工程造价内的营业税、城市维护建设税及教育费附加。

　　实行"营改增"后，按照"价税分离"的工程计价规则，材料费、施工机械使用费、组织措施费、企业管理费中均不包括可抵扣的进项税额。城市维护建设税、教育费附加、地方教育费附加放入企业管理费的税金项下。

　　增值税模式下建筑安装工程造价费用构成：

　　建筑安装工程造价由直接费、间接费、利润和税金组成。

　　直接费由直接工程费和措施费组成。

　　间接费由规费和企业管理费组成。

　　利润是指施工企业完成所承包的工程应获得的利润。

　　税金是指国家税法规定应计入建筑安装工程造价内的增值税销项税额。

　　建筑安装工程费用组成如图2-1所示。

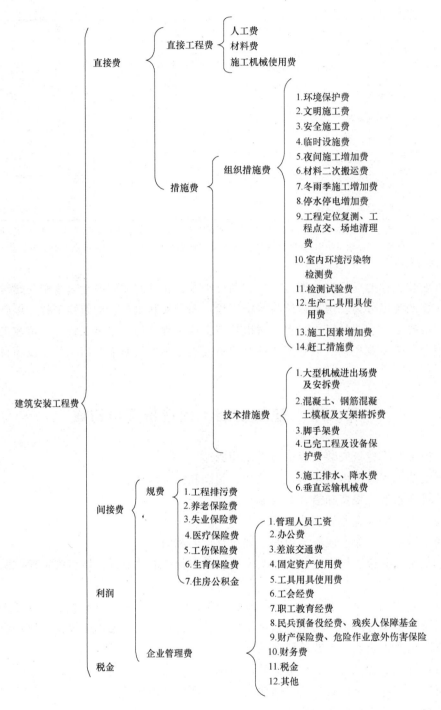

图 2-1　建筑安装工程费用组成

一、直接费

直接费由直接工程费和措施费组成。

（一）直接工程费

直接工程费是指施工过程中耗费的构成工程实体的各项费用，包括人工费、材料费、施工机械使用费。

1. 人工费

人工费是指直接从事建筑安装工程施工的生产工人开支的各项费用。内容包括 5 项费用：

1）基本工资：是指发放给生产工人的基本工资。

2）工资性补贴：是指按规定标准发放的物价补贴，煤、燃气补贴，交通补贴，住房补贴，流动津贴等。

3）生产工人辅助工资：是指生产工人年有效施工天数以外非作业天数的工资，包括职工学习、培训期间的工资，调动工作、探亲、休假期间的工资，因气候影响的停工工资，女工哺乳时间的工资，病假在六个月以内的工资及产、婚、丧假期的工资。

4）职工福利费：是指按规定标准计提的职工福利费。

5）生产工人的劳动保护费：是指按规定标准发放的劳动保护用品的购置费及修理费，防暑降温费，在有碍身体健康环境中施工的保健费用等。

2. 材料费

材料费是指施工过程中耗费的构成工程实体的原材料、辅助材料、构配件、零件、半成品的费用。内容包括 4 项费用：

1）材料原价（供应价格或出厂价）。

2）材料运杂费：是指材料自来源地运至工地仓库或指定堆放地点所发生的全部费用。

3）运输损耗费：是指材料在运输装卸过程中不可避免的损耗。

4）采购及保管费：是指为组织采购、供应和保管材料过程所需要的各项费用。包括采购费、仓储费、工地保管费、仓储损耗。

3. 施工机械使用费

施工机械使用费是指施工机械作业所发生的机械使用费以及机械安拆费和场外运输费。

施工机械台班单价应由 7 项费用组成：

1）折旧费：是指施工机械在规定的使用年限内，陆续收回其原值及购置资金的时间价值的费用。

2）大修理费：是指施工机械规定的大修理间隔台班进行必要的大修理，以恢复其正常功能所需的费用。

3）经常修理费：是指施工机械除大修理以外的各级保养和临时故障的排除所需的费用。包括为保障机械正常运转所需替换设备与随机配备工具附具的摊销和维护费用，机械运转及日常保养所需的润滑与擦拭的材料费用及机械停滞期间的维护及保养费用等。

4）安拆及场外运输费：安拆费是指施工机械在现场进行安装与拆卸所需的人工、材料、机械和试运转费用以及机械辅助设施的折旧、搭设、拆除等费用；场外运输费是指施工机械整体或分体自停放地点运至施工现场或由一个施工地点运至另一个施工地点的运输、装卸、辅助材料及架线等费用。

5）人工费：是指机上驾驶员和其他操作人员的工作日人工费及上述人员在施工机械规定的年工作台班以外的人工费。

6）燃料动力费：是指施工机械在运转作业中所消耗的固体燃料（煤、木柴）液体燃料（汽油、柴油）及水、电等费用。

7）其他费用：是指施工机械按照国家规定和有关部门规定的应缴纳的车船税、保险费及年检费等。

（二）措施费

措施费是指为完成工程项目施工，发生于该工程施工前和施工过程中技术、生活、安全等的非实体项目的费用。包括：

1．环境保护费

环境保护费是指施工现场为达到环保部门要求所需的各项费用。

2．文明施工费

文明施工费是指施工现场文明施工所需要的各项费用。

3．安全施工费

安全施工费是指施工现场安全施工所需要的各项费用。

4．临时设施费

临时设施费是指施工企业为进行建筑工程施工所必须搭设的生活和生产用的临时建筑物、构筑物和其他临时设施费用等。

临时设施包括：临时宿舍、文化福利及公用事业房屋与构筑物、仓库、办公室、加工厂以及规定范围内道路、水、电、管线等临时设施和小型临时设施。

5．夜间施工增加费

夜间施工增加费是指因夜间施工发生的夜班补助费、夜间施工降效、夜间施工照明设备摊销及照明用电等费用。

6．材料二次搬运费

材料二次搬运费是指因施工场地狭小等特殊情况而发生的材料二次搬运费用。

7．冬雨季施工增加费

冬雨季施工增加费是指按照施工及验收规范所规定的冬雨季施工要求，为保证冬雨季施工期间的工程质量和安全生产所增加的费用。包括冬雨季施工增加的工序、人工降效、机械降效、防雨、保温、加热等施工措施费用。

8．停水停电增加费

停水停电增加费是指施工现场供水、供电短时中断影响施工所增加的费用（4h 内）。

9．工程定位复测、工程点交、场地清理费

工程定位复测费是指开工前测量、定位、钉龙门板桩及经规划部门派人员复测的费用；工程点交费是指办理竣工验收、进行工程点交的费用；场地清理费是指竣工后室内清扫和场地清理所发生的费用。

10．室内环境污染物检测费

室内环境污染物检测费是指为保障公众健康，维护公共利益，对民用建筑中由于建筑材料和装修材料产生的室内环境污染物进行检测而发生的费用。

11．检测试验费

检测试验费是指对涉及结构安全和使用功能、建筑节能项目的抽样检测和对现场的建筑材料、构配件和建筑安装物进行常规性检测检验（含见证检测检验和沉降观测）所发生的费用，包括自设实验室进行试验所耗用的材料和化学药品等费用。不包括新结构、新材料的试验费和建设单位对具有出厂合格证明的材料进行检验，对构件做破坏性试验及其他特殊要求检验试验的费用。

12. 生产工具用具使用费

生产工具用具使用费是指施工生产所需不属于固定资产的生产工具及检验用具等的购置、摊销（使用）和维修费，以及支付给工人自备工具的补贴费。

13. 施工因素增加费

施工因素增加费是指具有市政工程特点，但又不属于临时设施的范围，并在施工前能预见到发生的因素而增加的费用。

14. 赶工措施费

赶工措施费是指由于建设单位的原因，要求施工工期少于合理工期，施工单位为满足工期的要求而采取相应措施发生的费用。

15. 大型机械进出场及安拆费

大型机械进出场及安拆费是指机械整体或分体自停放场地运至施工现场或由一个施工地点运至另一个施工地点，所发生的机械进出场运输及转移费用和机械在施工现场进行安装、拆卸所需的人工费、材料费、机械费、试运转费及安装所需的辅助设施的费用。

16. 混凝土、钢筋混凝土模板及支架费

混凝土、钢筋混凝土模板及支架费是指混凝土施工过程中需要的各种模板、支架等的支、拆、运输费用及模板、支架的摊销（或租赁）费用。

17. 脚手架费

脚手架费是指施工需要的各种脚手架搭、拆、运输费用及脚手架的摊销（或租赁）费用。

18. 已完工程及设备保护费

已完工程及设备保护费是指竣工验收前，对已完工程及设备进行保护所需的费用。

19. 施工排水、降水费

施工排水、降水费是指为确保工程在正常条件下施工，采取各种排水、降水措施所发生的费用。

20. 垂直运输机械费

垂直运输机械费是指施工需要的各种垂直运输机械的台班费用。

二、间接费

间接费由规费、企业管理费组成。

（一）规费

规费是指政府和授权部门规定必须交纳的费用。包括：

1. 工程排污费

工程排污费是指施工现场按规定向环保部门缴纳的排污费。

2. 养老保险费（包括劳动保险费）

养老保险费是指企业按规定为职工缴纳的基本养老保险费及劳动保险费。包括企业支付离退休职工的易地安家补助费、职工退职金、六个月以上的病假人员的工资、职工死亡丧葬

补助费、抚恤费、按规定支付给离休干部的各项经费。

3. 失业保险费

失业保险费是指企业按照国家规定标准为职工缴纳的失业保险费。

4. 医疗保险费

医疗保险费是指企业按规定标准为职工缴纳的基本医疗保险费。

5. 工伤保险费

工伤保险费是指企业按规定标准为职工缴纳的工伤保险费。

6. 生育保险费

生育保险费是指企业按规定标准为职工缴纳的生育保险费。

7. 住房公积金

住房公积金是指企业按规定标准为职工缴纳的住房公积金。

（二）企业管理费

企业管理费是指建筑安装企业组织施工生产和经营管理所需费用。内容包括：

1. 管理人员的工资

管理人员的工资是指管理人员的基本工资、工资性补贴、职工福利费、劳动保护费。

2. 办公费

办公费是指企业管理办公用的文具、纸张、账表、印刷、邮电、书报、会议、水电、烧水和集体取暖（包括现场临时宿舍取暖）用燃料等费用。

3. 差旅交通费

差旅交通费是指职工因公出差、调动工作的差旅费，出勤补助费，市内交通费和误餐补助费，职工探亲路费，劳动力招募费，职工离退休、退职一次性路费，工伤人员的就医路费，工地转移费以及管理部门使用交通工具的油料、燃料费及牌照费。

4. 固定资产使用费

固定资产使用费是指管理和试验部门及附属生产单位使用的属于固定资产的房屋、设备仪器等折旧、大修、维修或租赁费用。

5. 工具用具使用费

工具用具使用费是指现场管理和企业管理使用的不属于固定资产的工具、器具、家具、交通工具和检验、试验、测绘、消防用具等的购置、维修和摊销费。

6. 工会经费

工会经费是指企业按职工工资总额计提的工会经费。

7. 职工教育经费

职工教育经费是指企业为职工学习先进技术和提高文化水平，按职工工资总额计提的费用。

8. 民兵预备役经费、残疾人保障基金

民兵预备役经费、残疾人保障基金是指按职工工资总额计提的、由地方税务部门或人民政府指定的其他部门代收的上述费用。

9. 财产保险费、危险作业意外伤害保险

财产保险费是指施工管理用的财产、车辆保险。

根据 2011 年 4 月 22 日十一届全国人大常委会第 20 次会议将《中华人民共和国建筑法》

（以下简称《建筑法》）第四十八条规定的"建筑施工企业必须为从事危险作业的职工办理意外伤害保险，支付保险费"修改为"建筑施工企业应当依法为职工参加工伤保险，缴纳工伤保险费。鼓励企业为从事危险作业的职工办理意外伤害保险，支付保险费"。《建筑法》将意外伤害保险由强制改为鼓励，因此在规费中增加了工伤保险费，删除了意外伤害保险，意外伤害保险费在企业管理费中列支。

10. 财务费

财务费是指企业为筹集资金而发生的各种费用。

11. 税金

税金是指企业按照国家税法规定缴纳的房产税、车船使用税、土地使用税、印花税、城市维护建设税、教育费附加、地方教育费附加等。

12. 其他

其他包括技术转让费、技术开发费、业务招待费、绿化费、广告费、公证费、法律顾问费、审计费、咨询费等。

三、利润

利润是指施工企业完成所承包工程应获得的盈利。

四、税金

税金是指国家税法规定的应计入建筑安装工程造价内的增值税销项税额。

第三节　设备及工具、器具购置费构成

一、设备购置费的构成

设备购置费是指为建设项目购置或自制的达到固定资产标准的各种国产或进口设备、工具、器具的购置费用。

设备购置费=设备原价+设备运杂费

（一）国产设备原价的构成及计算

国产设备原价一般是指设备制造厂的交货价或订货合同价。

1. 国产标准设备原价

国产标准设备是指按照主管部门颁布的标准图样和技术要求，由我国设备生产厂批量生产的，符合国家质量检测标准的设备。国产标准设备原价有两种，即带有备件的原价和不带有备件的原价。

2. 国产非标准设备原价

国产非标准设备是指国家没有定型标准，各设备生产厂不可能在工艺生产过程中采用批量生产，只能按一次订货，并根据具体的设计图样制造的设备。非标准设备原价有多种不同的计算方法，如成本计算估价法、系列设备插入估价法、分部组合估价法、定额估价法等。按成本计算估价法，非标准设备的原价由以下各项组成：

1）材料费：

$$材料费=材料净重×(1+加工损耗系数)×每 t 材料综合价格$$

2）加工费

$$加工费=设备总重量(t)×设备每 t 加工费$$

3）辅助材料费

$$辅助材料费=设备总重量×辅助材料费指标$$

4）专用工具费。

5）废品损失费。

废品损失费主要是指因产成品、半成品、在制品达不到质量要求且无法修复或在经济上不值得修复造成报废所损失的费用，以及外购元器件、零部件、原材料在采购、运输、仓储、筛选等过程中因质量问题所损失的费用。具体包括在生产以及采购、运输、仓储、筛选等过程中报废的产成品、半成品、在制品、元器件、零部件、原材料费用以及消耗的人工费用、能源动力费用等。

6）外购配套件费。

7）包装费。

8）利润。

9）税金：

$$增值税=当期销项税额-进项税额$$
$$当期销项税额=销售额×适用增值税率$$

10）非标准设备设计费：按国家规定的设计费收费标准计算。

$$单台非标准设备原价=\{[(材料费+加工费+辅助材料费)×(1+专用工具费率)×(1+废品损失费率)+外购配套件费]×(1+包装费率)-外购配套件费\}×(1+利润率)+销项税金+非标准设备设计费+外购配套件费$$

（二）进口设备原价的构成及计算

进口设备的原价是指进口设备的抵岸价，即抵达买方边境港口或边境车站，且交完关税等税费后形成的价格。进口设备抵岸价的构成与进口设备的交货类别有关。

1. 进口设备的交货类别

进口设备的交货类别可分为装运港交货类、内陆交货类、目的地交货类。

装运港交货类。即卖方在出口国装运港交货，主要有装运港船上交货价（FOB），习惯称离岸价格，运费在内价（CFR）和运费、保险费在内价（CIF），习惯称到岸价。

内陆交货类。即卖方在出口国内陆的某个地点交货。货物的所有权也在交货后由卖方转移给买方。

目的地交货类。即卖方在进口国的港口或内地交货，有目的港船上交货价、目的港船边交货价（FOS）和目的港码头交货价（关税已付）及完税后交货价（进口国的指定地点）等几种交货价。

2. 进口设备抵岸价的构成及计算

$$进口设备抵岸价=货价+国际运费+运输保险费+银行财务费+外贸手续费+关税+增值税+消费税+海关监管手续费+车辆购置税$$

1）货价（FOB）。

2）国际运费为：

$$国际运费(海、陆、空) = 原币货价(FOB) \times 运费率$$

$$国际运费(海、陆、空) = 运量 \times 单位运价$$

3）运输保险费：

$$运输保险费 = [原币货价(FOB) + 国外运费] \div (1 - 保险费率) \times 保险费率$$

4）银行财务费。一般是指中国银行手续费，可按下式简化计算：

$$银行财务费 = 人民币货价(FOB) \times 银行财务费率$$

5）外贸手续费：

$$外贸手续费 = [装运港船上交货价(FOB) + 国际运费 + 运输保险费] \times 外贸手续费率$$

6）关税：

$$关税 = 到岸价(CIF) \times 进口关税税率$$

CIF 到岸价即"成本 FOB、保险费加运费"（又称"关税完税价格"）。

7）增值税：

$$进口产品增值税额 = 组成计税价格 \times 增值税税率$$

$$组成计税价格 = 关税完税价格 + 关税 + 消费税$$

8）消费税：

$$应纳消费税额 = (到岸价 + 关税) \div (1 - 消费税税率) \times 消费税税率$$

9）海关监管手续费：

$$海关监管手续费 = 到岸价 \times 海关监管手续费率$$

10）车辆购置税：

$$进口车辆购置税 = (到岸价 + 关税 + 消费税) \times 进口车辆购置税税率$$

（三）设备运杂费的构成及计算

1. 设备运杂费的构成

设备运杂费通常由下列各项构成：

1）运费和装卸费。国产设备由设备制造厂交货地点起至工地仓库（或指定的需要安装设备的堆放地点）止所发生的运费和装卸费。进口设备则由我国到岸港口或边境车站起至施工工地仓库止所发生的装运费和装卸费。

2）包装费。

3）设备供销部门的手续费。

4）采购与仓库保管费。

2. 设备运杂费的计算

$$设备运杂费 = 设备原价 \times 设备运杂费率$$

二、工具、器具及生产家具购置费的构成

工具、器具及生产家具购置费是指新建或扩建项目初步设计规定的，保证初期正常生产必须购置的没有达到固定资产标准的设备、仪器、器具、生产家具等的购置费用。

第四节　工程建设其他费用构成

表 2-3　工程建设其他费用构成

工程建设其他费用	与土地使用有关的费用	集体土地	土地补偿费
			安置补助费
			地上附着物和青苗补偿费
			耕地开垦费
			耕地占用税
			征地管理费
			土地价格评估费
			土地复垦费
		国有土地	土地使用权出让
			土地使用权出让金
			土地使用权划拨
			土地增值税
			城镇土地使用税
			契税
			城镇基准地价评估费
			城市房屋拆迁补偿安置费
			房地产价格评估费
	与建设项目有关的费用		建设单位管理费
			可行性研究费
			研究试验费
			勘察设计费
			环境影响评价费
			劳动安全卫生评价费
			场地准备及临时设施费
			引进技术和引进设备其他费
			工程保险费
			特殊设备安全监督检验费
			专利及专有技术使用费
			防空工程易地建设费
			城市基础设施配套费
			城市消防设施配套费
			高可靠性供电费
	与未来企业生产经营有关的费用		联合试运转费
			生产准备费
			办公和生活家具购置费

一、与土地使用有关的费用

任何一个建设项目都必须占用一定量的土地，因此，为获得建设用地而支付的费用，就是土地使用费。现行土地分为集体土地和国有土地。

（一）集体土体

土地的劳动群众集体所有制具体采取的是农民集体所有制的形式，该种所有制的土地被称为农民集体所有的土地，简称集体土地。农村和城市郊区的土地一般属于农民集体所有。

1. 土地补偿费

土地补偿费是指国家建设征用土地时，为补偿被征地和原土地使用人的经济损失而支付的款项。

2. 安置补助费

安置补助费是指因国家建设征收土地，为安置因征地造成的农村剩余劳动力的补助费。

3. 地上附着物和青苗补偿费

地上附着物是指依附于地上的各类地上、地下建筑物和构筑物，如房屋，水井，地上、地下管线等。青苗是指被征收土地上正处于生产阶段的农作物。

地上附着物和青苗补偿费是指国家建设征用土地，用地单位按照有关标准支付被征用土地上的附着物和青苗等的补偿费。

4. 耕地开垦费

耕地开垦费是指经国务院批准占用基本农田的，当地人民政府应当按照国务院批准文件修改土地利用总体规划，并补充划入数量和质量相当的基本农田。占用基本农田的单位应当负责开垦与所占基本农田的数量和质量相当的耕地，没有条件开垦或开垦的耕地不符合要求的应按规定缴纳耕地开垦费。

5. 耕地占用税

耕地占用税是对占用耕地建房或者从事其他非农业建设的单位和个人征收的一种税。

耕地是指用于种植农作物的土地，占用前三年内曾用于种植农作物的土地，亦称为耕地。

6. 征地管理费

征地管理费是指县级以上人民政府土地管理部门受用地单位委托采用包干方式统一负责，组织办理各类建设项目征收土地的有关事宜，由用地单位在征地费总额的基础上，按一定比例支付的管理费用。

7. 土地价格评估费

土地价格评估费是房地产市场重要的经营性中介服务收费，是评估机构按照"自愿委托、有偿服务"的原则与委托方签订合同，开展评估服务工作收取的合理费用。

8. 土地复垦费

土地复垦费是指在建设过程中，对因挖损、塌陷、压占等原因造成破坏的土地，应采取整治措施，使被破坏的土地恢复到可供利用状态而发生的费用。建设单位不愿自行复垦，也不愿承包给其他单位或个人复垦的，必须向当地市、县（含县级市）土地管理部门缴纳土地复垦费。

（二）国有土地

全民所有制的土地被称为国家所有土地，简称国有土地，其所有权由国家代表全体人民行使，具体由国务院代表国家行使。

1. 土地使用权出让

土地使用权出让是指国家以国有土地所有者的身份将土地使用权在一定年限内让与土地使用者，由土地使用者向国家支付土地使用权出让金的行为。

2. 土地使用权出让金

土地使用权出让金是指通过有偿限期出让方式取得土地使用权的受让者，按照合同规定的期限，一次或分次提前支付的整个使用期间的地租。

3. 土地使用权的划拨

土地使用权的划拨是指县级以上人民政府依法批准，在土地使用者缴纳补偿、安置等费用后将该幅土地交付其使用，或者将土地使用权无偿交付给土地使用者使用的行为。

4. 土地增值税

土地增值税是对有偿转让国有土地使用权及地上建筑物和其他附着物的单位和个人征收的一种税。

5. 城镇土地使用税

城镇土地使用税是以城镇土地为课税对象，向拥有土地使用权的单位和个人征收的一种税。

6. 契税

契税是指在土地、房屋权属发生转移时，对产权承受人征收的一种税。

7. 城镇基准地价评估费

城镇基准地价评估费属经营性中介服务收费，评估机构开展评估服务工作，收取合理费用。

8. 城市房屋拆迁补偿安置费

城市房屋拆迁补偿安置费是指在城市规划区内国有土地上实施房屋拆迁，按规定拆迁人对被拆迁人给予拆迁补偿和拆迁安置所发生的全部费用。包括被拆迁房屋的房地产市场价格，被拆迁房屋内自行装饰装修的补偿金额，房屋拆迁搬迁补助，临时安置补助和拆迁非住宅房屋造成停产、停业补偿费。

9. 房地产价格评估费

房地产价格评估费是房地产市场重要的经营性中介服务收费行为，是房地产估价机构提供房屋拆迁服务向拆迁人收取的费用。评估机构按照"自愿委托，有偿服务"的原则与委托方签订合同，开展评估服务工作。

二、与建设项目有关的费用

（一）建设管理费

1. 建设单位管理费

建设单位管理费是指建设单位发生的管理性质的开支。包括：工作人员的工资、工资性补贴、施工现场津贴、职工福利费、住房公基金、基本养老保险费、基本医疗保险费、失业保险费、工伤保险费、办会费、差旅交通费、劳动保护费、工具用具使用费、固定资产使用费、必要的办公及生活用品购置费、必要的通信设备及交通工具购置费、零星固定资产购置费、招募生产工人费、技术图书资料费、业务招待费、合同契约公证费、法律顾问费、咨询费、完工清理费、竣工验收费、印花税和其他管理性质开支。

2. 工程监理费

工程监理费是指建设单位委托工程监理单位实施工程监理的费用。包括：施工阶段的质量、进度、费用控制管理和安全生产监督管理、合同、信息等方面协调管理服务。

3. 设计审查费

设计审查费是指建设行政主管部门委托具有审查资质的施工图审查机构，根据国家和地方的法律、法规、技术规范和标准，对施工图设计文件的结构安全和强制性标准、规范执行情况等进行审查时，向建设单位收取的经营性服务费用。

4. 招标代理费

招标代理费是指招标代理机构接受招标人的委托，从事编制招标文件（包括编制资格预审文件和标底），审查投标人资格，组织投标人踏勘现场并答疑，组织开标、评标、定标以及提供招标前期咨询，协调合同的签订等业务所收取的费用。

（二）可行性研究费

可行性研究费是指在建设项目前期工作中，编制和评估项目建议书、可行性研究报告所需的费用。

（三）研究试验费

研究试验费是指为本建设项目提供或验证设计数据、资料等进行必要的研究试验及按照设计规定在建设过程中必须进行试验、验证及检测所需的费用。

（四）勘察设计费

勘察设计费是指委托勘察设计单位进行水文地质勘查、工程设计所发生的各项费用。包括工程勘察费和工程设计费。其中：

工程勘察费是指勘察人员根据发包人委托，收集已有资料、现场踏勘、制订勘察纲要，进行测绘、勘探、取样、试验、检验、监测等勘察作业，以及编制工程勘察文件和岩土工程设计文件等收取的费用。

工程设计费是指根据发包人的委托，提供编制建设项目的初步设计文件、施工图设计文件、非标准设备设计文件、施工图预算文件、竣工图文件等服务所收取的费用。

（五）环境影响评价费

环境影响评价费是指按照《中华人民共和国环境保护法》《中华人民共和国环境影响评价法》等规定，为全面、详细评价本建设项目对环境可能产生的污染或造成的重大影响所需的费用。包括编制环境影响报告书（含大纲）环境影响报告表和评估环境影响报告书（含大纲）评估环境影响报告表等所需的费用。

（六）劳动安全卫生评价费

劳动安全卫生评价费是指按照劳动部《建设项目（工程）劳动安全卫生监察规定》和《建设项目（工程）劳动安全卫生预评价管理办法》的规定，为预测和分析建设项目存在的职业危险、危害因素的种类和危险危害程度，提出先进、科学、合理可行的劳动安全卫生技术和管理对策所需的费用。包括编制建设项目劳动安全卫生预评价大纲和劳动安全卫生预评价报告书以及为编制上述文件所进行的工程分析和环境现状调查等所需的费用。

（七）场地准备及临时设施费

场地准备及临时设施费是指建设场地准备费和建设单位临时设施费。

1）场地准备费是指建设项目为达开工条件所发生的场地平整和对建设场地余留的有碍于施工建设的设施进行拆除清理的费用。

2）临时设施费是指为满足施工建设需要而供到场地界区的、未列入建筑安装工程费用的临时水、电、路、通信、气等其他工程费用和建设单位的现场临时建（构）筑物的搭设、维修、拆除、摊销或建设期间租赁费用，以及施工期间专用公路养护费、维修费。

（八）引进技术和引进设备其他费

引进技术和引进设备其他费是指引进技术和设备发生的未计入设备费的费用。

内容包括：

1）引进项目图样资料翻译复制费、备品备件测绘费。

2）出国人员费用：包括买方人员出国设计联络、出国考察、联合设计、监造、培训等所发生的旅费、生活费、置装费等。

3）来华人员费：包括卖方来华工程技术人员的现场办公费用、往返现场交通费、接待费用。

4）银行担保及承诺费：是指引进项目由国内外金融机构出面承担风险和责任担保所发生的费用，以及支付贷款机构的承诺费用。

5）引进设备其他费：包括国外运输费、国外运输保险费、关税、增值税、外贸手续费、银行财务费、国内运杂费、引进设备材料国内检验费、海关监管手续费等。

（九）工程保险费

工程保险费是指建设项目在建设期间根据需要对建筑工程、安装工程、机械设备进行投保而发生的保险费用。包括建筑工程一切险和安装工程一切险。

（十）特殊设备安全监督检验费

特殊设备安全监督检验费是指在施工现场组装的锅炉及压力容器、消防设备、燃气设备、电梯等特殊设备和设施，由安全监察部门按照有关安全监察条例和实施细则以及设计技术要求进行安全检验，应由项目单位支付的、向安全监察部门缴纳的费用。

（十一）专利及专有技术使用费

专利及专有技术使用费包括：

1）国外设计及技术资料费，引进有效专利、专有技术使用费和技术保密费。

2）国内有效专利、专有技术使用费。

3）商标权、商誉和特许经营权费用等。

（十二）防空工程易地建设费

根据《中华人民共和国防空法》及《山西省人民防空工程建设条例》，在城市、县人民政府所在地的镇以及开发区、工业园区、教育园区的重要经济目标区新建民用建筑的，应当按照规定同步修建防空地下室，但因地质条件、地形、结构、规模和施工等原因不修建防空地下室的，经当地人民防空行政主管部门批准可不修建的，由建设单位向工程所在地人民防空行政主管部门缴纳防空工程易地建设费。

（十三）城市基础设施配套费

城市基础设施配套费是指凡在城市规划区进行新建、改建、扩建（包括翻修后超过原面积 30%的建设项目）各类工程项目的单位和个人，均须缴纳城市基础设施配套费。

（十四）城市消防设施配套费

城市消防设施配套费是指为加强消防设施基础建设，根据消防工作的实际需要，凡新建、扩建、改建（包括技术改造和重新装修）工程项目，均由建设单位向消防部门缴纳城市消防设施配套费。

（十五）高可靠性供电费

为了节约电力建设投入，合理配置电力资源，对申请新装及增加电容量的两路及以上多回路供电（含备用电源、保安电源）用电户，在国家没有统一出台高可靠性电价政策前，除供电容量最大的供电回路外，对其余回路可适当收取高可靠性供电费用。

临时用电的电力用户应与供电企业以合同方式约定临时用电期限并预交相应容量的临时接电费用。临时用电期限一般不超过 3 年。在合同约定期限内结束临时用电的，预交的临时接电费用全部退还用户；确需超过合同约定期限的，由双方另行约定。

三、与未来企业生产经营有关的费用

（一）联合试运转费

联合试运转费是指新建项目或新增加生产能力的工程，在交付生产前按照批准的设计文件所规定的工程质量标准和技术要求，进行整个生产线或装置的负荷联合试运转或局部联动试车所发生的费用净支出（试运转支出大于收入的差额部分费用，以及必要的未列入建筑安装工程费的工业炉烘炉费）。试运转支出包括试运转所需原材料、燃料及动力消耗、低值易耗品、其他物料消耗、工具用具使用费、机械使用费、保险金、施工单位参加试运转人员工资以及专家指导费等；试运转收入包括试运转期间的产品销售收入和其他收入。

联合试运转费不包括应由设备安装工程费用开支的调试及试车费用，以及在试运转暴露出来的因施工原因或设备缺陷等发生的处理费用。

（二）生产准备费

生产准备费是指新建企业或新增生产能力的企业为保证竣工交付使用进行必要的生产准备所发生的费用。费用内容包括：

1）生产人员培训费，包括自行培训、委托其他单位培训的人员的工资、工资性补贴、职工福利费、差旅交通费、学习资料费、劳动保护费等。

2）生产单位提前进厂参加施工、设备安装、调试以及熟悉工艺流程和设备性能等人员的工资、工资性补贴、职工福利费、差旅交通费、劳动保护费等。

（三）办公和生活家具购置费

办公和生活家具购置费是指为保证新建、改建、扩建工业项目初期正常生产、使用和管理必须购置的办公和生活家具、用具的费用。改建、扩建项目所需的办公和生活家具购置费，应低于新建项目。其范围包括办公室、会议室、资料档案室、阅览室、文娱室、食堂、浴室、理发室、单身宿舍和设计规定必须建设的托儿所、卫生所、招待所等家具用具购置费。

第五节　预备费构成

预备费包括基本预备费和价差预备费。

一、基本预备费

基本预备费是指初步设计及概算内可能发生难以预料的支出，需要事先预留的费用，又称不可预见费。主要是指设计变更及施工过程中可能增加工程量的费用，费用内容包括：

1）在批准的初步设计范围内，技术设计、施工图设计及施工过程中所增加的工程费用；设计变更、局部地基处理等增加的费用。

2）一般自然灾害造成的损失和预防自然灾害所采取的措施费用。实行工程保险的工程项目费用应适当降低。

3）竣工验收时为鉴定工程质量对隐蔽工程进行必要的挖掘和修复费用。

计算公式：基本预备费=（建筑安装工程费+设备及工具、器具购置费+工程建设其他费）×基本预备费率

二、价差预备费

价差预备费是指建设工程项目在建设期内由于价格等变化引起投资增加，需要事先预留的费用。费用内容包括：人工、设备、材料、施工机械使用台班的价差费，建筑安装工程费及工程建设其他费用调整，利率、汇率调整等增加的费用。

价差预备费以建筑安装工程费，设备工具、器具购置费，工程建设其他费及基本预备费之和为计算基数，参照复利方法计算。

计算公式为：

$$PF = \sum_{t=0}^{n} I_t \left[(1+f)^t - 1 \right]$$

式中　PF——价差预备费；

　　　n——建设期年份数；

　　　I_t——建设期中第 t 年的投资额，包括建筑安装工程费，设备及工具、器具购置费，工程建设其他费及基本预备费；

　　　f——年投资价格上涨率；

　　　t——计算期第 t 年。

第六节　建设期贷款利息、固定资产投资方向调节税、铺底流动资金

一、建设期贷款利息

建设期贷款利息包括向国内银行和其他金融机构贷款、外国政府贷款、国际商业银行贷款、出口信贷以及在境内外发行的债券等在建设期间内应偿还的借款利息。

1）可按复利法计算。对于贷款总额一次性贷出且利率固定的贷款，按下列公式计算：

$$F = P(1+i)^n$$

式中　P——一次性贷款金额；

　　　F——建设期还款时本利和；

　　　i——年利率；

　　　n——贷款期限。

2）当总贷款是分年均衡发放时，建设期利息的计算可按当年借款在年中支出考虑，即当年贷款按半年计息，上年贷款按全年计息。

计算公式为：

$$q_j = (p_{j-1} + 1/2A_j) i$$

建设期贷款利息＝建设期各年应计利息之和。

式中 q_j——建设期第 j 年应计利息；

   p_{j-1}——建设期第 $(j-1)$ 年末贷款累计金额与利息累计金额之和；

   A_j——建设期第 j 年贷款金额；

   i——年利率。

二、固定资产投资方向调节税

为了贯彻国家产业政策，控制投资规模，引导投资方向，调整投资结构，加强重点建设，促进国民经济持续、稳定、协调发展，对在我国境内进行固定资产投资的单位和个人征收固定资产投资方向调节税（简称投资方向调节税）。

根据财政部、国家税务总局、国家发展计划委员会财税字〔1999〕299 号文件，自 2001 年 1 月 1 日起发生的投资额，暂停征收固定资产投资方向调节税。

三、铺底流动资金

铺底流动资金是指经营性建设项目，为保证生产和经营正常进行，按规定应列入建设项目投资的铺底流动资金。非生产经营性建设不列铺底流动资金。

第三章

Chapter ▶▶ 03

工 程 定 额

第一节　工程定额概述

一、工程定额的概念

工程定额是指由省级以上建设行政主管部门或国家行业主管部门发布的，完成一定计量单位合格建筑产品所消耗资源的数量标准。包括工程消耗量定额和工程计价定额。

工程消耗量定额主要是规定在正常施工条件下，单位分项工程或结构构件所需消耗的人工、材料、机械设备等的数量；工程计价定额主要是规定在工程消耗量定额中已有的人工、材料、机械设备等消耗数量的基础上，计算出人工费、材料费、机械使用费的费用标准。

二、工程定额分类

建筑工程定额从不同角度，有以下几种方法分类。

（一）按定额包含的不同生产要素分类

1. 劳动消耗定额

劳动消耗定额是施工企业内部使用的一种定额。它规定了在正常的施工条件下，某工种某等级的工人或者工人班组，生产单位合格产品所需消耗的劳动时间；或者是在单位工作时间内生产合格的产品的数量标准。前者称为时间定额，后者称为产量定额，两者互为倒数关系。

2. 材料消耗定额

材料消耗定额是施工企业内部使用的一种定额。它规定了在正常的施工条件下，合理使用和节约使用的条件下，生产单位合格产品所需消耗的一定品种及规格的原材料、半成品、成品和结构构件的数量标准。

3. 机械台班使用定额

机械台班使用定额用于施工企业。它规定了在正常施工条件下，利用某种施工机械，生产单位合格产品所需消耗的机械工作时间；或者是在单位时间内施工机械完成合格产品的数量标准。

（二）按照定额的不同用途分类

1. 企业定额

企业定额主要用于编制施工预算，是施工企业管理的基础。它不仅要依据和参照全国统一建设工程基础定额和当地建筑工程预算定额而且要将企业的各种状况进行分析比较并反映到编制的定额中。企业定额是企业自己的定额，反映企业自己的素质水平。企业定额只在企业内部使用，是企业素质的一个标志。

2. 施工定额

施工定额是施工企业为组织生产和加强管理在企业内部使用的一种定额，属于企业生产定额的性质。它是建筑安装工人在合理的劳动组织或工人小组在正常施工条件下，为完成单位合格产品，所需劳动、机械、材料消耗的数量标准。它由劳动定额、机械定额和材料定额三个相对独立的部分组成。施工定额是施工企业内部经济核算的依据，也是编制预算定额的基础。

3. 预算定额

预算定额是以施工定额为基础编制的。主要用于编制施工图预算。预算定额考虑的是施工中的一般情况，实际考虑的因素比施工定额多，要考虑一定幅度差。

4. 概算定额

概算定额是在预算定额基础上根据有代表性的通用设计图和标准图等资料，以主要工序为准，综合相关工序，进行综合、扩大和合并而成的定额。主要用于编制设计概算。

5. 概算指标

概算指标是在概算定额的基础上进一步综合扩大，以每个建筑物或构筑物为对象，以"m^2""m""座"等计量单位，规定所需人工、材料及机械台班消耗数量及费用的定额指标。

6. 投资估算指标

投资估算指标是在编制项目建议书、可行性研究报告和编制设计任务书阶段进行投资估算、计算投资需要量时使用的一种定额。它具有较强的综合性、概括性，往往以独立的单项工程或完整的工程项目为计算对象。它的概略程度与可行性研究阶段相适应。它的主要作用是为项目决策和投资控制提供依据，是一种扩大的技术经济指标。投资估算指标往往根据历史的预、决算资料和价格变动等资料编制，但其编制基础仍离不开预算定额、概算定额。

（三）按编制单位和管理权限分类

1. 全国统一定额

全国统一定额由国家建设行政主管部门，综合全国工程建设中技术和施工组织管理的情况编制，并在全国范围内执行的定额。

2. 行业统一定额

行业统一定额是考虑到各行业部门专业工程技术特点，以及施工生产与管理水平编制的。一般只在本行业和相同专业性质的范围内使用。

3. 地区统一定额

地区统一定额包括省、自治区、直辖市定额。地区统一定额主要是考虑地区特点和全国统一定额水平做适当调整和补充编制的。

4. 企业定额

企业定额符合施工企业自身生产力水平及管理水平，并且仅为企业内部使用，有时可能一个工程一个企业定额，企业内不同工程的企业定额可能根据实际施工情况而有所不同。

5．补充定额

补充定额是指随着设计、施工技术的发展，现行定额不能满足需要的情况下，为了补充缺陷所编制的定额。补充定额针对性很强，仅限在制定的范围内使用。

企业定额同施工定额、预算定额区别：企业定额，就是本企业参照单位实际编制的人工和材料的定额，企业内部使用，具有保密性质；施工定额，由相应等级的建设工程预算定额编制专家委员会和编制工作组编制，由相应等级的主管部门发布，由相应等级的定额管理总站负责组织实施和解释，是参照绝大多数的人工和材料编制的定额，为了适应组织生产和管理的需要，施工定额的项目划分很细，是工程建设定额中分项最细、定额子目最多的一种定额，也是工程建设定额中的基础性定额；预算定额则是在编制施工图预算时，计算工程造价和计算工程中劳动量、机械台班、材料需要量而使用的一种定额，其内容包括人工、材料和机械台班使用量三个部分，经过计价后可形成建筑安装工程单位估价表。

三、工程定额的编制方法

科学的方法编制的定额能够真实地反映编制时期生产率的水平，这些方法主要有：技术测定法、经验估计法、统计分析法、类推比较法，如图 3-1 所示。

（一）技术测定法

技术测定法是根据先进合理的生产技术、操作工艺、合理的劳动组织和正常的生产条件，对施工过程中的具体活动进行实地观察，详细记录施工的工人和机械的工作时间消耗、完成产品的数量及有关影响因素，将记录的结果加以整理，客观分析各种因素对产品的工作时间消耗的影响，据此进行取舍，以获得各个项目的时间消耗资料，为编制定额提供可靠数据的一种方法。

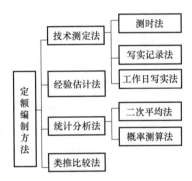

图 3-1　定额编制方法

常用的技术测定方法包括：测时法、写实记录法、工作日写实法。

（二）经验估计法

经验估计法是根据定额员、技术员、生产管理人员和老工人的实际工作经验，对生产某一产品或某项工作所需的人工、材料、机械台班数量进行分析、讨论和估算后，确定定额消耗量的一种方法。

（三）统计分析法

统计分析法是在一定的时间内生产合格产品所耗工时的原始记录，通过一定的统计分析整理，计算出消耗量，以此为依据编制定额。

（四）类推比较法

类推比较法是以生产同类型产品或完成同类型工序的定额为依据，经过对比分析，推算出另一种产品或工序定额的一种方法。作为依据的定额资料有：类似产品零件或工序的定额标准；类似产品零件或工序的实耗工时资料；典型零件、工序的定额标准。用来对比的两种产品必须是相似或同类型、同系列的，具有明显的可比性。如果缺乏可比性，就不能采用类推比较法来制定定额。

第二节 预算定额常用的表现形式

预算定额常用的表现形式分为三种：消耗量定额、消耗量定额价目汇总表、单位估价表。

一、消耗量定额

消耗量定额是按照正常施工条件，编制阶段多数企业的施工机械装备程度，合理施工工期、施工工艺、劳动组织编制的，反映的是社会平均的人工、材料、机械消耗量水平。其中：

人工。定额中的人工不分工种、技术等级，以综合工日表示。内容包括：基本用工、辅助用工、超运距用工和人工幅度差。

材料。定额材料消耗量包括施工中消耗的主要材料、辅助材料和零星材料。凡能计量的材料、成品、半成品均按品种、规格逐一列出并计入了相应的损耗，其损耗的内容包括场内运输损耗、施工操作损耗和现场堆放损耗；用量少、价值小的零星材料合并为其他材料费，以占材料费（不包括未计价材料和其他材料费自身）的百分比表示。

机械。定额中的机械台班消耗量包括机械幅度差。

2005 年山西省建设工程计价依据《市政工程消耗量定额》就是典型的消耗量定额，摘录见表 3-1、表 3-2。

表 3-1 水泥混凝土路面 （单位：100m²）

工作内容：混凝土拌和、浇筑、捣固、纵缝涂沥青油、抹光或拉毛

定额编号		D2-319	D2-320	D2-321	D2-322	D2-323	D2-324
项目		厚度/cm					
		15	18	20	22	24	28
		混凝土					
名称	单位	数量					
人工 综合工日	工日	25.45	28.82	30.77	33.47	35.53	40.15
材料 现浇碎石混凝土 C25-40	m³	15.30	18.36	20.40	22.44	24.48	28.56
工程用水	m³	18.00	21.60	24.00	26.40	28.80	34.50
其他材料费（占材料费的）	%	0.50	0.50	0.50	0.50	0.50	0.50
机械 双锥反转出料混凝土搅拌机 350L	台班	0.78	0.93	1.04	1.14	1.24	1.45
混凝土振捣器（平板式）	台班	1.56	1.86	2.08	2.28	2.48	2.90
混凝土振捣器（插入式）	台班	—	—	—	—	1.24	1.45

表 3-2　直埋式预制保温管安装焊接　　　　　　（单位：100m）

工作内容：下管、坡口及磨平、组对、找正、安装、焊接等操作过程

定额编号		D6-13	D6-14	D6-15	D6-16	D6-17	D6-18
项目		公称直径(内)/mm					
		50	65	80	100	125	150
名称	单位	数量					
人工　综合工日	工日	5.93	7.81	9.20	10.47	12.13	13.64
主材　聚氨酯硬质泡沫预制管	m	101.50	101.40	101.30	101.20	101.10	101.00
材料　乙炔	m³	0.27	0.38	0.43	0.49	0.65	0.96
氧气	m³	0.80	1.14	1.29	1.48	1.95	2.89
尼龙砂轮片 100mm×3mm×16mm	片	0.21	0.34	0.40	0.49	0.72	1.19
电焊条 J422 4mm	kg	0.49	0.87	1.02	1.25	2.11	3.32
施工用电	kWh	0.36	0.49	0.62	0.71	0.96	1.26
棉纱头	kg	0.08	0.10	0.13	0.15	0.18	0.23
机械　直弧电焊机 20kW	台班	0.34	0.55	0.64	0.77	1.05	1.35
电焊条烘干箱，容积 60cm×50cm×75cm	台班	0.03	0.06	0.06	0.08	0.11	0.14
载货汽车 5t	台班	—	0.02	0.04	0.06	0.06	0.07
汽车式起重机 5t	台班	—	0.09	0.11	0.15	0.19	0.20

消耗量定额是遵循"量""价"分离的原则，在消耗量定额中只体现"量"，是确定各专业工程中完成计量单位分项工程所需的人工、材料、施工机械台班消耗量的参照标准。

二、消耗量定额价目汇总表

2005 年山西省建设工程计价依据《市政工程消耗量定额价目汇总表》就是典型的消耗量价目汇总表，摘录见表 3-3、表 3-4。

《市政工程消耗量定额价目汇总表》是根据《市政工程消耗量定额》（2005 年）编制的。价目汇总表只反映价格及费用组成，须和《市政工程消耗量定额》对照使用。汇总表中的材料价格是根据太原地区 2004 年建设工程材料预算价格取定的；汇总表中的机械费是根据《山西省施工机械台班费用定额》确定的。

表 3-3　水泥混凝土路面　　　　　　（单位：元）

定额编号	定额名称	单位	基价	其中		
				人工费	材料费	机械费
D2-319	厚度 15cm	100m²	3130.71	636.25	2405.12	89.34
D2-320	厚度 18cm	100m²	3713.14	720.50	2886.13	106.51
D2-321	厚度 20cm	100m²	4095.17	769.25	3206.81	119.11
D2-322	厚度 22cm	100m²	4494.82	836.75	3527.50	130.57
D2-323	厚度 24cm	100m²	4892.51	888.25	3848.18	156.08
D2-324	厚度 28cm	100m²	5680.23	1003.75	4493.97	182.51

表 3-4　直埋式预制保温管安装焊接　　　　　（单位：元）

定额编号	定额名称	单位	基价	其中		
				人工费	材料费	机械费
D6-13	公称直径 20mm 以内	100m	193.87	148.25	9.79	35.83
D6-14	公称直径 65mm 以内	100m	305.25	195.25	14.75	95.25
D6-15	公称直径 80mm 以内	100m	364.22	230.00	17.09	117.13
D6-16	公称直径 100mm 以内	100m	432.42	261.75	20.09	150.58
D6-17	公称直径 125mm 以内	100m	526.28	303.25	28.84	194.19
D6-18	公称直径 150mm 以内	100m	617.11	341.00	43.95	232.16

表 3-4 中，材料费一列的费用中不含主材费用，如主材实际发生，按消耗量定额中的含量，主材单价按市场价格计入。

消耗量定额价目汇总表是遵循"量""价"分离的原则，在定额中只体现"价"，是确定各专业工程中完成计量单位分项工程所需的人工、材料、施工机械台班费用的参照标准。

三、单位估价表

在单位估价表中，不仅包含了消耗量定额的全部数据，而且还显示了各种单价和定额合价，即有量又有价。如 2011 年山西省建设工程计价依据《市政工程预算定额》就有两种形式，一种是在营业税计价模式下所套用的定额，一种是在增值税计价模式下所套用的定额，通常我们又称为调整版定额。都是典型的单位估价表形式，按营业税计价模式下所套用的定额见表 3-5、表 3-6，按增值税计价模式下所套用的定额见表 3-7、表 3-8。

表 3-5　水泥混凝土路面现场拌和混凝土　　　　　（单位：100m²）

工作内容：混凝土拌和、浇筑、捣固、纵缝涂沥青油、抹光或拉毛

定额编号			D2-317	D2-318	D2-319	D2-320	D2-321	D2-322	D2-323
项目			混凝土 厚度/cm						
			15	18	20	22	24	28	每增减1
预算价格/元			5179.10	6115.83	6725.12	7375.45	8004.01	9269.42	314.41
其中	人工费/元		1450.65	1642.74	1753.89	1907.79	2025.21	2288.55	64.98
	材料费/元		3599.72	4319.62	4799.59	5279.53	5759.50	6724.44	240.59
	机械费/元		128.73	153.47	171.64	188.13	219.30	256.43	8.84
名称		单位	单价/元	数量					
人工	综合工日	工日	57.00	25.45	28.82	30.77	33.47	35.53	40.15	1.14
材料	现浇碎石混凝土,粒径 40mm,C25（42.5 级）	m³	227.99	15.30	18.36	20.40	22.44	24.48	28.56	1.02
	工程用水	m³	5.60	18.00	21.60	24.00	26.40	28.80	34.50	1.31
	其他材料费	元	—	10.67	12.76	14.19	15.59	17.02	19.85	0.7
机械	双锥反转出料混凝土搅拌机 350L	台班	137.65	0.78	0.93	1.04	1.14	1.24	1.45	0.05
	混凝土振捣器（平板式）	台班	13.69	1.56	1.86	2.08	2.28	2.48	2.90	0.1
	混凝土振捣器（插入式）	台班	11.82	—	—	—	—	1.24	1.45	0.05

表 3-6　预制保温管安装焊接　　　　　　　　　（单位：100m）

工作内容：下管、坡口及磨平、组对、找正、安装、焊接等操作过程

定额编号			D6-7	D6-8	D6-9	D6-10	D6-11	D6-12
项目			公称直径(内)/mm					
			50	70	80	100	125	150
预算价格/元			405.01	599.76	712.42	834.87	1003.21	1163.47
其中	人工费/元		338.01	445.17	524.40	596.79	691.41	777.48
	材料费/元		10.09	15.28	17.65	20.77	29.89	45.69
	机械费/元		56.91	139.31	170.37	217.31	281.91	340.30
名称		单位	单价/元	数量				
人工	综合工日	工日	57.00	5.93	7.81	9.20	10.47	12.13	13.64
主材	聚氨酯硬质泡沫预制保温管	m	—	101.50	101.40	101.30	101.20	101.10	101.00
材料	乙炔气	m³	14.16	0.27	0.38	0.43	0.49	0.65	0.96
	氧气	m³	2.73	0.80	1.14	1.29	1.48	1.95	2.89
	尼龙砂轮片 100mm×3mm×16mm	片	6.58	0.21	0.34	0.40	0.49	0.72	1.19
	电焊条 J422 4mm	kg	4.50	0.49	0.87	1.02	1.25	2.11	3.32
	棉纱头	kg	6.27	0.08	0.10	0.13	0.15	0.18	0.23
机械	直弧电焊机 20kW	台班	165.22	0.34	0.55	0.64	0.77	1.05	1.35
	电焊条烘干箱 60cm×50cm×75cm	台班	24.66	0.03	0.06	0.06	0.08	0.11	0.14
	载货汽车 5t	台班	369.13	—	0.02	0.04	0.06	0.06	0.07
	汽车式起重机 5t	台班	439.82	—	0.09	0.11	0.15	0.19	0.20

表 3-7　水泥混凝土路面现场拌和混凝土　　　　　（单位：100m²）

工作内容：混凝土拌和、浇筑、捣固、纵缝涂沥青油、抹光或拉毛

定额编号			D2-317	D2-318	D2-319	D2-320	D2-321	D2-322	D2-323
项目			混凝土 厚度/cm						
			15	18	20	22	24	28	每增减1
预算价格/元			4783.98	5641.77	6198.28	6795.99	7370.32	8529.52	287.96
其中	人工费/元		1450.65	1642.74	1753.89	1907.79	2025.21	2288.55	64.98
	材料费/元		3212.90	3855.45	4283.83	4712.20	5140.60	6001.82	214.73
	机械费/元		120.43	143.58	160.56	176.00	204.51	239.15	8.25
名称		单位	单价/元	数量					
人工	综合工日	工日	57.00	25.45	28.82	30.77	33.47	35.53	40.15	1.14
材料	现浇碎石混凝土，粒径 40mm，C25(42.5级)	m³	203.56	15.30	18.36	20.40	22.44	24.48	28.56	1.02
	工程用水	m³	4.96	18.00	21.60	24.00	26.40	28.80	34.50	1.31
	其他材料费	元	—	9.15	10.95	12.17	13.37	14.60	17.03	0.60
机械	双锥反转出料混凝土搅拌机 350L	台班	130.29	0.78	0.93	1.04	1.14	1.24	1.45	0.05
	混凝土振捣器 (平板式)	台班	12.05	1.56	1.86	2.08	2.28	2.48	2.90	0.10
	混凝土振捣器 (插入式)	台班	10.54					1.24	1.45	0.05

表 3-8 预制保温管安装焊接 (单位:100m)

工作内容:下管、坡口及磨平、组对、找正、安装、焊接等操作过程

定额编号			D6-7	D6-8	D6-9	D6-10	D6-11	D6-12
项目			公称直径(内)/mm					
			50	70	80	100	125	150
预算价格/元			400.39	587.34	697.08	815.15	977.65	1131.98
其中	人工费/元		338.01	445.17	524.40	596.79	691.41	777.48
	材料费/元		8.64	13.08	15.11	17.78	25.58	39.12
	机械费/元		53.74	129.09	157.57	200.58	260.66	315.38
	名称	单位	单价/元	数量				
人工	综合工日	工日	57.00	5.93	7.81	9.20	10.47	12.13	13.64
主材	聚氨酯硬质泡沫预制保温管	m	—	101.50	101.40	101.30	101.20	101.10	101.00
材料	乙炔气	m³	12.12	0.27	0.38	0.43	0.49	0.65	0.96
	氧气	m³	2.34	0.80	1.14	1.29	1.48	1.95	2.89
	尼龙砂轮片 100mm×3mm×16mm	片	5.63	0.21	0.34	0.40	0.49	0.72	1.19
	电焊条 J422 4mm	kg	3.85	0.49	0.87	1.02	1.25	2.11	3.32
	棉纱头	kg	5.37	0.08	0.10	0.13	0.15	0.18	0.23
机械	直弧电焊机 20kW	台班	156.19	0.34	0.55	0.64	0.77	1.05	1.35
	电焊条烘干箱 60cm×50cm×75cm	台班	21.29	0.03	0.06	0.06	0.08	0.11	0.14
	载货汽车 5t	台班	328.54	—	0.02	0.04	0.06	0.06	0.07
	汽车式起重机 5t	台班	392.68	—	0.09	0.11	0.15	0.19	0.20

比较表 3-5、表 3-6 和表 3-7、表 3-8 可以看出,表中定额消耗量是不变的,唯一变动的是材料单价及机械单价,是因为表 3-5、表 3-6 中材料价格、机械价格为企业交纳营业税模式下的含税价,按此定额套价后,应按营业税计取模式计取税金。

表 3-7、表 3-8 中材料价格、机械价格是国家实行"营业税改增值税"(简称"营改增")后,企业交纳增值税,按照增值税下实行"价税分离"的工程计价原则,材料费、施工机械使用费、组织措施费、企业管理费中均不包括可抵扣的进项税额。在表 3-5、表 3-6 的基础上,去掉单价中可抵扣的进项税费,为不含税价格,按此定额套价后,以增值税计取模式计取税金。

第三节 营业税和增值税的计税

2016 年 3 月 5 日,李克强总理在第十二届全国人民代表大会第四次会议上的政府工作报告中提出,建筑业等从 2016 年 5 月 1 日起全面实施"营改增"。即建筑业企业由缴纳营业税改为缴纳增值税。2017 年 3 月 23 日,财政部、国家税务总局印发《关于全面推开营业税改征增值税试点的通知》(财税〔2016〕36 号),明确规定,建筑业自 2016 年 5 月 1 日起,

由缴纳营业税改为缴纳增值税。

一、营业税和增值税的计税办法

（1）营业税是对在中国境内提供应税服务，转让无形资产或销售不动产的单位或个人，就其所取得的营业税额征收的一种税。

应纳税额＝营业额×相应税率，营业额中包括应纳税额。

（2）增值税是以商品（含应税劳务）在流转过程中产生的增值额作为计税依据而征收的一种流转税。

实行"营改增"后，计税方法分为一般计税方法和简易计税方法。

一般计税方法与简易计税方法的纳税额。

1）一般计税方法的应纳税额，是当期销项税额抵扣当期进项税额后的余额。应纳税额的计算公式为：

$$应纳税额＝当期销项税额－当期进项税额$$

$$销项税额＝销售额×税率$$

进项税额是指纳税人购进货物、加工修理修配劳务、服务、无形资产或者不动产，支付或者负担的增值税额。

2）简易计税方法的应纳税额，是指按照销售额和增值税征收率计算的增值税额，不得抵扣进项税额。应纳税额计算公式：

$$应纳税额＝销售额×增值税征收率$$

简易计税方法的销售额不包括其应纳税额，纳税人采用销售额和应纳税额合并定价方法的，按照下列公式计算销售额：

$$销售额＝含税销售额÷（1+增值税征收率）$$

二、市政工程的一般计税方法与简易计税方法

在实际项目工程中，一般采用一般计税方法的模式来进行工程计价。但有时条件限制时，也采用简易计税方法的模式来进行工程计价。如工程中有甲供材，或者是工程项目是营业税改增值税过渡阶段内的工程等。

$$一般计税方法的应纳税额＝销售额（不包含增值税可抵扣进项税额）×增值税计税税率$$
$$简易计税方法的应纳税额＝含税销售额×简易计税的税率$$

简易计税模式同营业税计税模式下计算工程费用所套用定额是一样的，流程也相近。

本书中着重介绍简易计税模式和一般计税模式下两种计价方法。

2

第二篇　市政工程定额计价与清单计价的编制和程序

Chapter ▶▶ **04**

第四章

市政工程定额计价

第一节　工程量计算依据

1）施工图样及相关资料。

2）施工现场情况、工程特点及拟定的施工组织设计。

3）国家或省级行政建设主管部门颁发的计价定额和消耗量定额。

4）市场价格信息或工程造价管理机构发布的价格信息。

5）有关标准定型图集以及各种预算手册、材料手册、有关产品样本等资料。

6）合同要约。

7）有关市政工程的施工验收规范和操作规程等。

第二节　市政工程定额计价（工料机法）编制程序

市政工程预算的编制是一项复杂而又细致的工作，具有较强的科学性、经济性，有一定的编制程序和一套科学的方法。由于施工条件、工作习惯、预算员水平等的不同，在编制中环节和手法各异，但是最基本的程序和思路是一致的。其编制程序一般如图4-1所示：

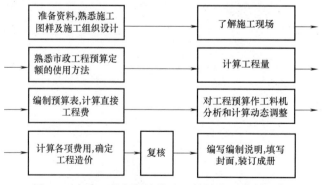

图 4-1　市政工程定额计价（工料机法）编制程序

一、准备资料，熟悉施工图样及施工组织设计

编制市政工程预算以前，应针对所要编制的预算准备相应的资料，首先对图样进行一次

系统的检查，检查图样是否完整，图面的意图是否明确，尺寸是否标准，对特殊部位有无施工说明，图样中所用具体标准图集是否同工程配套等。

二、了解施工现场

预算员所编制的预算要和实际相符，因此在编制预算前，须深入现场，了解施工现场的具体情况，包括：施工现场的环境、条件、地形、地物、地上杆线、地下管线、地面交通、是否有拆迁、施工场地的布置等，也只有掌握了这些资料，才能编制出较为全面、合理的预算。

三、熟悉市政工程预算定额的使用方法

预算员采用工料机法编制工程预算时，要用到市政工程预算定额中消耗量及定额单价，因此必须熟悉并掌握该定额的适用范围、具体内容、工程量计算规则和计算方法等，才能编制出正确的工程预算。

四、计算工程量

计算工程量是编制市政工程预算一项最基本也是最重要的工作。实际上，编制预算，大部分时间是花在看图和计算工程量上。所谓工程量，是指以物理计量单位或自然计量单位表示的市政各分项工程的数量。物理计量单位一般是指以国标单位标准制表示的长度、面积、体积和重量等，如混凝土以"m³"为计量单位；管道安装以"m"为计量单位；钢筋以"t"为计量单位等；自然计量单位是指以物体本身的自然组成为计量单位表示工程量，如设备以"台""套"为计量单位；法兰以"片"为计量单位等。

我们计算工程量主要依据是施工图样，在计算过程中应注意以下几点：

1）要严格按照图样所示和工程量计算规则，根据图示尺寸和数量进行计算，不能任意加大或缩小各部位尺寸，对图中所示的零星部件个数部分不能任意增加或减少。

2）在编制工程量前，为便于以后核对，可将工程划分为几个分部，并根据图样，结合施工组织设计的内容，列出几个分部下详细子目，然后按照一定的顺序，由下而上，由外而内，由左到右依次计算工程量。在计算过程中，如发现未列的细目，应随时补充进来。对于与其他各页图样没有关联的，也可以按照图样逐张清算，算后进行标记，然后集中精力计算比较复杂的部分。

工程量计算顺序，没有固定格式，预算员可根据自己的经验和习惯，根据工程的具体情况，选择最合适的形式和顺序，表4-1可供参考。如路面工程的工程量计算程序，就是路基土方开挖→土方外运→垫层→基层→面层。总之，要求计算层次清楚，有条不紊，计算式简明易懂，目的是要达到计算准确、不错不漏，易于检查复核。

表 4-1　常用的工程量计算格式

序号	工程项目	单位	工程量	工程量计算式	备注

计算工程量，在整个市政工程预算编制过程中是最繁重、花费时间最长的一个程序，它直接影响预算编制的准确性，因此在工程量计算上要认真、仔细。随着工程量计量软件的运用，运算速度进一度加快，但是，它对预算员的业务要求进一步提高，需要预算员有较高业务素

质，在计量软件的运用过程中，预算员必须具有敏锐观察力及实际的操作能力，能及时发现软件一些技术性错误，不会因为软件问题影响工程造价的误差，因此手工计算工程量时必须在工程量计算上狠下功夫，在软件计算工程量时刻保持谨慎的态度，以保证工程计算的质量。

五、编制预算表，计算工程直接费用

编制预算表就是把已经计算好的工程数量及计量单位，按照定额分部分项的顺序填写到预算表（表4-2），然后再在预算定额中查得相应的分部分项工程定额的编号和单价填到预算表上，再将工程量与定额单价相乘进行汇总并累计，得出分部分项预算造价，各分部分项预算造价相加即得单位工程预算的直接费用。现行计价及计量软件的普及，手工计算已经很少使用，经常是计算出工程量后，套用计价软件，在软件中选定相应的定额子目以后，输入工程量，然后软件会自动进行计算并汇总得出工程预算的直接费用。

表4-2　单位工程预（结）算表

工程名称：

序号	定额编号	子目名称	工程量		价值/元		其中/元		
			单位	数量	单价	合价	人工费	材料费	机械费
		合计							
		总计							

在套价时应注意以下几点：

1）各分项工程的名称、规格、计量单位与所采用的市政工程预算定额所列的内容一致，即从套价软件中找出与定额相应的定额号，查到该分项工程的单价。

2）市政工程预算定额，是按一般情况综合考虑的，定额本身并不能完全符合设计图样的要求，还需根据定额的总说明或章节说明进行的换算或调整。换算主要是指定额中已计价的主要材料品种不同需进行的换算，如砌筑砂浆或混凝土标号不同时，一般只换价不调量；调整主要是指施工工艺条件不同，对人工、机械数量进行的调整，一般只调量不换价，如山西省2011版《市政工程预算定额》第三册"桥梁工程"第一章 打桩工程中打桩均为打直桩，如打斜桩（包括俯打、仰打）斜率在1∶6以内时，人工机械乘以1.33系数，斜率在1∶6以上时，人工机械乘以1.43系数。

3）定额缺项，也没有相近定额可参考时，可补充一次性单位估价。

4）许多材料价值无法计入定额单价，称为未计价材料。有些材料的基本品种和消耗量可以事先确定，但材质和规格不能确定，在定额中用括号表示定额用量（包括损耗）；有些材料基本品种已定，但定额用量不能确定，则在软件套价或手动计算时，需用量需要预算员按照图样中所示来定，同时修改未计价材料的品名。

未计价材料价格=工程量×材料的定额用量×材料的预算单价

或

未计价材料价格 = 设计需用量 × (1 + 材料损耗率) × 材料的预算单价

六、对工程预算作工料机分析和计算动态调整

按照已上好机的市政工程分项工程和已套价的定额子目，软件会自动计算出定额中的人工、材料、机械的消耗量，同时进行各项材料的汇总。如手工计算，则需要预算员按定额中的含量进行计算。根据汇总人工及材料消耗量可以计算出市场价同定额价的单项差值及差值汇总，通常称之为"动态调整"。

七、计算各项费用，确定工程造价

计算出直接费及动态调整费用后，还应对市政工程计取其他各项费用，并汇总计算出工程预算造价。

市政工程间接费的计费基础：城市道路、桥涵、隧道、防洪堤坝、给水排水构筑物工程和以机械化施工的独立土石方工程以直接费为计算基础；给水、排水、燃气、集中供热工程安装部分以人工费为计算基础，土建部分以直接费为计算基础。费用的费率的标准可参照取费定额进行确定。

八、复核

复核是对上述结果进行一次全面性的检查，应对所列的工程项目、工程量的计量结果、套用的单价、取费的标准以及数字的计算等进行全面的复核，以保证施工预算的正确无误。

九、编写编制说明，填写封面，装订成册

复核无误后，就可以编写市政工程预算说明，把预算表格不能反映的一些事项，以及编制预算需要说明的问题用文字表达出来，供其他人在审查预算时参考。编制说明的主要内容包括：预算编制的依据、套用定额单价需要补充说明的问题、施工中还可能发生的变化、工程的施工范围及起止桩号、工程中所含的专业工程等其他需要说明的事项。

预算书的封面没有统一规定的格式，但一般应包括工程名称、工程总造价、造价指标、编制单位、编制日期、编制人等。一般来说，预算书封面参考格式如图 4-2 所示。

工 程 预 （结） 算 书

工程名称：＿＿＿＿＿＿＿　　　设计单位：＿＿＿＿＿＿＿

建设单位：＿＿＿＿＿＿＿　　　施工单位：＿＿＿＿＿＿＿

建筑面积：＿＿＿＿＿＿＿　　　工程造价：＿＿＿＿＿＿＿

建设单位（盖章）＿＿＿＿＿＿＿　　　施工单位（盖章）＿＿＿＿＿＿＿

日　　期：＿＿＿＿＿＿＿　　　日　　期：＿＿＿＿＿＿＿

负责人：＿＿＿＿＿＿＿　　　负责人：＿＿＿＿＿＿＿

图 4-2　市政工程施工图预算书封面参考格式

最后，把预算书封面、编制说明、工程预算书、工程量计算书或其他计算依据等。按顺序编排装订成册，签字并加盖公章，市政工程预算才算完成编制。

第三节 市政工程定额计价（工料机法）计价程序

一、定额计价的计算规则

（一）定额计价

定额计价是指按照建设工程计价依据和相关规定计算工程造价的计价方式。

（二）单位工程造价的组成

单位工程造价由直接费、间接费、利润和税金组成。

（三）施工组织措施费、间接费（含规费和企业管理费）和利润的计算

1. 规费按相关规定计算

投资估算、设计概算、施工图预算和定额计价最高投标限价的编制均按定额中规定的规费费率最高限值计算。投标报价、确定中标价、工程预结算及签订施工合同，均以各级标准定额管理机构测定的当年有效规费费率计算。

2. 施工组织措施费、企业管理费和利润

实行定额计价的建设工程，除规费按各级标准定额管理机构测算的当年有效费率执行外，各项施工组织措施费、企业管理费和利润按相关规定计算。

（四）建筑安装工程费

建筑安装工程费应根据工程不同的承包方式，区分不同工程性质，分别以直接工程费或直接工程费中的人工费为计费基础，执行相应费率计算。

二、定额计价的计价程序

建筑安装工程费应根据工程不同的承包方式，区分不同工程性质，分别以直接工程费或直接工程费中的人工费为计费基础，执行相应费率计算。

（一）以直接工程费为计算基础计价程序 （表4-3）

表4-3 以直接工程费为计算基础计价程序

序号	费用项目	计算公式
1	直接工程费	按预算定额计算
2	施工技术措施费	按预算定额计算
3	施工组织措施费	1×相应费率
4	直接费小计	1+2+3
5	企业管理费	4×相应费率
6	规费	4×相应费率
7	间接费小计	5+6
8	利润	(4+7)×相应费率
9	动态调整	按规定计算
10	税金	(4+7+8+9)×相应费率
11	工程造价	4+7+8+9+10

注：表中计算公式列中的数字为序号列所对应的费用项目列中内容，例如"1+2+3"表示"序号1"所对应的直接工程费加"序号2"所对应的施工技术措施费再加"序号3"所对应的施工组织措施费。

（二）以人工费为计算基础计价程序（表4-4）

表 4-4　以人工费为计算基础计价程序

序号	费用项目	计算公式
1	直接工程费	按预算定额计算
2	其中:人工费	按预算定额计算
3	施工技术措施费	按预算定额计算
4	其中:人工费	按预算定额计算
5	施工组织措施费	2×相应费率
6	其中:人工费	按规定的比例计算
7	直接费小计	1+3+5
8	企业管理费	(2+4+6)×相应费率
9	规费	(2+4+6)×相应费率
10	间接费小计	8+9
11	利润	(2+4+6)×相应费率
12	动态调整	按规定计算
13	主材费	按规定计算
14	税金	(7+10+11+12+13)×相应费率
15	工程造价	7+10+11+12+13+14

注：表中计算公式列中的数字为序号列所对应的费用项目列中内容，例如"1+3+5"表示"序号1"所对应的直接
工程费加"序号3"所对应的施工技术措施费再加"序号5"所对应的施工组织措施费。另施工组织措施费是
由序号"2"所对应的直接工程费中的人工费为基数乘以相应的费率所得，所得的费用包括施工组织措施费的人
材机费用，并不是人工费为基数，所得的一定是人工费，这一点容易混淆，一定要注意。

第五章

市政工程工程量清单及清单计价

第一节　市政工程工程量清单的编制

一、工程量清单的组成

工程量清单由分部分项工程量清单、措施项目清单、其他项目清单、规费和税金项目清单组成。

二、分部分项工程量清单

（一）分部分项工程清单的编制依据

1）《建设工程工程量清单计价规范》（GB 50500—2013），《市政工程工程量计算规范》（GB 50857—2013），以下简称《规范》。

2）国家或省级、行业建设主管部门颁发的计价依据和办法。

3）建设工程的设计文件。

4）招标文件。

5）同工程有关的标准、技术资料、施工规范及工程验收规范。

6）施工组织设计。

7）其他有关资料。

（二）《规范》的适用范围

《规范》中有附录A、附录B、附录C、附录D、附录E、附录F、附录G、附录H、附录J、附录K、附录L，是编制分部分项工程量清单的依据。

1）附录A，为土方工程工程量清单项目设置、项目特征描述的内容、计量单位及工程量计算规则。

2）附录B，同道路工程相关的路基处理、道路基层、道路面层、人行道及其他交通管理设施工程工程量清单项目设置、项目特征描述的内容、计量单位及工程量计算规则。

3）附录C，同桥涵工程相关的桩基、基坑与边坡支护、现浇混凝土构件、预制混凝土构件、砌筑、钢结构、装饰等工程工程量清单项目设置、项目特征描述的内容、计量单位及工程量计算规则。

4）附录D，同隧道工程相关的隧道岩石开挖、盾构掘进、管节顶升及旁通道、隧道沉井、混凝土结构、沉井隧道工程工程量清单项目设置、项目特征描述的内容 、计量单位及工程量计算规则。

5) 附录 E，同管网工程相关的管道铺设，管件、阀门及附件安装，支架制作及安装，管道附属构筑物工程工程量清单项目设置，项目特征描述的内容，计量单位及工程量计算规则。

6) 附录 F，同水处理工程相关的水处理构筑物、水处理设备工程工程量清单项目设置、项目特征描述的内容、计量单位及工程量计算规则。

7) 附录 G，同生活垃圾处理工程相关的垃圾卫生填埋、垃圾焚烧工程工程量清单项目设置、项目特征描述的内容、计量单位及工程量计算规则。

8) 附录 H，同路灯工程相关的变配电设备、10kV 以下架空线路、电缆、配管配线、照明器具安装、防雷接地装置、电气调整试验等工程工程量清单项目设置、项目特征描述的内容、计量单位及工程量计算规则。

9) 附录 J，钢筋工程工程量清单项目设置、项目特征描述的内容、计量单位及工程量计算规则。

10) 附录 K，拆除工程工程量清单项目设置、项目特征描述的内容、计量单位及工程量计算规则。

11) 附录 L，同措施项目相关的脚手架，混凝土模板及支架，围堰，便道及便桥，洞内临时设施，大型机械设备进出场及安拆，施工排水、降水，处理、监测、监控，安全文明施工及其他措施项目等工程工程量清单项目设置、项目特征描述的内容、计量单位及工程量计算规则。

（三）附录中特有术语给予的含义

1. 分部分项工程量清单编码

工程量清单的编码，主要是指分部分项工程量清单的编码。按五级设置，用 12 位阿拉伯数字表示。同一招标工程的项目编码不得有重复。

1) 第一级编码：分两位，为分类码：建筑工程 01、装饰装修工程 02、安装工程 03、市政工程 04、园林绿化工程 05。

2) 第二级编码：分两位，为专业工程（章）顺序码。

3) 第三级编码：分两位，为分部工程（章下的节）顺序码。

4) 第四级编码：分三位，为清单项目码。

5) 第五级编码：分三位，为清单项目顺序码，编制人根据工程量清单编制时自行设置。

清单前 9 位编码，是《规范》中已明确的编码。不能作任何变动。

例：　　04　　02　　02　　003　001

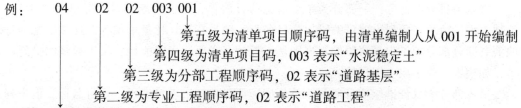

第五级为清单项目顺序码，由清单编制人从 001 开始编制
第四级为清单项目码，003 表示"水泥稳定土"
第三级为分部工程顺序码，02 表示"道路基层"
第二级为专业工程顺序码，02 表示"道路工程"
第一级为分类码，04 表示"市政工程"

编制工程量清单出现《规范》未包括的项目，编制人应做补充。补充市政项目的编码由《规范》的代码 04 与 B 和三位阿拉伯数字组成，并应从 04B001 起顺序编制。

2. 分部分项工程量清单项目名称

项目名称以《规范》相应的项目名称为主，结合拟建工程实际确定。

3. 项目特征

工程量清单项目特征按《规范》附录中规定的项目特征，结合拟建工程项目的实际予以描述。

若采用标准图集或施工图样能够满足项目特征的描述需求，项目特征可采用"详见××图集"或"××图中的××图号"方式。对于不满足项目特征描述要求的部分，仍用文字进行描述。总之，在编制工程量清单时，必须准确且清楚地描述项目特征。

4. 计量单位

计量单位应按《规范》附录中规定的计量单位确定。

计量单位应采用《规范》附录中规定的计量单位，除专业有特殊规定以外，按以下单位计量：

1）以体积计算的项目：m^3。

2）以面积计算的项目：m^2。

3）以长度计算的项目：m。

4）以重量计算的项目：t 或 kg。

5）以自然计量单位计算的项目：座、个、块、套、台、樘等。

《规范》中有两个或两个以上计量单位时，应结合工程实际选择其中一个确定即可。

5. 工程数量

工程数量应按《规范》附录中规定的工程量计算规则计算。除另有说明外，所有清单项目的工程量以实体工程量为准，并以完成后的净值计算；投标人投标报价时，应在单价中考虑施工中的各种损耗和需要增加的工程或项目。

工程数量有效位数规定如下：

1）以"t"为单位，应保留小数点后三位数字，第四位四舍五入。

2）以"m"或"m^2""m^3"为单位，应保留小数点后两位数字，第三位四舍五入。

3）以"个""台""座"等为单位，应取整数。

三、措施项目清单

措施项目是为完成工程项目施工，发生于该工程施工前和施工过程中的技术、生活、安全等方面的非工程实体项目。

措施项目分两部分：一部分为单价措施项目清单，单价措施项目同分部分项工程一样，编制工程量清单必须列出项目编码、项目名称、项目特征、计量单位等。这类措施项目清单的编制同分部分项工程量清单编制规则是一样的，主要适用于能计算出工程量的措施项目清单，如模板、脚手架、围栏等。

另一部分为总价措施项目清单，总价措施项目仅列出项目编码、项目名称，但未列出项目特征、计量单位和工程量计算规则的措施项目。主要适用于以"项"为计量单位的总价措施项目清单，如"安全文明施工""夜间施工""二次搬运"等。

四、其他项目清单

其他项目清单的编制规则。

其他项目清单应按照下列内容列项：

1）暂列金额：是包括在合同中的一笔款项。用于在工程建设中，有合同签订时尚未确定或不可预见的所需材料、设备、服务的采购，施工中可能发生的工程变更、合同约定调整因素出现时的合同工程价款调整，以及发生的索赔、现场签证确认等的费用。暂列金额列入合同价格并不表明都属于中标人，是否属于中标人应得金额取决于具体的合同约定，只有按照合同约定的程序发生后，才能成为中标人的应得金额，纳入合同结算价款中。扣除实际发生金额后的暂列金额仍属于招标人所有。同时设立暂列金额并不能保证合同结算价格不会再出现超过已签约合同价的情况，是否超出已签约合同价完全取决于建设方或招标人对暂列金额预测的准确性，和在工程建设过程是否出现了其他事先未预测到影响工程造价的情况。

2）暂估价：是指招标阶段直至签订合同协议时，招标人在招标文件中提供的用于支付必然要发生但暂时不能确定价格的材料以及需另行发包的专业工程金额。在招标阶段预见肯定要发生，只因为标准不明确或者需要由专业承包人完成，暂时无法确定其价格或金额。为便于合同管理和计价，需要纳入工程量清单项目综合单价中的暂估价最好只是材料费，以方便组价。对专业工程暂估价一般应是综合暂估价，包括除规费、税金以外的管理费、利润等。

3）计日工：是现场发生的零星工作的计价。计日工以完成零星工作所消耗的人工工时、材料数量、机械台班进行计量，并按照计日工表中填报的适用项目的单价进行计价支付。计日工适用的零星工作一般是指合同约定之外的或者因变更而产生的、工程量清单中没有相应项目的额外工作，尤其是那些时间不允许事先商定价格的额外工作。

4）总承包服务费：总承包人为配合协调发包人进行的专业工程发包及工程分包，对发包人自行采购的材料、工程设备等进行保管以及施工现场管理、竣工资料汇总整理等服务应向总承包人支付的费用。

五、规费、税金项目清单

规费项目清单是根据国家法律、法规规定，由省级政府或省级有关权力部门规定施工企业必须交纳，应计入工程造价的费用清单。

税金项目清单是按国家税法规定应计入建筑安装工程造价内的增值税销项税额的费用清单。

第二节　市政工程工程量清单计价的编制

一、清单计价费用内容

工程量清单计价是指投标人完成招标人提供的工程量清单所需的全部费用，包括分部分项工程费、措施项目费、其他项目费、规费和税金。工程量清单计价费用的构成见表5-1。

表 5-1　工程量清单计价费用的构成

工程量清单计价费用的构成	分部分项清单费用	人工费	直接费
		材料费	
		机械及设备使用费	
		企业管理费	间接费
		利润	利润
		风险费用	根据费用中所含的不同类别来辨别是直接费还是间接费
	措施项目清单费用（计价时分总价措施和单价措施两项）	组织措施费（计价时一般列入总价措施）	单价如是以综合单价的形式出现，则其中人、材、机费用属于直接费，企业管理费属于间接费；单价如是以一个整数的形式出现，如暂列金额，则根据费用中所含的类别来辨别是直接费还是间接费
		技术措施费（计价时一般列入单价措施）	
	其他项目清单费用	暂列金额	
		暂估价	
		计日工	
		总承包服务费	间接费
	规费		
	税金		税金

二、工程量清单计价费用的计算程序

（一）工程量清单计价采用综合单价法

综合单价法是指分部分项项目单价采用全费用单价（规费、税金另行计算）的一种计价方法。综合单价（不含进项税）由人工费、材料费、机械费、企业管理费、利润、风险费用构成。

分部分项清单综合单价(不含进项税)＝∑[清单项目所含工程内容的综合单价(不含进项税)×相应工程量]÷清单项目工程量

施工技术措施清单项目综合单价(不含进项税)＝∑[分项施工技术措施项目的综合单价(不含进项税)×相应工程量]÷清单项目工程量

分部分项清单综合合价＝分部分项清单综合单价(不含进项税)×分部分项清单工程量

施工组织措施项目清单综合合价＝施工组织措施项目清单综合单价×施工组织措施清单工程量

单位工程合价＝分部分项清单综合合价(不含进项税)＋施工技术措施清单项目综合合价(不含进项税)＋总价措施清单合价(不含进项税)＋其他项目清单合价＋规费＋税金

工程合价＝∑单位工程合价

（二）综合单价法计算程序

1. 分部分项工程项目综合单价计算程序（表 5-2）

表 5-2　分部分项工程综合单价计算程序

序号	费用项目	计费基础及计算公式	
		直接工程费	直接工程费中的人工费
1	单位直接工程费	分部分项工程量清单人工费、材料费、机械费合计	分部分项工程清单人工费、材料费、机械费合计

（续）

序号	费用项目	计费基础及计算公式	
		直接工程费	直接工程费中的人工费
2	直接工程费中的人工费		人工费
3	企业管理费	1×相应费率	2×相应费率
4	利润	1×相应利润率	2×相应利润率
5	动态调整	按规定计算	按规定计算
6	综合单价	1+3+4+5	1+3+4+5

注：1. "分项工程项目综合单价"是指组成清单项目的各个分项工程内容的综合单价（不含进项税）。
　　2. "相应费率""相应利润率"是指计价（或报价）所执行的定额相应费率和利润率。
　　3. 表中计算公式列中的数字为序号列所对应的费用项目列中内容。

2. 分项技术措施项目综合单价计算程序（表 5-3）

表 5-3　分项技术措施项目综合单价计算程序

序号	费用项目	计费基础及计算公式	
		施工技术措施费	施工技术措施费中的人工费
1	分项施工技术措施费	施工技术措施费人工费、材料费、机械费合计	施工技术措施费人工费、材料费、机械费合计
2	其中的人工费		人工费
3	企业管理费	1×相应费率	2×相应费率
4	利润	1×相应利润率	2×相应利润率
5	动态调整	按规定计算	按规定计算
6	综合单价	1+3+4+5	1+3+4+5

注：1. "分项技术措施项目综合单价"是指组成清单项目的各个分项工程内容的综合单价（不含进项税）。
　　2. "相应费率""相应利润率"是指计价（或报价）所执行的定额相应费率和利润率。
　　3. 表中计算公式列中的数字为序号列所对应的费用项目列中内容。

3. 总价措施项目清单综合单价计算程序（表 5-4）

表 5-4　总价措施项目清单综合单价计算程序

序号	费用项目	计费基础及计算公式	
		直接工程费	直接工程费中的人工费
1	直接工程费	分部分项工程量清单人工费、材料费、机械费合计	分部分项工程量清单人工费、材料费、机械费合计
2	其中的人工费		人工费
3	工程分项总价措施费	1×相应费率	2×相应费率
4	其中的人工费		工程分项总价措施费×人工比例
5	企业管理费	3×相应费率	4×相应费率
6	利润	3×相应利润率	4×相应利润率
7	动态调整	按规定计算	按规定计算
8	综合单价	3+5+6+7	3+5+6+7

注：1. "总价措施项目"是按单位工程考虑的，编制招标控制价时，每一单项总价措施费可按人工费占20%，材料费占70%，机械费占10%计算；投标报价时，每一单项组织措施费的人工费、材料费、机械费，可参照此比例或根据施工组织现场的实际情况自行考虑。
　　2. "相应费率""相应利润率"是指计价（或报价）所执行的定额相应费率和利润率。
　　3. 此方法参照山西省计价依据，如在实际操作当中，按施工组织设计计算的措施费，若无"计算基础"和"费率"的数值，也可只填"金额"数值，但一定说明出处或计算方法。
　　4. 表中计算公式列中的数字为序号列所对应的费用项目列中内容。

4. 其他项目清单计算程序

在其他项目清单中含暂列金额、材料（工程设备）暂估价、专业工程暂估价、计日工、总承包服务费五种。除计日工表需计算外，其余表格中的数值均为招标已给或投标人自行填写。

计日工项目综合单价计算程序见表5-5。

表5-5　计日工项目综合单价计算程序

序号	费用项目	人工费综合单价	材料费综合单价	机械台班综合单价
1	基本单位人工费	A		
	基本单位材料费		B	
	基本单位机械费			C
2	企业管理费	1A×相应费率	1B×相应费率	1C×相应费率
3	利润	1A×相应利润率	1B×相应利润率	1C×相应利润率
4	动态调整	按规定计算	按规定计算	按规定计算
5	综合单价	1A+2+3+4	1B+2+3+4	1C+2+3+4
6	计日工项目计价合计	∑（工日数量×人工费综合单价）+∑［材料数量×材料费综合单价(不含进项税)］+∑［机械台班数量×机械台班综合单价(不含进项税)］		

注：1. 此方法参照山西省计价依据，表中"A""B""C"是由投标人自行考虑后填写，如在实际操作当中，若无"基本费用"和"费率"的数值，也可参照市场的实际只填"综合单价"数值。

2. "相应费率""相应利润率"是指计价（或报价）所执行的定额相应费率和利润率。

3. 表中单价列中的数字为序号列所对应的费用项目列中内容。

5. 单位工程造价计算程序（表5-6）

表5-6　单位工程造价计算程序

序号	费用项目	计算程序
1	分部分项工程费	∑分部分项清单项目工程量×相应清单项目综合单价(不含进项税)
2	施工技术措施项目费	∑分项施工技术措施清单项目工程量×相应清单项目综合单价(不含进项税)
3	施工组织措施项目费	∑施工组织措施清单项目工程量×相应清单项目综合单价(不含进项税)
4	其他项目费	招标人部分金额+投标人部分金额
5	规费	规费项目清单合计
6	税金	税金项目清单合计
7	单位工程造价	1+2+3+4+5+6

注：表中计算程序列中的数字为序号列所对应的费用项目列中内容。

三、工程量清单及其报价格式

（一）工程量清单格式由下列内容组成

1）封面。

2）招标工程量清单扉页。

3）总说明。

4）分部分项工程和单价措施项目清单与计价表。

5）总价项目清单与计价汇总表。

6）其他项目清单计价汇总表。

7）暂列金额明细表。

8）材料（工程设备）暂估单价及调整表。

9）专业工程暂估价及结算价表。

10）总承包服务费计价表。

11）计日工表。

12）规费、税金项目计价表。

（二）分部分项工程量清单的编制步骤和方法

1）收集设计、技术资料。

2）确定分部分项工程的分项及名称。

3）拟定项目特征的描述。

4）确定工程量清单的项目编码。

5）确定清单项目的工程量。

6）编制说明。

7）复核与整理清单文件。

（三）工程量清单格式的填写要求及报表格式

（1）工程量清单由招标人填写。

（2）总说明中应填写与工程项目有关的建设规模，工程特征，计划工期，施工现场的实际情况，周围交通运输情况，工程量招标和分包范围，工程量清单编制依据，工程质量、材料、施工等方面特殊要求，招标人自行采购的材料的情况，暂列金额，自行采购材料的数量及与项目有关的其他需要说明的内容。

（3）报表格式

1）封面如图 5-1 所示。

_____工程

招标工程量清单

招　标　人：_____
（单位盖章）

造价咨询人：_____
（单位盖章）

年　月　日

图 5-1　封面

2）招标工程量清单扉页如图 5-2 所示。

                          工程

招标工程量清单

招　标　人：＿＿＿＿＿＿＿＿＿＿＿　　　　造价咨询人：＿＿＿＿＿＿＿＿＿＿＿

             （单位盖章）　　　　　　　　　　　　　　　（单位资质专用章）

法定代表人　　　　　　　　　　　　　　　法定代表人

或其授权人：＿＿＿＿＿＿＿＿＿　　　　或其授权人：＿＿＿＿＿＿＿＿＿

         （签字或盖章）　　　　　　　　　　　　　（签字或盖章）

编　制　人：＿＿＿＿＿＿＿＿＿　　　　复　核　人：＿＿＿＿＿＿＿＿＿

    （造价人员签字盖　　　　　　　　　　　（造价工程师签字盖

      专用章）　　　　　　　　　　　　　　　专用章）

编制时间：　　年　　月　　日　　　　复核时间：　　年　　月　　日

图 5-2　招标工程量清单扉页

3）总说明见表 5-7。

表 5-7　总说明

工程名称：　　　　　　　　　　　　　　　　　　　　　　　　第　页　共　页

4）分部分项工程和单价措施项目清单与计价表见表5-8。

表 5-8　分部分项工程和单价措施项目清单与计价表

工程名称：　　　　　　　　　　标段：　　　　　　　　第　页　共　页

序号	项目编码	项目名称	项目特征描述	计量单位	工程量	金额/元		
						综合单价	合价	其中：暂估价
			本页小计					
			合　计					

注：为计取规费等的使用，可在表中增设其中："定额人工费"。

5）总价措施项目清单与计价汇总表见表5-9。

表 5-9　总价措施项目清单与计价汇总表

工程名称：　　　　　　　　　　标段：　　　　　　　　第　页　共　页

序号	项目编码	项目名称	计算基础	费率（%）	金额/元	调整费率（%）	调整后金额/元	备注

编制人（造价人员）：　　　　　　　　　　　　　核人（造价工程师）：

注：1."计算基础"中安全文明施工费可为"定额基价""定额人工费"或"定额人工费+定额机械费"，其他项目可为"定额人工费"或"定额人工费+定额机械费"。

2. 按施工方案计算的措施费，若无"计算基础"和"费率"的数值，也可只填"金额"数值，但应在备注栏说明施工方案出处或计算方法。

6）其他项目清单与计价汇总表见表5-10。

表 5-10　其他项目清单与计价汇总表

工程名称：　　　　　　　　　　　标段：　　　　　　　　　第　页　共　页

序号	项目名称	金额/元	结算金额/元	备注
1	暂列金额			
2	暂估价			
2.1	材料（工程设备）暂估价/结算价			
2.2	专业工程暂估价/结算价			
3	计日工			
4	总承包服务费			
5	索赔与现场签证			
	合　计			

注：材料（工程设备）暂估单价进入清单项目综合单价，此处不汇总。

7）暂列金额明细表见表 5-11。

表 5-11　暂列金额明细表

工程名称：　　　　　　　　　　　标段：　　　　　　　　　第　页　共　页

序号	项目名称	计量单位	暂定金额/元	备注
1				
2				
3				

注：表格中"项目名称""计量单位""暂定金额""备注"四列均由招标人填写，投标人只需照搬过来即可，表中的费用应计入投标总价中。

8）材料（工程设备）暂估单价及调整表见表 5-12。

表 5-12　材料（工程设备）暂估单价及调整表

工程名称：　　　　　　　　　　　标段：　　　　　　　　　第　页　共　页

序号	材料（工程设备）名称、规格、型号	计量单位	数量		暂估/元		确认/元		差额±/元		备注
			暂估	确认	单价	合价	单价	合价	单价	合价	
	合计										

注：表格中"暂估"列由招标人填写，投标人只需将对应的暂估单价计入工程量清单综合单价的报价当中即可。

9）专业工程暂估价及结算价表见表 5-13。

表 5-13　专业工程暂估价及结算价表

工程名称：　　　　　　　　　　　标段：　　　　　　　　　第　页　共　页

序号	工程名称	工程内容	暂估金额/元	结算金额/元	差额±/元	备注
合　计					—	

注：表格中"工程名称""工程内容""暂估金额"三列由招标人填写，投标人应将"暂估金额"所列的费用计入投标总价中。

10）总承包服务费计价表见表 5-14。

表 5-14　总承包服务费计价表

工程名称：　　　　　　　　　　　标段：　　　　　　　　　第　页　共　页

序号	项目名称	项目价值/元	服务内容	计算基础	费率(%)	金额/元
合　计						

注：此表"项目名称""服务内容"由招标人填写，编制招标控制价时，费率及金额由招标人按有关计价规定确定；投标时，费率及金额由投标人自主报价，计入投标总价中。

11）计日工表见表 5-15。

表 5-15　计日工表

工程名称：　　　　　　　　　　　标段：　　　　　　　　　第　页　共　页

编号	项目名称	单位	暂定数量	实际数量	综合单价/元	合价	
						暂定	实际
1	人工						
人工小计							
2	材料						
材料小计							
3	施工机械						
施工机械小计							
4. 企业管理费和利润							
总　计							

注：此表"项目名称""暂定数量"由招标人填写，编制招标控制价时，单价由招标人按有关计价规定确定；投标时，单价由投标人自主报价，按暂定数量计算合价计入投标总价中。结算时，按发承包双方确认的实际数量计算合价。

12）规费、税金项目计价表见表 5-16。

表 5-16 规费、税金项目计价表

工程名称：　　　　　　　　　　　标段：　　　　　　　　第 页 共 页

序号	项目名称	计算基础	计算费率(%)	金额/元
1	规费			
1.1	工程排污费			
1.2	社会保险费			
1.2.1	养老保险费			
1.2.2	失业保险费			
1.2.3	医疗保险费			
1.2.4	工伤保险费			
1.2.5	生育保险费			
1.3	住房公积金			
2	税金	分部分项工程费+措施项目费+其他项目费+规费-按规定不计税的工程设备金额		
合　　计				

编制人（造价人员）：　　　　　　　　　　　复核人（造价工程师）：

注："计算基础"可为"直接费"或"人工费"。

（四）工程量清单计价格式

1. 工程量清单计价由下列内容组成

1）封面：投标总价、招标控制价、竣工结算书。

2）扉页：投标总价、招标控制价、竣工结算总价。

3）工程计价总说明。

4）工程项目造价总价表。

5）单项工程造价汇总表。

6）单位工程造价汇总表。

7）建设项目竣工结算汇总表、单项工程竣工结算汇总表、单位工程竣工结算汇总表。

8）分部分项工程量和单价措施项目清单与计价表。

9）总价措施项目清单与计价汇总表。

10）其他项目清单与计价汇总表。

11）暂列金额明细表。

12）材料（工程设备）暂估价及调整表。

13）专业工程暂估价及调整表。

14）总承包服务费计价表。

15）计日工表。

16）规费、税金项目计价表。

17）综合单价分析表。

2. 分部分项工程量清单计价的编制步骤和方法

1）收集依据：清单工程量、施工图、《建设工程工程量计价规范》、消耗量定额、施工方案、工料机市场价格等。

2）计算计价工程量，一般来说计价工程量的计算内容要多于清单工程量。因计价工程量不但计算每个清单项目主项工程量，还要计算所包含的一些附属工程量，如混凝土路面浇筑，在计算计价工程量时，一项是计算混凝土路面工程量，有时还会把混凝土养护、压纹也计入此项当中。

3）根据计价工程量，套用定额或根据自己企业定额确定综合单价，再综合相关费率确定分部分项工程费、措施费、其他工程费、规费、税金，并进行汇总得出单位工程费用、单项工程费用、工程项目费用。

4）编制说明。

5）复核与整理计价文件。

3. 工程量清单计价报表格式

1）投标总价封面如图 5-3 所示。

_____工程

投标总价

招　标　人：_____
（单位盖章）

年　月　日

图 5-3　投标总价封面

2）招标控制价封面如图 5-4 所示。

_____工程

招标控制价

招　标　人：_____
（单位盖章）

造价咨询人：_____
（单位盖章）

年　月　日

图 5-4　招标控制价封面

3）竣工结算书封面如图 5-5 所示。

_____工程

竣 工 结 算 书

发　包　人：_____

（单位盖章）

承　包　人：_____

（单位盖章）

造价咨询人：_____

（单位盖章）

年　　月　　日

图 5-5　竣工结算书封面

4）投标总价扉页如图 5-6 所示。

投　标　总　价

招　标　人：_____

工程名称：_____

投标总价（小写）：_____

（大写）：_____

投　标　人：_____

（单位盖章）

法定代表人

或其授权人：_____

（签字或盖章）

编　制　人：_____

（造价人员签字盖专用章）

编制时间：　　　　年　　月　　日

图 5-6　投标总价扉页

5）招标控制价扉页如图 5-7 所示。

_____工程

<h1 style="text-align:center">招标控制价</h1>

招标控制价 （小写）：_____

（大写）：_____

招　标　人：_____　　造价咨询人：_____

（单位盖章）　　　　　　　　　　　（单位资质专用章）

法定代表人　　　　　　　　　　　法定代表人

或其授权人：_____　　或其授权人：_____

（签字或盖章）　　　　　　　　　　（签字或盖章）

编　制　人：_____　　复　核　人：_____

（造价人员签字盖　　　　　　　　（造价工程师签字盖
专用章）　　　　　　　　　　　专用章）

编制时间：　年 月 日　　　　　复核时间：　年 月 日

图 5-7　招标控制价扉页

6) 竣工结算总价扉页如图 5-8 所示。

_____工程

竣工结算总价

签约合同价

（小写）：_____   （大写）：_____

竣工结算价

（小写）：_____   （大写）：_____

发包人：_____   承包人：_____   造价咨询人：_____

    （单位盖章）   （单位盖章）   （单位资质专用章）

法定代表人   法定代表人   法定代表人

或其授权人：_____   或其授权人：_____   或其授权人：_____

  （签字或盖章）   （签字或盖章）   （签字或盖章）

编 制 人 ：_____   复 核 人：_____

  （造价人员签字   （造价工程师签字盖专用章）

  盖专用章）

编制时间： 年 月 日   复核时间：   年 月 日

图 5-8 竣工结算总价扉页

7）工程计价总说明见表 5-17。

表 5-17 总说明

工程名称：   第 页 共 页

8）工程项目造价总价表见表 5-18。

表 5-18 工程项目造价总价表

工程名称：   第 页 共 页

序号	单项工程名称	金额/元	其中/元		
			暂估价	安全文明施工费	规费
合计					

9）单项工程造价汇总表见表 5-19。

表 5-19 单项工程造价汇总表

工程名称：　　　　　　　　　　　　　　　　　　　　　　　　第　页　共　页

序号	单项工程名称	金额/元	其中/元		
			暂估价	安全文明施工费	规费
	合计				

10）单位工程造价汇总表见表 5-20。

表 5-20 单位工程造价汇总表

工程名称：　　　　　　　　标段：　　　　　　　　　　第　页　共　页

序号	汇总内容	金额/元	其中：暂估价/元
1	分部分项工程费		
2	措施项目费		
2.1	技术措施项目费		
2.2	组织措施项目费		
3	其他项目		
4	规费		
5	税金		
	单位工程造价合计 = 1+2+3+4+5		

注：本表适用于单位工程招标控制价或投标报价的汇总，如无单位工程划分，单项工程也使用本表汇总。

11）建设项目竣工结算汇总表、单项工程竣工结算汇总表、单位工程竣工结算汇总表参照工程项目造价总价表（表 5-18）、单项工程造价汇总表（表 5-19）、单位工程造价汇总表（表 5-20），把表中暂估价去掉，替换成相应的结算价格即可。

12）分部分项工程量和单价措施项目清单与计价表见表 5-8。

13）总价措施项目清单与计价汇总表见表 5-9。

14）其他项目清单与计价汇总表见表 5-10。

15）暂列金额明细表见表 5-11。

16）材料（工程设备）暂估单价及调整表见表5-12。

17）专业工程暂估价及结算价表见表5-13。

18）总承包服务费计价表见表5-14。

19）计日工表见表5-15。

20）规费、税金项目计价表见表5-16。

21）综合单价分析表见表5-21。

表5-21 综合单价分析表

工程名称： 标段： 第 页 共 页

项目编码			项目名称		计量单位		工程量	
清单综合单价组成明细								
定额编号	定额项目名称	定额单位	数量	单价				合价			
				人工费	材料费	机械费	管理费和利润	人工费	材料费	机械费	管理费和利润
人工单价			小计								
元/工日			未计价材料费								
清单项目综合单价											
材料明细	主要材料名称、规格、型号				单位	数量	单价/元	合价/元	暂估单价/元	暂估合价/元

注：1. 如不使用省级或行业建设主管部门发布的计价依据，可不填定额编号、名称等。

2. 招标文件提供了暂估单价的材料，按暂估的单价填入表内"暂估单价"栏及"暂估合价"栏。

第三节 工程量清单计价与定额计价的联系与区别

一、主要联系

采用工程量清单计价仍然需要定额。因为定额中的各种劳动要素的消耗量标准是进行计价活动的合理尺度，所以建设工程各种消耗量的定额部分将会长期指导工程造价的编制，如编制施工图预算、招标控制价等属于政府投资的工程在选定施工单位前期阶段所需的造价预算还是要借用现行的定额作为主要参考依据。从这一点说，无论清单计价法还是定额计价法都需要依据定额计算工程造价。

二、主要区别

（一）招标投标的形式不同

定额计价中投标单位计算工程量并计算工程造价，进行投标报价。投标报价是以总费用控制的招标投标形式。而工程量清单，是招标人提供工程量清单，而投标人在已有的工程量情况下，进行自主报价。是通过单价及总费用控制的一种招标投标形式。

（二）实体消耗和非实体消耗计价模式不同

定额计价把实体消耗和非实体消耗混在一起进行报价。而清单计价把两者分离，非实体消耗计入措施项目，作为竞争项目由施工单位自主报价。

（三）计价依据不同

定额计价主要依据的是工程造价管理部门编制的预算定额和价格信息。而清单计价分两种情况，一种主要依据主管部门的计价定额和计价办法、工程量清单计价规范。另一种是投标单位投标报价阶段主要依据招标文件中的工程量清单、企业定额、市场价格信息、施工现场的情况、施工组织设计等编制而成。

（四）工程量计算时间不同

在招标投标阶段，定额计价是在招标文件发出后计算工程量，编制标底或投标报价。而工程量清单计价中的工程量清单是在招标文件发出前编制完成。

（五）费用的表现形式不同

定额计价法表现形式由直接费、间接费、利润、税金组成。工程量清单计价表现形式由分部分项工程费、措施费、其他项目费、规费、税金组成。

（六）本质特性不同

定额计价方式具有计划价格的特性。工程量清单计价方式具有市场价格的特性。

3

第三篇　市政工程定额计价与清单计价

第六章

Chapter ▶▶ 06

通 用 项 目

通用项目中包括土石方工程、打拔工具桩工程、围堰工程、支撑工程、拆除工程、脚手架及其他工程、护坡挡土墙工程。

第一节 通用项目定额计价

一、土石方工程定额工程量计算规则

（1）土方、石方体积均以天然密实体积（自然方）计算，回填（夯填）土按碾压或夯实后的体积（压实方）计算。土方体积换算见表 6-1。

表 6-1 土方体积换算表

虚方体积	天然密实体积	夯实后体积	松填体积
1.00	0.80	0.70	0.86
1.25	1.00	0.87	1.08
1.43	1.15	1.00	1.24
1.16	0.93	0.81	1.00

（2）土方工程量按图样尺寸计算，修建机械上下坡的便道土方量并入土方工程量内。石方工程量按图样尺寸加允许超挖量。开挖坡面每侧允许超挖量：松石、次坚石 20cm，普坚石、特坚石 15cm。

（3）清理土堤基础按设计规定以水平投影面积计算，清理厚度为 30cm，废土运距按 30m 计算。人工挖土堤台阶工程量，按挖前的堤坡斜面积计算，运土应另行计算。

（4）管道接口作业坑和沿线各种井室所需增加开挖的土石方工程按全部土石方量的 2.5% 计算。如井室设计深度超过槽坑设计深度时，超过部分的土石方可另计。管沟回填土应扣除管子、基础、垫层和各种构筑物所占的体积。钢筋混凝土排水管道应扣除土方量见表 6-2。

表 6-2　钢筋混凝土排水管道应扣除土方量表　　　　（单位：m³/m）

管径/mm 管基	300	400	500	600	700	800	900	1000	1100	1200	1350	1500	1650	1800	2000
90°	0.15	0.23	0.35	0.48	0.65	0.85	1.07	1.3	1.58	1.88	2.37	2.95	3.55	4.2	5.28
120°	0.18	0.28	0.4	0.56	0.72	0.92	1.14	1.39	1.7	2	2.57	3.15	3.79	4.56	5.73
180°	0.2	0.3	0.43	0.6	0.79	1.05	1.3	1.57	1.93	2.26	2.92	3.57	4.3	5.18	6.39

注：1. 本表所列扣除量包括管道和混凝土基础及管座，未包括垫层。

2. 135°管基可参照 120°的执行。

（5）挖土放坡和沟、槽底加宽应按设计图样尺寸计算，如无明确规定，可按表 6-3 和表 6-4 计算。

表 6-3　放坡系数表

土壤类别	放坡起点/m	机械开挖		人工开挖
		槽、坑内作业	槽、坑边作业	
一、二类土	1.20	1：0.33	1：0.75	1：0.5
三类土	1.50	1：0.25	1：0.67	1：0.33
四类土	2.00	1：0.10	1：0.33	1：0.25

注：1. 槽、坑内有垫层时，放坡自垫层上表面开始；无垫层则从底面开始放坡。

2. 工作面加宽也是从垫层上表面开始，无垫层者从底面开始。

3. 槽、坑内作业指机械位于槽、坑的开挖线之内，顺槽、坑行进方向开挖。

表 6-4　管沟施工每侧所需工作面宽度计算表

管道结构宽/mm	混凝土管道 基础 90°	混凝土管道基础 >90°	金属管道	构筑物	
				无防潮层	有防潮层
500 以内	400	400	300	400	600
1000 以内	500	500	400		
2500 以内	600	500	400		
2500 以上	700	600	500		

注：管道结构宽，无管座按管道外径计算，有管座按管道基础外缘计算，构筑物按基础外缘计算。

如在同一断面内遇有数类土壤，其放坡系数可按各类土占全部深度的百分比加权计算。如设挡土板则单侧增加 10cm，双侧增加 20cm，不再计算放坡。挖土交接处产生的重复工程量不扣除。

（6）土石方运距应以挖土重心至填土重心或弃土重心最近距离计算，挖土重心、填土重心、弃土重心按施工组织设计确定。如遇下列情况应增加运距：

1）人力及人力车运土方、石方上坡坡度在 15%以上，推土机、铲运机重车上坡坡度大于 5%，斜道运距按斜道长度乘以表 6-5 所示系数：

表 6-5　系数表

项目	推土机、铲运机				人力及人力车
坡度（%）	5~10	15 以内	20 以内	25 以内	15 以上
系数	1.75	2	2.25	2.5	5

2）采用人力垂直运输土方、石方，垂直深度每米折合水平运距 7m 计算。

3）拖式铲运机 3m³ 加 27m 转向距离，其余型号铲运机加 45m 转向距离。

（7）沟槽、基坑、平整场地和一般土石方的划分：底宽 7m 以内，底长大于底宽 3 倍以上按沟槽计算；底长小于底宽 3 倍以内且底面面积在 150m² 以内执行基坑定额；厚度在 30cm 以内就地挖、填按平整场地计算；不在上述范围的土方、石方按挖土方和石方计算。人工挖沟槽、基坑深度超过 8m，每增加 1m 增加用工量 10%（不足 1m 者按 1m 计），增加 2m 及以上者，按累加的方法换算。

（8）机械挖土方中如需人工辅助开挖（包括切边、修整底边），机械挖土按土方量的 95% 计算，人工按土方量的 5% 套人工开挖相应定额项目乘以系数 1.5 执行。

（9）土壤及岩石分类见表 6-6。

表 6-6　土壤及岩石（普氏）分类表

定额分类	普氏分类	土壤及岩石名称	天然湿度下平均容重 /（kg/m³）	极限压碎强度 /（kg/cm²）	用轻钻孔机钻进 1m 耗时/min	开挖方法及工具	紧固系数（f）
一、二类土壤	Ⅰ	1. 砂 2. 砂壤土 3. 腐殖土 4. 泥炭	1. 1500 2. 1600 3. 1200 4. 600			用尖锹开挖	0.5~0.6
	Ⅱ	1. 轻壤土和黄土类土 2. 潮湿而松散的黄土，软的盐渍土和碱土 3. 平均 15mm 以内的松散而软的砾石 4. 含有草根的密实腐殖土 5. 含有直径在 30mm 以内根类的泥炭和腐殖土 6. 掺有卵石、碎石和石屑的砂和腐殖土 7. 含有卵石或碎石杂质的胶结成块的填土 8. 含有卵石、碎石和建筑碎料杂质的砂壤土	1. 1600 2. 1600 3. 1700 4. 1400 5. 1100 6. 1650 7. 1750 8. 1900			用锹开挖并少数用镐开挖	0.6~0.8
三类土壤	Ⅲ	1. 肥黏土，其中包括石炭纪、侏罗纪的黏土和冰黏土 2. 重壤土、粗砾石、粒径为 15~40mm 的碎石和卵石 3. 干黄土和掺有碎石和卵石的自然含水量黄土 4. 含有直径大于 30mm 根类的腐殖土或泥炭 5. 掺有碎石或卵石和建筑碎料的土壤	1. 1800 2. 1750 3. 1790 4. 1400 5. 1900			用锹开挖并少数用镐开挖(30%)	0.81~1.0

（续）

定额分类	普氏分类	土壤及岩石名称	天然湿度下平均容重/（kg/m³）	极限压碎强度/（kg/cm²）	用轻钻孔机钻进1m耗时/min	开挖方法及工具	紧固系数（f）
四类土壤	Ⅳ	1. 含碎石重黏土，其中包括侏罗纪和石炭纪的硬黏土 2. 含有碎石、卵石、建筑碎料和重达25kg的顽石（总体积10%以内）等杂质的肥黏土和重壤土 3. 冰碛黏土，含有重量在50kg以内的巨砾，其含量为总体积10%以内 4. 泥板岩 5. 不含或含有重量达10kg的顽石	1. 1950 2. 1950 3. 2000 4. 2000 5. 1950			用尖锹并同时用镐和撬棍开挖(30%)	1.0~1.5
松石	Ⅴ	1. 含有重量在50kg以内的巨砾（占体积10%以上）的冰碛石 2. 矽藻岩和软白垩岩 3. 胶结力弱的砾岩 4. 各种不坚实的片岩 5. 石膏	1. 2100 2. 1800 3. 1900 4. 2600 5. 2200	小于200	小于3.5	部分用手凿工具，部分用爆破来开挖	1.5~2.0
次坚石	Ⅵ	1. 凝灰岩和浮石 2. 松软多孔和裂隙严重的石灰岩和介质石灰岩 3. 中等硬变的片岩 4. 中等硬变的泥灰岩	1. 1100 2. 1200 3. 2700 4. 2300	200~400	3.5	用风镐和爆破法开挖	2~4
次坚石	Ⅶ	1. 石灰石胶结的带有卵石和沉积岩的砾石 2. 风化的和有大裂缝的黏土质砂岩 3. 坚实的泥板岩 4. 坚实的泥灰岩	1. 2200 2. 2000 3. 2800 4. 2500	400~600	6.0	用爆破法开挖	4~6
次坚石	Ⅷ	1. 砾质花岗岩 2. 泥灰质石灰岩 3. 黏土质砂岩 4. 砂质云片石 5. 硬石膏	1. 2300 2. 2300 3. 2200 4. 2300 5. 2900	600~800	8.5	用爆破法开挖	6~8
普坚石	Ⅸ	1. 严重风化的软弱的花岗岩、片麻岩和正长岩 2. 滑石化的蛇纹岩 3. 致密的石灰岩 4. 含有卵石、沉积岩的碴质胶结的砾石 5. 砂岩 6. 砂质石灰质片岩 7. 菱镁矿	1. 2500 2. 2400 3. 2500 4. 2500 5. 2500 6. 2500 7. 3000	800~1000	11.5	用爆破法开挖	8~10

（续）

定额分类	普氏分类	土壤及岩石名称	天然湿度下平均容重/（kg/m³）	极限压碎强度/（kg/cm²）	用轻钻孔机钻进1m耗时/min	开挖方法及工具	紧固系数（f）
普坚石	X	1. 白云岩 2. 坚固的石灰岩 3. 大理岩 4. 石灰岩质胶结的致密砾石 5. 坚固砂质片岩	1. 2700 2. 2700 3. 2700 4. 2600 5. 2600	1000~1200	15.0	用爆破法开挖	10~12
特坚石	XI	1. 粗花岗岩 2. 非常坚硬的白云岩 3. 蛇纹岩 4. 石灰质胶结的含有火成岩之卵石的砾石 5. 石英胶结的坚固砂岩 6. 粗粒正长岩	1. 2800 2. 2900 3. 2600 4. 2800 5. 2700 6. 2700	1200~1400	18.5	用爆破法开挖	12~14
特坚石	XII	1. 具有风化痕迹的安山岩和玄武岩 2. 片麻岩 3. 非常坚固的石灰岩 4. 硅质胶结的含有火成岩之卵石的砾岩 5. 粗石岩	1. 2700 2. 2600 3. 2900 4. 2900 5. 2600	1400~1600	22.0	用爆破法开挖	14~16
特坚石	XIII	1. 中粒花岗岩 2. 坚固的片麻岩 3. 辉绿岩 4. 玢岩 5. 坚固的粗石岩 6. 中粒正长岩	1. 3100 2. 2800 3. 2700 4. 2500 5. 2800 6. 2800	1600~1800	27.5	用爆破法开挖	16~18
特坚石	XIV	1. 非常坚固的细粒花岗岩 2. 花岗岩麻岩 3. 闪长岩 4. 高硬度的石灰岩 5. 坚固的玢岩	1. 3300 2. 2900 3. 2900 4. 3100 5. 2700	1800~2000	32.5	用爆破法开挖	18~20
特坚石	XV	1. 安山岩,玄武岩,坚固的角页岩 2. 高硬度的辉绿岩和闪长岩 3. 坚固的辉长岩和石英岩	1. 3100 2. 2900 3. 2800	2000~2500	46.0	用爆破法开挖	20~25
特坚石	XVI	1. 拉长玄武岩和橄榄玄武岩 2. 特别坚固的辉长辉绿岩,石英石和玢岩	1. 3300 2. 3000	大于2500	大于60	用爆破法开挖	大于25

（10）定额单位说明：

1）人工挖土方，按土质不同，以"100m³"为计量单位。

2）人工挖沟、槽土方，人工挖基坑土方，区分不同的深度，以"100m³"为计量单位。

3）人工清理土堤基础，区分不同的清理厚度，以"100m²"为计量单位。

4）人工挖土堤台阶，区别不同的横向坡度，按土质不同以"100m²"为计量单位。

5）人工装运土方，人工挖运淤泥、流沙，以"100m³"为计量单位。

6）开挖冻土，分人工开挖、爆破开挖，按冻土层厚度，以"100m³"为计量单位。

7）人工平整场地、松填土、填土夯实、原土夯实，其中的平整场地和原土夯实（平地、槽坑）以"100m²"为计量单位；松填土和填土夯实（平地、槽坑）以"100m³"为计量单位。

8）推土机推土，铲运机铲运土方，挖掘机挖土（正铲挖掘机、反铲挖掘机），区分不同的土质，以"1000m³"为计量单位。

9）抓铲挖掘机挖土、淤泥、流沙按不同土质，以"1000m³"为计量单位。

10）装载机装土、装运土及自卸汽车运土考虑不同的运距，以"1000m³"为计量单位。

11）机械平整场地、原土碾压（羊足碾、压路机），以"1000m²"为计量单位；填土碾压以"1000m³"为计量单位；原土夯实（电动夯实机夯实平地、槽坑），以"100m²"为计量单位；填土夯实（电动夯实机夯实平地、槽坑）、松填土、坑槽填料夯实（区分不同的材质，如矿渣、天然砂、碎石等），以"100m³"为计量单位。

12）人工凿石、人工打眼爆破土方、机械打眼爆破土方均区分不同的岩石，以"100m³"为计量单位。

13）明挖石方运输，分人力运、双轮车运、人力装机动翻斗车运，以"100m³"为计量单位。

14）液压岩石破碎机破碎拆除区分不同的岩石，以"100m³"为计量单位。

15）机械出碴运碴分推土机推碴、挖掘机挖碴、自卸汽车运碴，以"1000m³"为计量单位。

（11）定额工程量有关问题的说明：

1）土方的开挖运输按天然密实体积（自然方）计，回填（夯填）按碾压或夯实后的体积（压实方）计，这样就存在换算，一般常用的换算为以下两个公式：

挖运填工程：外运土方工程量＝挖方体积−填方(夯填)体积×1.15

单填方（夯填）工程：回运土方工程量＝填方(夯填)体积×1.15

2）表6-3中所列的放坡起点，是指沟槽基坑开挖时，可以计算放坡的深度标准，而放坡仍是按槽坑全深计算。表注规定，有砂石垫层时，放坡自垫层上表面开始，即垫层所占深度不计放坡，另外垫层部分也不计工作面加宽。总之，沟槽内的砂石垫层，按设计尺寸计算，不加宽也不放坡。

3）槽、坑内机械开挖土方，是指机械位于槽、坑的开挖线之内，顺槽、坑行进方向开挖，其中就包括了机械位于槽坑的正前上方的开挖。

实例1

某雨水管道工程，沟槽开挖长1000m，深3.9m（不含垫层厚），土质为三类，施工中采用反铲挖掘机开挖，管道铺设采用钢筋混凝土管φ1000mm，管径、材质及规格如图6-1所示。其间有检查井 30 座，规格尺寸如图 6-2 所示。计算该管道土方工程不含进项税额的直接工程费。

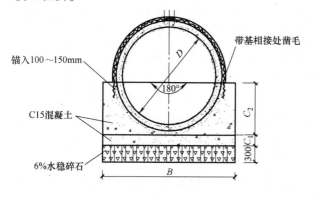

抹带接口管道基础

管基尺寸表

管径	承插接口				抹带接口		
D	B	C_1	C_2	C_3	B	C_1	C_2
400	700	100	170	30			
500	830	110	170	30			
600	990	130	240	40			
800	1200	160	310	60			
1000					1600	200	600
1200					1920	240	720
1800					2880	370	1080

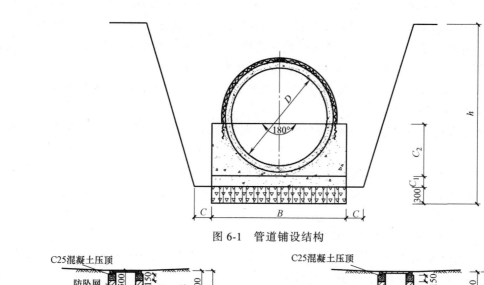

图 6-1　管道铺设结构

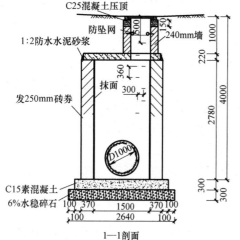

1—1 剖面

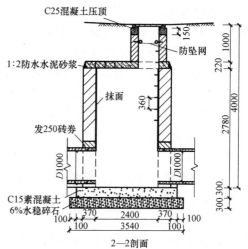

2—2 剖面

图 6-2　检查井规格

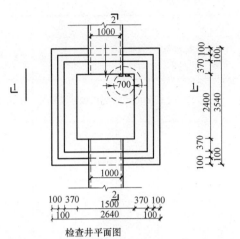
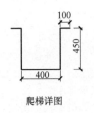

爬梯详图

注:
1. 单位:mm。
2. 井墙采用M10水泥砂浆砌MU10砖。
3. 井室抹面采用1:2防水水泥砂浆抹面厚20mm。
4. 遇地下水时井外墙抹灰至水位线以上500mm,1:2防水砂浆抹面厚20mm。
5. 爬梯可采用灰口铸铁或ϕ16mm沥青防腐钢筋制作。
6. 井筒设防坠落网。

检查井平面图

图6-2　检查井规格(续)

1) 根据图6-1、图6-2可知管道规格尺寸,见表6-7。

表6-7　管道规格尺寸统计表　　　　　　　　(单位:mm)

管径	管基角度	管基宽	平基厚	管座厚	6%水稳碎石垫层宽	6%水稳碎石垫层厚
1000	180°	1600	200	600	1600	300

其中井的规格尺寸见表6-8。

表6-8　井规格尺寸统计表　　　　　　　　(单位:mm)

井室内径	井室高	盖板厚	井筒内径	井筒高	井室墙厚	井筒墙厚	混凝土基础		垫层	
							尺寸	厚度	尺寸	厚度
1500×2400	2780	220	700	1000	370	240	2440×3340	300	2640×3540	300

2) 计算工程量见表6-9。

表6-9　工程量计算表

序号	项目名称	单位	工程量	工程量计算式
1	挖沟槽土方	m³	14783.06	[(1.6+0.5×2+3.9×0.25)×3.9+1.6×0.3]×1000×1.025
	其中:机械开挖	m³	14043.91	14783.06×0.95
	人工开挖	m³	739.15	14783.06×0.05
2	原土回填	m³	11971.29	14783.06-(1.57+1.6×0.3)×(1000-30×1)-823.27
3	余土外运	m³	1016.08	14783.06-11971.29×1.15
4	井所占体积	m³	823.27	(3.54×2.64×0.3+3.34×2.44×0.3+2.24×3.14× 3+3.14×0.59×0.59×1)×30

原土回填 式中1.57为查消耗量定额土石方章节中说明"钢筋混凝土排水管道应扣除土方量表"中数据;30×1中的1为管道应扣除井所占的长度值

3) 套用调整版定额,计算直接工程费(不含进项税额)见表6-10。

表 6-10　直接工程费计算表（不含进项税额）

序号	定额编号	子目名称	工程量		单价/元				合价/元			
			单位	数量	单价合计	人工费单价	材料费单价	机械费单价	合价合计	人工费	材料费	机械费
1	D1-81	反铲挖掘机不装车 三类土	1000m³	14.04	2564.33	342		2222.33	36013.22	4803.02		31210.2
2	D1-9×1.5	人工挖沟槽土方 三类土深度在 4m 以内子目×1.5	100m³	7.39	5419.85	5419.85			40060.82	40060.82		
3	D1-123	机械平整场地及回填土 填土夯实 100m³ 槽坑	100m³	119.71	953.54	786.6		166.94	114151.04	94166.17		19984.87
4	D1-98	装载机装运土方 装土	1000m³	1.02	1675.22	342		1333.22	1702.16	347.5		1354.66
5	D1-106	自卸汽车运土 运距 5km 以内	1000m³	1.02	18340.09		59.52	18280.57	18635		60.48	18574.52
		合计							210562.24	139377.51	60.48	71124.25

注：表中第2项人工挖沟槽土方定额子目×1.5 是根据土石方工程说明中的规定进行换算。表中的数据是保留两位小数。数量一列中的数据计算时还是依据未进位前工程量数据进行计算，如自卸汽车运土合价费用 18635 = 1016.08/1000×18340.09。

二、打拔工具桩定额工程量计算规则

工具桩是用于辅助施工的临时性措施，它不构成工程实体，打入后需拔除，可重复使用。一般用于土方开挖、围堰工程中。起支撑、围挡、加固等作用。

（1）圆木桩：由设计桩长和小头直径计算圆木桩体积。

（2）凡打断、打弯的桩，均需拔除重打，但不重复计算工程量。

（3）竖、拆打拔桩架次数，按施工组织设计规定计算。如无规定时按打桩的进行方向：双排桩每 100 延长米、单排桩每 200 延长米计算一次，不足一次者均各计算一次。

（4）定额单位说明：

1）竖、拆简易打拔桩架，分竖、拆卷扬机打桩架和竖、拆卷扬机拔桩架，以"架次"为计量单位。

2）陆上卷扬机打拔圆木桩、陆上柴油打桩机打圆木桩，按设计桩长和稍径（小头直径），以"10m³"为计量单位。

3）陆上卷扬机打拔槽形钢板桩、陆上柴油打桩机打槽形钢板桩，按设计重量以"10t"为计量单位。

4）定额中的圆木桩、钢板桩用量均为摊销量及损耗量，施工中若工具桩由建设单位提供，则施工单位应从定额中扣除此项费用。

5）打拔桩土质类别的划分，见表 6-11。

表 6-11　打拔桩土质类别划分表

土壤级别	鉴别方法								说明
	砂夹层情况			土壤物理、力学性能				每10m纯平均沉桩时间/min	
	砂层连续厚度/m	砂粒种类	砂层中卵石含量（%）	孔隙比	天然含水量（%）	压缩系数	静力触探值	动力触探击数		
甲级土				>0.8	>30	>0.03	<30	<7	15以内	桩经机械作用易沉入的土
乙级土	<2	粉细砂		0.6~0.8	25~30	0.02~0.03	30~60	7~15	25以内	土壤中夹有较薄的细砂层，桩经机械作用易沉入的土
丙级土	>2	中粗砂	>15	<0.6		<0.02	>60	>15	25以外	土壤中夹有较厚的粗砂层或卵石层，桩经机械作用较难沉入的土

三、围堰工程定额工程量计算规则

1）土草围堰、土石混合围堰按围堰的施工断面乘以围堰的中心线的长度，以"100m³"为计量单位。

2）筑岛填心是指在水中修建构筑物时，先在建造地点周围筑一圈围堰，一般采用板桩围堰或草袋围堰，将围堰中的水排出，再向其中填土、石或砂等，筑成一个临时性小岛，然后在此岛上施工，筑岛填心以"100m³"为计量单位。

3）圆木桩围堰、钢桩围堰、钢板桩围堰、双层竹笼围堰，按围堰中心线的长度，以"10m"为计量单位。

四、支撑工程定额工程量计算规则

支撑是防止沟槽、基坑土方坍塌的一种临时性的挡土结构，一般由撑板和横撑组成。常用钢材、木材、竹子制作，适用于市政各专业的沟槽、基坑及工作坑的支撑。

1）木挡土板、竹挡土板、钢挡土板，分密撑和疏撑，以"100m²"为计量单位。

2）钢制桩挡土板支撑安拆，分木支撑和钢支撑，以"100m²"为计量单位。

五、拆除工程定额工程量计算规则

（1）人工拆除。

1）拆除面层、基层、块料、人行道、侧缘石及构筑物等，均考虑用锹、镐刨挖铲除，堆放整齐。

2）拆小口径金属管道采用木制三脚架配合导链起吊，槽上口放置圆木，将拆下的管道滚运上地面。

（2）机械拆除。

1）拆除水泥混凝土面层、混凝土人行道、混凝土构筑物及路面凿毛，采用风动凿岩机破碎，空气压缩机提供动力。

2）拆除面层及底层采用履带式液压岩石破碎机作业。

3）拆除混凝土管及金属管道，采用汽车式起重机吊管，就近堆放。

（3）拆除旧路。

1）拆除沥青类路面，分人工拆除和机械拆除，以"100m²"为计量单位。

2）人工拆除混凝土类路面，分有筋、无筋，以"100m²"为计量单位。

3）人工拆除基层，分碎（砾）石、碎砖和炉渣、砂砾，以"100m²"为计量单位。

4）人工拆除基层，分毛（块）石、条（方）石和矿渣，以"100m²"为计量单位。

5）人工拆除基层，分无骨料多合土和有骨料多合土，以"100m²"为计量单位。

6）液压岩石破碎机拆除道路面层及基层，以"100m³"为计量单位。

（4）拆除人行道，分混凝土人行道板、石质人行道板、现浇混凝土面层和普通黏土砖（平铺、侧铺、立铺），以"100m²"为计量单位。

（5）拆除侧缘石，分侧石、缘石和侧平石，以"100m"为计量单位。

（6）拆除混凝土管道，按不同的管径，以"100m"为计量单位。

（7）拆除金属管道，分人工拆除和机械拆除，并按不同的管径，以"100m"为计量单位。

（8）拆除镀锌管道，按不同的公称直径，以"10m"为计量单位。

（9）拆除砖石构筑物，分砖砌和石砌，以"10m³"为计量单位。

（10）拆除混凝土构筑物，分无筋、有筋，以"10m³"为计量单位。

（11）拆除井、管（渠）基础及垫层，按混凝土基础和砂、石、灰土垫层，以"10m³"为计量单位。

（12）路面凿毛，分沥青混凝土、水泥混凝土，并按人工和机械，以"100m²"为计量单位。

（13）铣刨沥青路面，按不同厚度，以"100m²"为计量单位。

六、脚手架及其他工程定额工程量计算规则

包括脚手架工程、运输工程、施工降水、施工护栏、施工便道、施工便桥等。

1）脚手架是专为工人高空施工操作，解决施工中垂直和水平运输而搭设的支架，它不构成工程实体，属于临时性措施，完工后需要拆除，其搭设材料可多次周转使用。脚手架工程量按墙面水平边线长度乘以墙面砌筑高度以平方米计算。柱形砌体按图示柱结构外围周长另加3.6m乘以砌筑高度以平方米计算。浇筑混凝土用满堂脚手架按满堂水平面积以平方米计算。以"100m²"为计量单位。

2）小型构件运输，分人力运输、双轮车运输、双轮杠杆车运输、机动翻斗车运输，以"10m³"为计量单位。

3）小型构件的汽车运输，分人力装卸、机械装卸，区分Ⅰ类、Ⅱ类、Ⅲ类构件，并按不同运距，以"10m³"为计量单位。

构件汽车运输适用于构件堆放场地或构件加工厂至施工现场的运输，构件分类见表6-12。

表 6-12　构件分类表

构件分类	名　称
Ⅰ类	长度在 1m 以内的构件
Ⅱ类	长度在 9m 以内的柱、梁、板、桩及其他构件
Ⅲ类	长度在 9m 以外的柱、梁、板、桩及其他构件

4）汽车运水，以"10m³"为计量单位。

5）双轮车场内运成型钢筋，以"10t"为计量单位。双轮车场内运混凝土，按水泥混凝土、沥青混凝土，并按不同运距，以"10m³"为计量单位。

6）机动翻斗车运混凝土，按水泥混凝土、沥青混凝土，并按不同运距，以"10m³"为计量单位。

7）井点降水是人工降低地下水位的一种方法，在基坑或沟槽开挖前，是在基坑周围或沟槽侧面埋设一定数量的井点管，使其深入地下水层中，利用抽水设备在基坑开挖过程中不断抽水，使地下水位降到槽坑底以下，这样可疏干基坑或沟槽周围土中的水分、促使土体固结，提高土体强度，同时可以减少土坡土体侧向位移与沉降，稳定边坡，消除流沙，减少基底或槽底土的隆起，使位于地下水以下的工程施工能避免地下水的影响。

井点降水，分轻型井点、喷射井点、大口径井点，轻型井点 50 根为一套，喷射井点 30 根为一套，轻型、喷射井点使用的定额单位为"套·天"，累计根数不足一套者作一套计算。其中的安装和拆除，以"10 根"为计量单位；大口径井点的安装、拆除按井深计算，以"10m"为计量单位，使用按"井·天"计算。一天按 24h 计，水泵排水的"台·天"也是按 24h 计算的。

8）施工护栏，按纤维布施工护栏、金属瓦楞板施工护栏，以"100m"为计量单位。

9）施工便道按面层铺设材料分泥结碎石、干结碎石、石灰砂浆结碎石；施工便桥按用途分非机动车便桥与机动车便桥两项。施工便道、便桥以路面或桥面面积计算。以"100m²"为计量单位。

七、护坡挡土墙工程定额工程量计算规则

1）砂石滤层滤沟按设计尺寸及不同厚度以体积计算，以"10m³"为计量单位。

2）砌护坡、台阶分不同厚度按体积计算，以"10m³"为计量单位。

3）压顶、挡土墙按设计尺寸以体积计算，以"10m³"为计量单位。

4）勾缝按墙体表面积计算，以"100m²"为计量单位。

5）混凝土挡土墙模板按模板与混凝土接触面积计算，以"100m²"为计量单位。

第二节　通用项目工程量清单及清单计价

一、土石方工程

(一)《规范》附录项目内容

土石方工程在市政工程的分部分项工程量清单项目是作为一章的内容，土方工程见表

6-13，石方工程见表 6-14，回填方及土石方运输见表 6-15。

表 6-13　土方工程（《规范》A.1 表）

项目编码	项目名称	项目特征	计量单位	工程量计算规则	工作内容
040101001	挖一般土方	1. 土壤类别 2. 挖土深度	m³	按设计图示尺寸以体积计算	1. 排地表水 2. 土方开挖 3. 围护（挡土板）及拆除 4. 基底钎探 5. 场内运输
040101002	挖沟槽土方			按设计图示尺寸以基础垫层底面积乘以挖土深度计算	
040101003	挖基坑土方				
040101004	暗挖土方	1. 土壤类别 2. 平洞、斜洞（坡度）		按设计图示断面乘以长度以体积计算	1. 排地表水 2. 土方开挖 3. 场内运输
040101005	挖淤泥、流沙	1. 挖掘深度 2. 运距		按设计图示位置、界限以体积计算	1. 开挖 2. 运输

注：1. 沟槽、基坑、一般土方的划分为：底宽≤7m，且底长>3倍底宽为沟槽，底长≤3倍底宽且底面面积≤150m² 为基坑。超出上述范围则为一般土方。

2. 土方体积应按挖掘前的天然密实体积计算。

3. 挖沟槽、基坑土方中的挖土深度，一般指原地面标高到槽、坑底的平均高度。

4. 挖沟槽、基坑、一般土方因工作面和放坡增加的工程量，是否并入各土方工程清单工程量中，按各省、自治区、直辖市或行业建设主管部门的规定实施。如并入各土方工程清单工程量中，编制工程量清单时，可按《规范》中土壤分类表和放坡系数表规定计算；办理工程结算时，按经发包人认可的施工组织设计规定计算。在本书中，按并入计算。

5. 挖沟槽、基坑、一般土方和暗挖土方清单项目的工作内容中仅包括了土方场内平衡所需的运输费用，如需土方外运时，按相应的项目编码列项。

6. 挖方出现流沙、淤泥时，如设计未明确，在编制工程量清单时，其工程数量可为暂估值。结算时，应根据实际情况由发包人与承包人双方现场签证确认工程量。

7. 挖淤泥、流沙的运距可以不描述，但应注明由投标人根据施工现场实际情况自行考虑决定报价。

表 6-14　石方工程（《规范》A.2 表）

项目编码	项目名称	项目特征	计量单位	工程量计算规则	工作内容
040102001	挖一般石方	1. 岩石类别 2. 开凿深度	m³	按设计图示尺寸以体积计算	1. 排地表水 2. 石方开凿 3. 修整底、边 4. 场内运输
040102002	挖沟槽石方			按设计图示尺寸以基础垫层底面面积乘以挖石深度计算	
040102003	挖基坑石方				

注：1. 沟槽、基坑、一般石方的划分为：底宽≤7m，且底长>3倍底宽为沟槽，底长≤3倍底宽且底面面积≤150m² 为基坑。超出上述范围则为一般土方。

2. 石方体积应按挖掘前的天然密实体积计算。

3. 挖沟槽、基坑、一般石方因工作面和放坡增加的工程量，是否并入各石方工程清单工程量中，按各省、自治区、直辖市或行业建设主管部门的规定实施。如并入各石方工程清单工程量中，编制工程量清单时，其所需增加的工程数量可为暂估值，且在清单项目中予以注明；办理工程结算时，按经发包人认可的施工组织设计规定计算。在本书中，按并入计算。

4. 挖沟槽、基坑、一般石方清单项目的工作内容中仅包括了石方场内平衡所需的运输费用，如需石方外运时，按相应的项目编码列项。

5. 石方爆破按现行国家标准《爆破工程工程量计算规范》（GB 50862—2013）相关项目编码列项。

表 6-15 回填方及土石方运输（《规范》A.3表）

项目编码	项目名称	项目特征	计量单位	工程量计算规则	工作内容
040103001	回填方	1. 密实度要求 2. 填方材料品种 3. 填方粒径要求 4. 填方来源、运距	m³	1. 按挖方清单项目工程量加原地面线至设计要求标高间的体积，减基础、构筑物等埋入体积计算 2. 按设计图示尺寸以体积计算	1. 运输 2. 回填 3. 压实
040103002	余土弃置	1. 废弃料品种 2. 运距		按挖方清单项目工程量减利用填方体积（正数）计算	余方点装料运输至弃置点

注：1. 填方材料品种为土时，可以在项目特征中不予描述。
2. 填方粒径，在无特殊要求的情况下，项目特征可以不予描述。
3. 回填方总工程量中若包括场内平衡和缺方内运两部分时，应分别编码列项。
4. 余土弃置和回填方的运距可以不描述，但应注明由投标人根据施工现场实际情况自行考虑决定报价。
5. 回填方如需缺方内运，且填方材料品种为土方时，是否在综合单价中计入购买土方的费用，由投标人根据工程实际情况自行考虑决定报价。

（二）相关说明

这一章的清单计算规则与定额中规则有较大不同，在清单编制时注意以下几点。

1）沟槽及基坑的土方和石方的开挖清单工程量，因工作面和放坡增加的工程量，是否并入各土石方工程清单工程量中，按各省、自治区、直辖市或行业建设主管部门的规定实施。本书中按计入计量。

2）在市政管网工程的管沟土石方开挖中，定额计算规则为："管道接口作业坑和沿线各种井室所需增加开挖的土石方工程按全部土石方量的2.5%计算。如井室设计深度超过槽坑设计深度时，超过部分的土石方可另计。"而在清单计算规则中，没有此规定，即在清单项目中，沿线井室所增加的土石方量需逐个另行计算。

3）填方的工程量清单计算规则中，"按挖方清单项目工程量加原地面线至设计要求标高间的体积，减基础、构筑物等埋入体积计算"这段话，指的是设计标高高于原地面线，原地面至设计标高之间的填方体积。

4）余方弃置的清单项目，"按挖方清单项目工程量减利用填方体积（正数）计算"这里没有明确自然方与压实方的换算关系，清单编制时可按此执行，但报价时需注意换算问题。

5）缺方内运的清单项目工程量计算时，注意事项同余方弃置清单项目一样。

实例 2

某雨水管道工程，沟槽开挖长1000m，深3.9m（不含垫层厚），土质为三类，管道铺设采用钢筋混凝土管φ1200mm，管径、材质及规格如图6-1所示。检查井、雨水井及支管等本例暂不考虑。请编制该管道土方工程的分部分项工程量清单。

1）选择附录项目，确定前9位编码，见表6-16。

表 6-16 清单前9位项目编码表

序号	确定的附录项目	确定的前9位项目编码
1	挖沟槽土方	040101002
2	填方	040103001
3	余土弃置	040103002

2）确定清单项目，见表6-17。

表6-17 清单项目表

序号	确定的清单项目	确定的12位项目编码
1	挖沟槽土方，土质为三类土，挖深3.9m	040101002001
2	沟槽土方夯填	040103001001
3	余土弃置	040103002001

3）计算清单工程量，见表6-18。

表6-18 清单工程量计算表

序号	清单项目	计量单位	工程数量	工程数量计算过程	备注
1	挖沟槽土方	m³	15766.5	$1000 \times (1.92 + 0.5 \times 2 + 3.9 \times 0.25) \times 3.9 + 1000 \times 1.92 \times 0.3$	放坡挖方增加量，垫层挖方量都并入土方中
2	沟槽土方夯填	m³	12930.5	$15766.5 - 1000 \times 2.26 - 1000 \times 1.92 \times 0.3$	2.26为钢筋混凝土排水管道应扣除土方量表中查得
3	余土弃置	m³	2836	$15766.5 - 12930.5$	

4）填写工程量清单，见表6-19。

表6-19 工程量清单

序号	项目编码	项目名称	项目特征	单位	工程量
1	040101002001	挖沟槽土方	1. 土方开挖 2. 土质：三类土 3. 场内运输	m³	15766.5
2	040103001001	沟槽土方夯填	原土回填、压实	m³	12930.5
3	040103002001	余土弃置	1. 余土外运 2. 运距：自行考虑	m³	2836

（三）工程量清单计价编制

首先确定组价的内容。

1）确定组价内容的主要依据：设计图样、施工现场具体情况、设计文件要求、所用的计价依据。

2）按施工图设计文件要求的施工内容与已有清单的工程内容比较，找出差异情况，确保不漏项。同时比较计价定额项目同清单项目内容，一般来说，清单项目的内容要多于定额项目内容，也就是说一个清单项目下往往需要由多个定额项目组成。

3）除清单已列出的项目外，还要考虑其他组价内容：如在挖土方清单定额组价中要考虑，土方是人工挖还是机械挖，是否需要支撑挡土板，是否需要考虑降水，开挖后是否需要平整夯实，土方是考虑外运还是现场平衡，是否搭拆护栏，是否计机械进出场费等。

实例3

以实例2所列的清单为例，同时暂定如下：

1）土方机械开挖。

2）沟槽放坡开挖。

3）沟槽挖出的土方除回填用的土方外全部外运出去，运距5km。

4）不考虑沟槽底机械夯实。

5）不考虑排降水措施。

6）不搭设施工护栏。

7）不计机械进出场费。

8）不计组织措施费。

9）暂不考虑风险费用。

10）管理费暂定为6.13%，利润暂定为5.65%。

根据上述已有的条件，确定工程量清单计价（不含进项税额）。

（1）在计算分部分项工程量清单组价内容的定额工程量时，先按所采用的计价依据及其工程量计算规则来计算定额工程量。这里采用2011山西省建设工程计价依据，见表6-20。

表6-20 定额工程量计算表

序号	分项工程名称	计量单位	工程数量	计算过程	备注
1	挖沟槽土方	m³	15766.5	15766.5	
2	夯填沟槽土方	m³	12930.5	12930.5	
3	沟槽土方外运	m³	896.43	15766.5－12930.5×1.15	1.15为自然方同夯填方换算系数

（2）根据得出的定额工程量，套用调整版定额，先确定定额项目不含进项税额的直接工程费，也可采用其他计价依据，见表6-21。

表6-21 定额项目直接工程费计算表（不含进项税额）

序号	定额编号	定额项目名称	定额计量单位	定额工程量	定额单价（不含进项税）/元	直接工程费(保留2位小数)/元	其中/元		
							人工费	材料费	机械费
1	D1-81	反铲挖掘机挖土，不装车，三类土	1000m³	15.7665	2564.33	40430.51	5392.14	0	35038.37
2	D1-123	机械填土夯实	100m³	129.305	953.54	123297.49	101711.31	0	21586.18
3	D1-98	装载机装土	1000m³	0.89643	1675.22	1501.72	306.58	0	1195.14
4	D1-106	自卸汽车运土，运距5km	1000m³	0.89643	18340.09	16440.61	0	53.36	16387.25

（3）确定不含进项税额的综合单价及合价，见表6-22。

确定综合单价，由以下几个公式计算：

1）清单项目的综合单价＝清单项目计算的直接工程费单价（人工费单价＋材料费单价＋机械费单价）＋企业管理费＋利润＋风险因素。

2）清单项目综合单价中的人工费单价、材料费单价、机械费单价＝相应定额项目单价×换算系数。

3）换算系数＝考虑定额单位换算后的定额项目工程量/清单项目工程量。

4）综合单价中管理费＝(考虑换算系数后人工费单价＋考虑换算系数后材料费单价＋考虑换算系数后机械费单价)×费率或考虑换算系数后人工费单价×费率。

5）综合单价中利润＝(考虑换算系数后人工费单价＋考虑换算系数后材料费单价＋考虑换算系数后机械费单价)×费率或考虑换算系数后人工费单价×费率。

6）综合合价＝项目综合单价×清单工程量。

表 6-22 综合单价及合价计算表（不含进项税额）

序号	项目编码	项目名称	项目特征	单位	清单工程量①	套用定额号	定额项目名称	定额单位	定额工程量②	定额单价（不含进项税）/元	人工费③	材料费④	机械费⑤	换算系数⑥=②/①	人工费⑦=③×⑥	材料费⑧=④×⑥	机械费⑨=⑤×⑥	管理费⑩=(⑦+⑧+⑨)×费率 6.13%	利润⑪=(⑦+⑧+⑨)×费率 5.65%	综合单价小计/元	综合单价（保留2位小数）/元	综合合价（保留2位小数）/元
1	040101002001	挖沟槽土方	1. 土方开挖 2. 土质：三类土 3. 场内运输	m³	15766.5	D1-81	反铲挖掘机挖土，不装车，三类土	1000m³	15.7665	2564.33	342		2222.33	0.001	0.342		2.22233	0.15719	0.14488	2.8664	2.87	45249.86
2	040103001001	沟槽土方夯填	原土回填，压实	m³	12930.5	D1-123	机械填土夯实	100m³	129.305	953.54	786.6		166.94	0.01	7.866		1.6694	0.5845	0.5388	10.6587	10.66	137839.13
3	040103002001	余土弃置	1. 余土外运 2. 运距：自行考虑（本例按5km计）	m³	2836	D1-98	装载机装土	1000m³	0.89643	1675.22	342		1333.22	0.0003161	0.10811		0.42143	0.03246	0.02992	0.59192	7.07	20050.52
						D1-106	自卸汽车运土，运距5km	1000m³	0.89643	18340.09	59.52		18280.5	0.0003161	0.01881		5.77847	0.35537	0.32755	6.4802		

（4）确定分部分项工程量清单总价（不含进项税额），见表6-23。

表6-23 分部分项工程量清单计价表（不含进项税额）

序号	项目编码	项目名称	项目特征	单位	清单工程量	综合单价/元	综合合价(保留2位小数)/元
1	040101002001	挖沟槽土方	1. 土方开挖 2. 土质:三类土 3. 场内运输	m³	15766.5	2.87	45249.86
2	040103001001	沟槽土方夯填	原土回填、压实	m³	12930.5	10.66	137839.13
3	040103002001	余土弃置	1. 余土外运 2. 运距:自行考虑(本例按5km计)	m³	2836	7.07	20050.52
		合计					203139.51

二、拆除工程、护坡及挡土墙砌筑工程、现浇混凝土挡土墙工程、预制混凝土挡土墙工程

（一）《规范》附录项目内容

拆除工程工程量清单项目设置、项目特征描述的内容、计量单位及工程量计算规则，见表6-24。

表6-24 拆除工程（《规范》K.1表）

项目编码	项目名称	项目特征	计量单位	工程量计算规则	工作内容
041001001	拆除路面	1. 材质 2. 厚度	m²	按拆除部位以面积计算	1. 拆除、清理 2. 运输
041001002	拆除人行道				
041001003	拆除基层	1. 材质 2. 厚度 3. 部位			
041001004	铣刨路面	1. 材质 2. 结构形式 3. 厚度			
041001005	拆除侧、平(缘)石	材质	m	按拆除部位以延长米计算	
041001006	拆除管道	1. 材质 2. 管径			
041001007	拆除砖石结构	1. 结构形式 2. 强度等级	m³	按拆除部位以体积计算	
041001008	拆除混凝土结构				
041001009	拆除井	1. 结构形式 2. 规格尺寸 3. 强度等级	座	按拆除部位以数量计算	
041001010	拆除电杆	1. 结构形式 2. 规格尺寸	根		
041001011	拆除管片	1. 材质 2. 部位	处		

注：1. 拆除路面、人行道及管道清单项目的工作内容中均不包括基础及垫层拆除，发生时按相应清单项目编码列项。
2. 伐树、挖树蔸应按现行国家标准《园林绿化工程工程量计算规范》（GB 50858—2013）中相应清单项目编码列项。

护坡及挡土墙砌筑工程编制工程量清单时，参照桥涵工程中砌筑工程工程量清单设置、项目特征描述的内容、计量单位及工程量计算规则，见表6-25。

表6-25　砌筑（《规范》C.5表）

项目编码	项目名称	项目特征	计量单位	工程量计算规则	工作内容
040305001	垫层	1. 材料品种、规格 2. 厚度	m³	按设计图示尺寸以体积计算	垫层铺筑
040305002	干砌块料	1. 部位 2. 材料品种、规格 3. 泄水孔材料品种、规格 4. 滤水层要求 5. 沉降缝要求			1. 砌筑 2. 砌体勾缝 3. 砌体抹面 4. 泄水孔制作、安装 5. 滤层铺设 6. 沉降缝
040305003	浆砌块料	1. 部位 2. 材料品种、规格 3. 砂浆的强度等级 4. 泄水孔材料品种、规格 5. 滤水层要求 6. 沉降缝要求			
040305004	砖砌体				
040305005	护坡	1. 材料品种 2. 结构形式 3. 厚度 4. 砂浆强度等级	m²	按设计图示尺寸以面积计算	1. 修整边坡 2. 砌筑 3. 砌体勾缝 4. 砌体抹面

注：1. 干砌块料、浆砌块料和砖砌体应根据工程部位不同，分别设置清单编码。

2. 清单项目中"垫层"指碎石、块石等非混凝土类垫层。

现浇混凝土挡土墙工程编制工程量清单时，参照现浇混凝土构件工程工程量清单项目设置、项目特征描述的内容、计量单位及工程量计算规则，见表6-26。

表6-26　现浇混凝土构件（《规范》C.3表）

项目编码	项目名称	项目特征	计量单位	工程量计算规则	工作内容
040303015	混凝挡墙墙身	1. 混凝土强度等级 2. 泄水孔材料品种、规格 3. 滤水层要求 4. 沉降缝要求	m³	按设计图示尺寸以体积计算	1. 模板制作、安装、拆除 2. 混凝土拌和、运输、浇筑 3. 养护 4. 抹灰 5. 泄水孔制作、安装 6. 滤水层铺设 7. 沉降缝
040303016	混凝土挡墙压顶	1. 混凝土强度等级 2. 沉降缝要求			

预制混凝土挡土墙工程编制工程量清单时，参照预制混凝土构件工程工程量清单项目设置、项目特征描述的内容、计量单位及工程量计算规则，见表 6-27。

表 6-27　预制混凝土构件（《规范》C.4 表）

项目编码	项目名称	项目特征	计量单位	工程量计算规则	工作内容
040304004	混凝土挡墙墙身	1. 混凝土强度等级 2. 泄水孔材料品种、规格 3. 滤水层要求 4. 沉降缝要求	m³	按设计图示尺寸以体积计算	1. 模板制作、安装、拆除 2. 混凝土拌和、运输、浇筑 3. 养护 4. 构件安装 5. 接头灌缝 6. 泄水孔制作、安装 7. 滤水层铺设 8. 砂浆制作 9. 运输

（二）工程量清单编制

1. 确定清单项目名称及特征

（1）拆除工程。拆除路面及基层、侧缘石应注明拆除的材质、结构层的厚度、部位；拆除管道应注明管道的材质、管径等；拆除砖石结构、混凝土结构应标明结构形式和混凝土强度等级。拆除工程主要包括拆除与运输两项。

（2）挡墙、护坡工程。挡墙非混凝土垫层应注明垫层的品种、规格及厚度；混凝土基础垫层应注明混凝土的强度等级、石子最大粒径、材料品种等。

混凝土挡墙应注明混凝土强度等级、石子最大粒径、泄水孔及滤水孔制作安装、滤水层铺设等；砌筑挡墙应注明砌筑材料品种、规格、砂浆的强度等级、泄水孔及滤水孔制作安装、滤水层铺设等。

护坡包括材料品种、结构形式、厚度、砂浆的强度等级等。

2. 确定项目编码

按附录所列的清单编码及相应的内容来确定前 9 位项目编码，后 3 位由编制人根据工程实际确定。

3. 确定清单工程量并填写工程量清单

拆除道路结构层按拆除部位以面积计算，拆除侧、平（缘）石和管道以延长米计算，拆除砖石和混凝土结构以体积计算。挡墙基础、垫层、墙身、压顶、砌筑挡墙以体积计算，护坡按面积计算。

（三）工程量清单计价编制

拆除工程与披护挡土墙工程，施工比较简单，计算工程量也比较容易，计算方法与步骤，可参考本章中的实例进行。

第三节　措施项目清单与计价

措施项目是指为完成工程项目的施工，发生于该工程施工过程前和施工过程中的技术、生活、安全等方面的非工程实体项目。在山西省市政工程预算定额中，《通用项目》中第二章打拔工具桩，第三章围堰工程，第四章支撑工程，第六章脚手架其他工程，这四章的工程内容，基本上都属于措施项目的范畴，定额部分在上一节中已做说明，本节是从清单与清单计价的角度来叙述。

一、措施项目内容

山西省的计价依据中措施项目分为两类，分别是组织措施和技术措施。组织措施一般以项为计量单位，数据一般显示为一个费用，又称为总价措施。技术措施一般可以用工程量计量，同分部分项工程量清单计价算法类似，又称为单价措施。详见表6-28。

表6-28 措施项目一览表

分类	序号	项目名称	计价方式	备注
组织措施	1	安全施工费	按费率计取	属于通用项目
	2	文明施工费	按费率计取	
	3	生活性临时设施费	按费率计取	
	4	生产性临时设施费	按费率计取	
	5	环境保护费	按规定取	
	6	夜间施工增加费	按费率计取	
	7	二次搬运	按费率计取	
	8	冬雨季施工	按费率计取	
	9	停水停电增加费	按费率计取	
	10	工程定位复测、工程点交、场地清理费	按费率计取	
	11	室内环境污染物检测费	按费率计取	
	12	检测试验费	按费率计取	
	13	生产工具用具使用费	按费率计取	
	14	施工因素增加费	按费率计取	市政工程
技术措施费	15	脚手架工程	套用定额计算	属于通用项目
	16	混凝土模板及支架	套用定额计算	
	17	大型机械进出场及安拆	套用定额计算	
	18	已完工程设备保护费	套用定额计算	
	19	施工排水、降水	套用定额计算	
	20	便道及便桥	套用定额计算	市政工程
	21	洞内临时设施	按实际估算	
	22	施工围栏	套用定额计算	
	23	围堰	套用定额计算	

二、《规范》附录项目内容

（一）安全文明施工及其他措施项目

安全文明施工及其他措施项目工程量清单项目设置、工作内容及包含范围，见表6-29。

表 6-29　安全文明施工及其他措施项目（《规范》L.9 表）

项目编码	项目名称	工作内容及包含范围
041109001	安全文明施工	1. 环境保护：施工现场为达到环保部门要求所需要的各项措施。包括施工现场为保持工地清洁、控制扬尘、废弃物与材料运输的防护、保证排水设施通畅、设置密闭式垃圾站、实现施工垃圾与生活垃圾分类存放等环保措施；其他环境保护措施 2. 文明施工：根据相关规定在施工现场设置企业标志、工程项目简介牌、工程项目负责人员姓名牌、安全六大纪律牌、安全生产记数牌、十项安全技术措施牌、防火须知牌、卫生须知牌及工地施工总平面布置图、安全警示标志牌，施工现场围挡以及为符合场容场貌、材料堆放、现场防火等要求采取的相应措施；其他文明施工措施 3. 安全施工：根据相关规定设置安全防护设施、现场物料提升架与卸料平台的安全防护设施、垂直交叉作业与高空作业安全防护设施、现场设置安防监控系统设施、现场机械设备（包括电动工具）的安全保护与作业场所和临时安全疏散通道的安全照明与警示设施等；其他安全防护措施 4. 临时设施：施工现场临时宿舍、文化福利及公用事业房屋与构筑物、仓库、办公室、加工厂、工地实验室以及规定范围内的道路、水、电、管线等临时设施和小型临时设施等的搭设、维修、拆除、周转；其他临时设施搭设、维修、拆除
041109002	夜间施工	1. 夜间固定照明灯具和临时可移动照明灯具的设置、拆除 2. 夜间施工时，施工现场交通标志、安全标牌、警示灯等的设置、移动、拆除 3. 夜间照明设备及照明用电、施工人员夜班补助、夜间施工劳动效率降低等
041109003	二次搬运	由于施工场地条件限制而发生的材料、成品、半成品一次运输不能到达堆积地点，必须进行的二次或多次搬运
041109004	冬雨季施工	1. 冬雨季施工时增加的临时设施（防寒保温、防雨设施）的搭设、拆除 2. 冬雨季施工时对砌体、混凝土等采用的特殊加温、保温和养护措施 3. 冬雨季施工时施工现场的防滑处理、对影响施工的雨雪的清除 4. 冬雨季施工时增加的临时设施、施工人员的劳动保护用品、冬雨季施工劳动效率降低等
041109005	行车、行人干扰	1. 由于施工受行车、行人干扰的影响，导致人工、机械效率降低而增加的措施 2. 为保证行车、行人的安全，现场增设维护交通与疏导人员而增加的措施
041109006	地上、地下设施、建筑物的临时保护措施	在工程施工过程中，对已建成的地上、地下设施和建筑物进行的遮盖、封闭、隔离等必要的保护措施所发生的人工和材料
041109007	已完工程及设备保护	对已完工程及设备采取的覆盖、包裹、封闭、隔离等必要的保护措施所发生的人工和材料

注：表中所列项目应根据工程实际情况计算措施项目费用，需分摊的应合理计算摊销费用。

（二）架手架工程

脚手架工程工程量清单项目设置、项目特征描述的内容、计量单位及工程量计算规则见表 6-30。

（三）模板及支架

混凝土模板及支架工程量清单项目设置、项目特征描述的内容、计量单位及工程量计算规则见表 6-31。

表 6-30 脚手架工程（《规范》L.1表）

项目编码	项目名称	项目特征	计量单位	工程量计算规则	工作内容
041101001	墙面脚手架	墙高	m²	按墙面水平边线长度乘以墙面砌筑高度计算	1. 清理场地 2. 搭设、拆除脚手架、安全网 3. 材料场内外运输
041101002	柱面脚手架	1. 柱高 2. 柱结构外围周长		按柱结构外围周长乘以柱砌筑高度计算	
041101003	仓面脚手架	1. 搭设方式 2. 搭设高度		按仓面水平面积计算	
041101004	沉井脚手架	沉井高度		按井壁中心线周长乘以井高计算	
041101005	井字架	井深	座	按设计图示数量计算	1. 清理场地 2. 搭、拆井字架 3. 材料场内外运输

注：各类井的井深按井底基础以上至井盖顶的高度计算。

表 6-31 混凝土模板及支架（《规范》L.2表）

项目编码	项目名称	项目特征	计量单位	工程量计算规则	工作内容
041102001	垫层模板	构件类型	m²	按混凝土与模板接触面的面积计算	1. 模板制作、安装、拆除、整理、堆放 2. 模板黏结物及模内杂物清理、刷隔离剂 3. 模板场内外运输及维修
041102002	基础模板				
041102003	承台模板				
041102004	墩（台）帽模板	1. 构件类型 2. 支模高度			
041102005	墩（台）身模板				
041102006	支撑梁及横梁模板				
041102007	墩（台）盖梁模板				
041102008	拱桥拱座模板				
041102009	拱桥拱肋模板				
041102010	拱上构件模板				
041102011	箱梁模板				
041102012	柱模板				
041102013	梁模板				
041102014	板模板				
041102015	板梁模板				
041102016	板拱模板				
0411020017	挡墙模板				
041102018	压顶模板	构件类型			
041102019	防撞护栏模板				
041102020	楼梯模板				
041102021	小型构件模板				

（续）

项目编码	项目名称	项目特征	计量单位	工程量计算规则	工作内容
041102022	箱涵滑（底）板模板	1. 构件类型 2. 支模高度	m²	按混凝土与模板接触面的面积计算	1. 模板制作、安装、拆除、整理、堆放 2. 模板黏结物及模内杂物清理、刷隔离剂 3. 模板场内外运输及维修
041102023	箱涵侧墙模板				
041102024	箱涵顶板模板				
041102025	拱部衬砌模板	1. 构件类型 2. 衬砌厚度 3. 拱跨径			
041102026	边墙衬砌模板				
041102027	竖井衬砌模板	1. 构件类型 2. 壁厚			
041102028	沉井井壁（隔墙）模板	1. 构件类型 2. 支模高度			
041102029	沉井顶板模板				
041102030	沉井底板模板	构件类型			
041102031	管（渠）道平基模板				
041102032	管（渠）道管座模板				
041102033	井顶（盖）板模板				
041102034	池底模板				
041102035	池壁（隔墙）模板	1. 构件类型 2. 支模高度			
041102036	池盖模板				
041102037	其他现浇构件模板	构件类型			
041102038	设备螺栓套	螺栓套孔深度	个	按设计图示数量计算	
041102039	水上桩基础支架、平台	1. 位置 2. 材质 3. 桩类型	m²	按支架、平台搭设的面积计算	1. 支架、平台基础处理 2. 支架、平台的搭设、使用及拆除 3. 材料场内外运输
041102040	桥涵支架	1. 部位 2. 材质 3. 支架类型	m³	按支架搭设的空间体积计算	1. 支架地基处理 2. 支架的搭设、使用及拆除 3. 支架预压 4. 材料场内外运输

注：原槽浇筑的混凝土基础、垫层不计算模板。

（四）大型机械进出场及安拆

大型机械设备进出场及安拆工程量清单项目设置、项目特征描述的内容、计量单位及工程量计算规则见表6-32。

表 6-32　大型机械设备进出场及安拆（《规范》L.6 表）

项目编码	项目名称	项目特征	计量单位	工程量计算规则	工作内容
041106001	大型机械设备进出场及安拆	1. 机械设备名称 2. 机械设备规格型号	台·次	按使用机械设备的数量计算	1. 安拆费包括施工机械、设备在现场进行安装拆卸所需人工、材料、机械和试运转费用以及机械辅助设施的折旧、搭设、拆除等费用 2. 进出场费包括施工机械、设备整体或分体自停放地点运至施工现场或由一施工地点运至另一施工地点所发生的运输、装卸、辅助材料等费用

（五）施工排水降水

施工排水、降水工程量清单项目设置、项目特征描述的内容、计量单位及工程量计算规则见表 6-33。

表 6-33　施工排水、降水（《规范》L.7 表）

项目编码	项目名称	项目特征	计量单位	工程量计算规则	工作内容
041107001	成井	1. 成井方式 2. 地层情况 3. 成井直径 4. 井（滤）管类型、直径	m	按设计图示尺寸以钻孔深度计算	1. 准备钻孔机械、埋设护筒、钻机就位；泥浆制作、固壁；成孔、出渣、清孔等 2. 对接上、下井管（滤管），焊接，安放，下滤料，洗井，连接试抽等
041107002	排水、降水	1. 机械规格型号 2. 降排水管规格	昼夜	按排水、降水日历天数计算	1. 管道安装、拆除，场内搬运等 2. 抽水、值班、降水设备维修等

注：相应专项设计不具备时，可按暂估量计算。

（六）便道及便桥

便道及便桥工程量清单项目设置、项目特征描述的内容、计量单位及工程量计算规则见表 6-34。

表 6-34 便道及便桥（《规范》L. 4 表）

项目编码	项目名称	项目特征	计量单位	工程量计算规则	工作内容
041104001	便道	1. 结构类型 2. 材料种类 3. 宽度	m²	按设计图示尺寸以面积计算	1. 平整场地 2. 材料运输、铺设、夯实 3. 拆除、清理
041104002	便桥	1. 结构类型 2. 材料种类 3. 跨径 4. 宽度	座	按设计图示数量计算	1. 清理基底 2. 材料运输、便桥搭设 3. 拆除、清理

（七）洞内临时设施

洞内临时设施工程量清单项目设置、项目特征描述的内容、计量单位及工程量计算规则见表 6-35。

表 6-35 洞内临时设施（《规范》L. 5 表）

项目编码	项目名称	项目特征	计量单位	工程量计算规则	工作内容
041105001	洞内通风设施	1. 单孔隧道长度 2. 隧道断面尺寸 3. 使用时间 4. 设备要求	m	按设计图示隧道长度以延长米计算	1. 管道铺设 2. 线路架设 3. 设备安装 4. 保养维护 5. 拆除、清理 6. 材料场内外运输
041105002	洞内供水设施				
041105003	洞内供电及照明设施				
041105004	洞内通信设施				
041105005	洞内外轨道铺设	1. 单孔隧道长度 2. 隧道断面尺寸 3. 使用时间 4. 轨道要求		按设计图示轨道铺设长度以延长米计算	1. 轨道及基础铺设 2. 保养维护 3. 拆除、清理 4. 材料场内外运输

（八）围堰

围堰工程量清单项目设置、项目特征描述的内容、计量单位及工程量计算规则见表 6-36。

表 6-36 围堰（《规范》L. 3 表）

项目编码	项目名称	项目特征	计量单位	工程量计算规则	工作内容
041103001	围堰	1. 围堰类型 2. 围堰顶宽及底宽 3. 围堰高度 4. 填心材料	1. m³ 2. m	1. 以"m³"计量，按设计图示围堰体积计算 2. 以"m"计量，按设计图示围堰中心线长度计算	1. 清理基底 2. 打、拔工具桩 3. 堆筑、填心、夯实 4. 拆除清理 5. 材料场内外运输
041103002	筑岛	1. 筑岛类型 2. 筑岛高度 3. 填心材料	m³	按设计图示筑岛体积计算	1. 清理基底 2. 堆筑、填心、夯实 3. 拆除清理

注：《规范》附录中有两个或两个以上计量单位的，应结合工程项目实际情况，确定其中一个为计量单位。同一工程项目的计量单位应一致。

三、措施项目清单编制

措施项目清单编制步骤：

1）根据表 6-28 中的措施项目，也可参照《规范》中的措施项目，并结合工程本身的实际情况，列出措施项目。

2）根据工程的实际特点，结合施工资料等对已列出的措施项目进行补充或删减，确保不漏项或多项。

3）列措施项目清单时，要注意措施项目只是预计发生的费用才会列项，如在施工中不可能发生，则不必列项。

4）总价措施项目清单的编制，只列出措施项目，数量和费用则由投标人在投标时填写，投标人在投标时可根据实际情况对措施项目清单中的项目除不可竞争的措施项以外清单项进行调整。

5）编制工程量清单时，若设计图样中有措施项目的专项设计方案时，应按措施项目清单中有关规定描述其项目特征，并根据工程计算规则计算工程量；若无相关的设计方案，其工程数量可为暂估量，在办理结算时，按经批准的施工组织设计方案计算。

实例 4 根据实例 3 的工程情况，编制总价措施项目清单。

总价措施项目清单与计价表见表 6-37。

表 6-37 总价措施项目清单与计价表

序号	项目编码	项目名称	计算基础	费率（%）	金额/元	调整费率（%）	调整后金额/元	备注
1	041109001001	安全施工费	分部分项直接费-只取税金项预算价直接费-不取费项预算价直接费					
2	041109001002	文明施工费	分部分项直接费-只取税金项预算价直接费-不取费项预算价直接费					
3	041109001003	生活性临时设施费	分部分项直接费-只取税金项预算价直接费-不取费项预算价直接费					
4	041109001004	生产性临时设施费	分部分项直接费-只取税金项预算价直接费-不取费项预算价直接费					

四、措施项目清单计价的编制

措施项目清单计价编制步骤：

1）总价措施项目的计算，一般按定额中的费率直接计算，此外还需按 20%、70%、10%的比例划分出人工、材料、机械费用。

单价措施项目，可直接套用相应的定额子目。人工、材料、机械费用的划分可按定额计价的费用计算。

特殊项目可按实际发生费用根据所耗用的人工、材料、机械数量自行计算。

2）措施项目费＝人工费+材料费+机械费+企业管理费+利润。

企业管理费＝（人工费+材料费+机械费）×费率或人工费×费率。

利润＝（人工费+材料费+机械费）×费率或人工费×费率。

实例5

参照实例3及实例4所给的数据及清单，措施项目清单有12项。

1）安全施工费　费率0.64%。

2）文明施工费　费率0.53%。

3）生活性临时设施费　费率0.64%。

4）生产性临时设施费　费率0.41%。

5）夜间施工增加费　费率0.03%。

6）二次搬运费　费率0.15%。

7）冬雨季施工增加费　0.53%。

8）停水停电增加费　0.02%。

9）工程定位复测、工程点交、场地清理费　费率0.11%。

10）检测试验费　费率0.19%。

11）生产工具用具使用费　费率0.19%。

12）施工因素增加费　费率0.25%。

根据已有的条件，编制措施项目清单计价表，并计算出不含进项税额的措施项目总费用。

根据已知数据，现计算如下：

1）由实例3中的数据可计算出不含进项税额的工程直接费为181670.33元，具体过程见表6-38。

表6-38　定额项目直接工程费计算表（不含进项税额）

序号	定额编号	定额项目名称	定额计量单位	定额工程量	定额单价（不含进项税）/元	直接工程费（保留2位小数）/元	其中/元		
							人工费	材料费	机械费
1	D1-81	反铲挖掘机挖土，不装车，三类土	1000m³	15.7665	2564.33	40430.51	5392.14	0	35038.37
2	D1-123	机械填土夯实	100m³	129.305	953.54	123297.49	101711.31	0	21586.18
3	D1-98	装载机装土	1000m³	0.89643	1675.22	1501.72	306.58	0	1195.14
4	D1-106	自卸汽车运土，运距5km	1000m³	0.89643	18340.09	16440.61	0	53.36	16387.25
		小计				181670.33	107410.03	53.36	74206.94

2）考虑到措施项目清单列项，计算措施清单项的综合单价（不含进项税额），计算过程见表6-39。

表6-39 措施清单项的综合单价计算表（不含进项税额）

序号	项目编码	项目名称	单位	计算基数①	费率（%）②	工程量③	综合单价（保留2位小数④=⑥+⑦+⑧+⑨+⑩）/元	综合合价（保留2位小数）/元 ⑤=③×④	综合单价中（保留2位小数）/元				
									人工费 单价⑥=①×②×20%	材料费 单价⑦=①×②×70%	机械费 单价⑧=①×②×10%	管理费 单价⑨=（⑥+⑦+⑧）×费率6.13%	利润单价⑩=（⑥+⑦+⑧）×费率5.65%
1	041109001001	安全施工费	项	定额基价（即人工费+材料费+机械费，本例中为181670.33元）	0.64	1	1299.65	1299.65	232.54	813.88	116.27	71.27	65.69
2	041109001002	文明施工费	项	定额基价（即人工费+材料费+机械费，本例中为181670.33元）	0.53	1	1076.28	1076.28	192.57	674	96.29	59.02	54.4
3	041109001003	生活性临时设施费	项	定额基价（即人工费+材料费+机械费，本例中为181670.33元）	0.64	1	1299.65	1299.65	232.54	813.88	116.27	71.27	65.69
4	041109001004	生产性临时设施费	项	定额基价（即人工费+材料费+机械费，本例中为181670.33元）	0.41	1	832.6	832.6	148.97	521.4	74.49	45.66	42.08
5	041109002001	夜间施工增加费	项	定额基价（即人工费+材料费+机械费，本例中为181670.33元）	0.03	1	60.92	60.92	10.9	38.15	5.45	3.34	3.08
6	041109003001	二次搬运	项	定额基价（即人工费+材料费+机械费，本例中为181670.33元）	0.15	1	304.61	304.61	54.5	190.76	27.25	16.7	15.4
7	041109004001	冬雨季施工	项	定额基价（即人工费+材料费+机械费，本例中为181670.33元）	0.53	1	1076.28	1076.28	192.57	674	96.29	59.02	54.4

序号	编号	项目名称	单位	计算基础									
8	04B001	停水停电增加费	项	定额基价（即人工费+材料费+机械费，本例中为181670.33元）	0.02	1	40.61	40.61	7.27	25.43	3.63	2.23	2.05
9	04B002	工程定位复测、工程点交、场地清理费		定额基价（即人工费+材料费+机械费，本例中为181670.33元）	0.11	1	223.38	223.38	39.97	139.89	19.98	12.25	11.29
10	04B003	室内环境污染物检测费	项	定额基价（即人工费+材料费+机械费，本例中为181670.33元）		1							
11	04B004	检测试验费	项	定额基价（即人工费+材料费+机械费，本例中为181670.33元）	0.19	1	385.83	385.83	69.03	241.62	34.52	21.16	19.5
12	04B005	生产工具用具使用费	项	定额基价（即人工费+材料费+机械费，本例中为181670.33元）	0.19	1	385.83	385.83	69.03	241.62	34.52	21.16	19.5
13	04B006	施工因素增加费	项	定额基价（即人工费+材料费+机械费，本例中为181670.33元）	0.25	1	507.69	507.69	90.84	317.93	45.42	27.84	25.66

3）计算得出总价措施项目总费用（不含进项税额）为7493.33元，见表6-40。

表6-40 总价措施项目清单与计价表（不含进项税额）

序号	项目编码	项目名称	计算基础	费率(%)	金额/元	调整费率(%)	调整后金额/元	备注
1	041109001001	安全施工费	分部分项直接费	0.64	1299.65			
2	041109001002	文明施工费	分部分项直接费	0.53	1076.28			
3	041109001003	生活性临时设施费	分部分项直接费	0.64	1299.65			
4	041109001004	生产性临时设施费	分部分项直接费	0.41	832.6			
5	041109002001	夜间施工增加费	分部分项直接费	0.03	60.92			
6	041109003001	二次搬运	分部分项直接费	0.15	304.61			
7	41109004001	冬雨季施工	分部分项直接费	0.53	1076.28			
8	04B001	停水停电增加费	分部分项直接费	0.02	40.61			
9	04B002	工程定位复测、工程点交、场地清理费	分部分项直接费	0.11	223.38			
10	04B003	室内环境污染物检测费	分部分项直接费	0	0			
11	04B004	检测试验费	分部分项直接费	0.19	385.83			
12	04B005	生产工具用具使用费	分部分项直接费	0.19	385.83			
13	04B006	施工因素增加费	分部分项直接费	0.25	507.69			
		合　计			7493.33			

Chapter ▸▸ **07**

道 路 工 程

　　道路工程的施工通常是分层铺筑的，最后形成层次分明的层状体系结构。道路的结构层从上到下依次为：面层、基层、垫层、土路基。

　　各层的作用如下：

一、面层

　　面层是路面结构层最上面的一层，它直接同大气接触，车行荷载和外界自然因素直接影响到面层。因此面层材料应具备较高的强度和稳定性，应具有耐磨、抗压、抗腐蚀、不透水等性能，在实际的结构层当中，面层可以由数层构成。

二、基层

　　基层是路面结构中主要的承重部分，它主要承载由路面传递的荷载竖向力，并把面层传下来的应力扩散到下层当中，因而，基层必须具有足够的强度和稳定性，同时应具有良好的扩散应力的性能。在实际的结构层当中，基层可以由数层构成。

三、垫层

　　垫层是在路面结构层中位于基层以下、土路基以上的一层结构，它主要起排水、防冻等作用。垫层可以扩散由基层传来的荷载应力，以减少路基的破坏及变形。

四、土路基

　　土路基是道路的基础，土路基必须满足压实度要求。

　　道路工程中包括路基（床）工程、道路基层、道路面层、附属工程。

第一节　道路工程定额计价

　　在道路工程工程量计算时，道路（包括面层、道路基层、路基）及人行道板，应根据设计按实铺面积计算，路基、道路基层、面层及人行道均不扣除各种检查井和雨水口所占面积。

一、路基（床）工程定额工程量计算规则

　　1）挖路槽土方（或路床整形），应按设计车行道宽度另计两侧加宽值，用侧石或侧平

石做路边石的，每侧加宽 20cm；采用路缘石（镶边石）或不设路边石的，不计加宽。路槽土方项目，挖土厚度为 10～80cm，分人工挖路槽、机械挖路槽，并按不同的土质，以"100m³"为计量单位。

2）挖路槽土方在定额中，挖土厚度小于 10cm，采用路床（槽）整形。路床（槽）、人行道整形，以"100m²"为计量单位。

挖土深度大于 80cm 者，采用《通用项目》册中"挖土方"项目执行。执行挖路槽或挖土方项目后，仍须套用路床整形项目，以完成找平、碾压等工作。

3）土边沟成型，考虑边沟挖土的土类和边沟两侧边坡培整面积所需的挖土、培土、修整边坡及余土抛出沟外全过程，按设计图，以"10m³"为计量单位。

4）路基盲沟，按不同的横断面规格或滤管，以"100m"为计量单位。

5）翻浆（弹软）处理，定额内容包括翻挖、弃土路两侧 1m 外，改换回填、压实、整平等全过程。按土、石灰土、水泥碎石（砂）、炉渣、水泥稳定土、片石、矿渣、碎石、天然砂，以"10m³"为计量单位。

6）、石灰砂桩，定额内容包括放样、挖孔、填料、夯实，清理余土至路边。按不同的桩径，以"10m³"为计量单位。

7）、粉喷桩，用于处理不良地基，定额中的桩直径取定为 50cm，水泥的掺入量按 45kg/m 计入，若实际掺入量不同时，可按相应子目换算。按桩的设计体积，以"10m³"为计量单位。

8）土工布处理路基，定额内容包括挖填锚固沟、铺设土工布、缝合及锚固土工布。按地基土质，分一般软土、淤泥，以"1000m²"为计量单位。

9）抛石挤淤，定额内容是以人工装石、翻斗车运输、人工抛石考虑。以"m³"为计量单位。

10）在水温稳定性差的路基上，有时设置垫层结构层，位于路基和基层之间。路基垫层，按材质不同，分灰土、天然砂、碎石、卵石、矿渣、水泥碎石（砂），以"100m³"为计量单位。

实例 6

某道路工程，路宽 30m，长 1000m，土路基为挖方路基，平均挖深 80cm，路边石为标准侧平石，余土外运为 5km，土质为三类土，求该道路路基土方不含进项税额的直接工程费（保留 2 位小数）。

1）计算工程量见表 7-1。

表 7-1　工程量计算表

序号	项目名称	计量单位	工程量	计算过程
1	挖路槽土方	m³	24320	1000×（30+0.2×2）×0.8
2	路床碾压检验	m²	30400	1000×（30+0.2×2）
3	余土外运	m³	24320	1000×（30+0.2×2）×0.8

2）套用调整版定额，计算得出不含进项税额的直接工程费为626073.65元，见表7-2。

表7-2　直接工程费计算表（不含进项税额）

序号	定额编号	子目名称	工程量		单价/元	其中/元			合价/元	其中/元		
			单位	数量		人工费	材料费	机械费		人工费	材料费	机械费
1	D2-5	机械挖路槽三、四类土	100m³	243.2	432.86	114		318.86	105271.55	27724.8		77546.75
2	D2-6	路床碾压检验	100m²	304	111.94	20.52		91.42	34029.76	6238.08		27791.68
3	D1-98	装载机装运土方装土	1000m³	24.32	1675.22	342		1333.2	40741.35	8317.44		32423.91
4	D1-106	自卸汽车运土运距5km以内	1000m³	24.32	18340.09		59.52	18281	446030.99		1447.53	444583.46
		总计	元						626073.65	42280.32	1447.53	582345.8

二、道路基层定额工程量计算规则

（1）道路基层的工程量，按设计图示尺寸以面积计算，若设计未明确标示，按路长乘以路宽（不扣除平石），另加转角处，以面积计算。

（2）石灰土、多合土、水泥稳定碎石（砂）基层换算。

1）石灰土、多合土、水泥稳定碎石（砂）基层设计配比与定额不同时，可按下列公式换算：

$$N_S = N_d/P_d \times P_s$$

式中　N_S——按设计配比换算后的材料用量；

N_d——定额中的材料用量；

P_d——定额标明的材料比例数；

P_s——设计配比的材料比例数。

人工、机械用量不变。

此外，还可以按上式换算"每增减1cm"定额子目，进行厚度的调整。

2）换算量只换算配合比材料的量与价，其余如水、其他材料费等不再调整。

3）定额黄土的消耗量为松方用量，施工中不需外购黄土者，扣除定额中黄土的数量。

（3）石灰土基层，分人工拌和、拖拉机拌和（带犁耙）、拌和机拌和、厂拌人铺，并按不同的含灰量，以"100m²"为计量单位。

（4）石灰：炉渣：土基层，分人工拌和、拖拉机拌和（带犁耙）、拌和机拌和，并按不同的比例，以"100m²"为计量单位。

（5）石灰：粉煤灰：土基层，分人工拌和、拖拉机拌和（带犁耙）、拌和机拌和、厂拌人铺，并按不同的比例，以"100m²"为计量单位。

（6）石灰：炉渣基层，分人工拌和、拖拉机拌和（带犁耙）、拌和机拌和，并按不同的比例，以"100m^2"为计量单位。

（7）石灰：粉煤灰：碎石（拌和机拌和）基层，以"100m^2"为计量单位。

（8）石灰：粉煤灰：砂砾（拖拉机拌和带犁耙）基层，以"100m^2"为计量单位。

（9）石灰：土：碎石基层，分路拌、厂拌，按不同比例，以"100m^2"为计量单位。

（10）粉煤灰三渣基层，分路拌、厂拌，以"100m^2"为计量单位。

（11）石灰土、多合土基层施工多层次铺筑时，顶层的养生需另行计算，按"顶层多合土养生"项目执行。顶层多合土养生，分洒水车洒水、人工洒水，以"100m^2"为计量单位。

（12）凡使用石灰的基层项目，定额中未包括石灰的消解，可套用"石灰消解"项目计算。消解石灰，分集中消解石灰、小堆沿线消解石灰，以"t"为计量单位。

（13）水泥稳定碎石（砂）基层项目和一些厂拌法施工的基层定额项目，顶层养生及其用水已包括在基层铺筑定额中，不需另计。

1）路拌水泥碎石（砂）基层，分拖拉机拌和（带犁耙）、拌和机拌和，以"100m^2"为计量单位。

2）厂拌水泥碎石（砂）基层定额中，水泥稳定碎石（砂）混合料价格未计入基层铺筑定额中，可用"水泥碎石（砂）厂拌加工"项目计价，数量可由基层铺筑定额中的消耗量而定。厂拌水泥碎石（砂）基层，分人工铺筑、机械铺筑，以"100m^2"为计量单位。

3）水泥碎石（砂）厂拌加工，是指在加工厂集中拌和水泥砂砾、水泥碎石等混合料，如在施工现场集中拌和，也可参照此项目。此项目生成价格用于基层铺筑定额项目中。未包括从加工厂到施工现场的运输费用。实际发生时另行计算。以"10m^3"为计量单位。

4）天然砂、砾石、碎石、块石、炉渣、矿渣基层，分人工铺筑、机械铺筑，以"100m^2"为计量单位。

（14）沥青稳定碎石，区分不同厚度，以"100m^2"为计量单位。

（15）定额中材料铺筑厚度均为压实厚度。厚度不同时，可用"每增减1cm"子目进行调整，压路机（12t）采用下列规定换算：

1）石灰土、多合土、水泥稳定碎石（砂）基层以15cm为一个铺筑层，以后每增加15cm，压路机（12t）增加0.15台班/100m^2，不足15cm者也按此计算。

2）其余基层以20cm为一个铺筑层，以后每增加10cm，块石基层增加0.04台班/100m^2，其他基层增加0.07台班/100m^2，不足10cm者也按此计算。

3）定额中有些子目，其厚度已经超过一个铺筑层，则压路机（12t）增加的台班已包括在定额中，不可重复计算。

实例7

某道路工程，基层宽30m，长1000m，结构层如图7-1所示，基层由下往上依次为：20cm厚干压级配砂砾，18cm厚3.5%水泥稳定砂砾，18cm厚4.5%水泥稳定砂砾，18cm厚5%水泥稳定砂砾。面层由下往上依次为：6cm厚中粒式沥青混凝土，4cm厚细粒式沥青混凝土。求该道路基层不含进项税额的直接工程费（保留2位小数）。

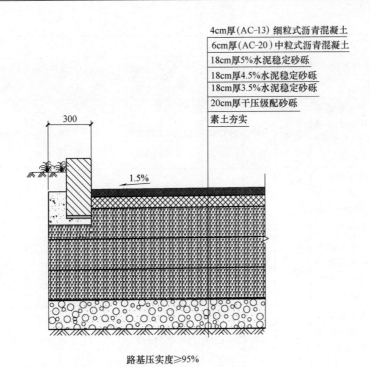

4cm厚（AC-13）细粒式沥青混凝土

6cm厚（AC-20）中粒式沥青混凝土

18cm厚5%水泥稳定砂砾

18cm厚4.5%水泥稳定砂砾

18cm厚3.5%水泥稳定砂砾

20cm厚干压级配砂砾

素土夯实

路基压实度≥95%

图 7-1　某道路结构层

1）计算定额工程量，见表 7-3。

表 7-3　定额工程量计算表

序号	项目名称	单位	工程量	计算过程
1	20cm 厚干压级配砂砾	m²	30000	1000×30
2	18cm 厚 3.5%水泥稳定砂砾	m²	30000	1000×30
3	18cm 厚 4.5%水泥稳定砂砾	m²	30000	1000×30
4	18cm 厚 5%水泥稳定砂砾	m²	30000	1000×30

2）套用调整版定额，计算得出不含进项税额的直接工程费为 2042268 元，见表 7-4。

表 7-4　直接工程费计算表（不含进项税额）

序号	定额编号	子目名称	工程量		单价/元	其中/元			合价/元	其中/元		
			单位	数量		人工费	材料费	机械费		人工费	材料费	机械费
1	D2-201	天然砂基层厚度 20cm	100m²	300	1302.07	130.53	1005.70	165.84	390621	39159	301710	49752
2	D2-183 换	路拌水泥砂砾基层拌和机拌和水泥砂砾 3.5%厚度 15cm	100m²	300	1467.97	174.42	1115.84	177.71	440391	52326	334752	53313

（续）

序号	定额编号	子目名称	工程量 单位	工程量 数量	单价/元	其中/元 人工费	其中/元 材料费	其中/元 机械费	合价/元	其中/元 人工费	其中/元 材料费	其中/元 机械费
3	D2-185×3	路拌水泥砂砾基层拌和机拌和水泥砂砾3.5%厚度3cm	100m²	300	277.51	27.36	220.15	30	83253	8208	66045	9000
4	D2-183换	路拌水泥砂砾基层拌和机拌和水泥砂砾4.5%厚度15cm	100m²	300	1557.94	174.42	1205.81	177.71	467382	52326	361743	53313
5	D2-185×3	路拌水泥砂砾基层拌和机拌和水泥砂砾4.5%厚度3cm	100m²	300	295.16	27.36	237.8	30	88548	8208	71340	9000
6	D2-183	路拌水泥砂砾基层拌和机拌和水泥砂砾5%厚度15cm	100m²	300	1602.92	174.42	1250.79	177.71	480876	52326	375237	53313
7	D2-185×3	路拌水泥砂砾基层拌和机拌和水泥砂砾5%厚度3cm	100m²	300	303.99	27.36	246.63	30	91197	8208	73989	9000
		总计	元						2042268	220761	1584816	236691

3）表7-3中18cm厚3.5%水泥稳定砂砾和18cm厚4.5%水泥稳定砂砾两个分项子目套定额子目时涉及两个换算，一个是水泥含量的换算，另一个是结构层厚度的换算。具体换算见表7-5。

表7-5　换算过程表

序号	项目	套用定额编号	定额子目名称	工程量 单位	工程量 数量	定额单价/元	其中/元 人工费	其中/元 材料费	其中/元 机械费	说明
1	20cm厚干压级配砂砾	D2-201	天然砂基层 厚度20cm	100m²	1	1302.07	130.53	1005.7	165.84	
2	18cm厚3.5%水泥稳定砂砾	D2-183换	路拌水泥砂砾基层拌和机拌和水泥砂砾3.5%厚度15cm	100m²	1	1467.97	174.42	1115.84	177.71	把定额中水泥含量由5%调换成3.5%
		D2-185×3	路拌水泥砂砾基层拌和机拌和水泥砂砾3.5%厚度3cm	100m²	1	277.51	27.36	220.15	30	把定额中水泥含量由5%调换成3.5%
3	18cm厚4.5%水泥稳定砂砾	D2-183换	路拌水泥砂砾基层拌和机拌和水泥砂砾4.5%厚度15cm	100m²	1	1557.94	174.42	1205.81	177.71	把定额中水泥含量由5%调换成4.5%

（续）

序号	项目	套用定额编号	定额子目名称	工程量		定额单价/元	其中/元			说明
				单位	数量		人工费	材料费	机械费	
3	18cm 厚 4.5%水泥稳定砂砾	D2-185×3	路拌水泥砂砾基层拌和机拌和水泥砂砾4.5%厚度3cm	100m²	1	295.16	27.36	237.8	30	把定额中水泥含量由5%调换成4.5%
4	18cm 厚 5%水泥稳定砂砾	D2-183	路拌水泥砂砾基层拌和机拌和水泥砂砾5%厚度15cm	100m²	1	1602.92	174.42	1250.79	177.71	
		D2-185×3	路拌水泥砂砾基层拌和机拌和水泥砂砾5%厚度3cm	100m²	1	303.99	27.36	246.63	30	
	总计			元						

注：把定额中水泥含量由5%调换成3.5%，以本表第2项中定额套用项为例，水泥砂砾基层水泥含量3.5%厚度15cm调整过程如下：先找出所要套用的定额项D2-183，查出15cm厚5%水泥稳定砂砾项定额单价为1602.92元，从中查出水泥的含量1.68t/100m²，砂砾的含量为18.36m³/100m²，按定额计算规则，得出水泥3.5%含量，1.68/5×3.5=1.176t，得出砂砾新的含量，18.36/95×96.5=18.649m³，在材料价格不变的前提下，替换水泥及砂砾的含量，所得费用即为15cm厚3.5%水泥稳定砂砾项定额换算单价1467.97元。

三、道路面层定额工程量计算规则

（1）路面工程量应扣除平石所占部分。

（2）伸缩缝。

1）伸缝是在水泥混凝土路面上设置的膨胀缝，缝宽一般为1.5～2.5cm，其作用是使水泥混凝土路面板在温度升高时能自由伸展。伸缝为贯通整个水泥混凝土路面板厚度的缝。

2）缩缝是在水泥混凝土路面上设置的收缩缝，其作用是使水泥混凝土路面板在收缩时不致产生裂缝。缩缝一般由切缝机在形成的混凝土路面板面层上切割而成。是不贯通整个水泥混凝土路面板的缝。

3）伸缩缝以面积为计量单位，此面积为缝的断面面积（垂直投影面积）。即：伸缩缝工程量（面积）=设计路宽×设计缝深×缝的个数。

4）伸缩缝，分沥青木板、沥青玛蹄脂，以"10m²"为计量单位。

（3）水泥混凝土路面。

1）水泥混凝土路面使用商品混凝土，可直接套用"水泥混凝土面层"。

2）按现场拌和混凝土、商品混凝土，并按不同厚度，以"100m²"为计量单位。

3）水泥混凝土路面模板的工程量按模板与混凝土的接触面积计算，以"10m²"为计量算单位。

4）水泥混凝土路面养生，分草袋养护、塑料膜养护、锯末养护，以"100m²"为计量单位。

5）为保证车辆行驶安全，水泥混凝土路面应具有一定的粗糙度，刻纹就是为此采取的措施。刻纹类似混凝土路面割缝，刻纹机也类似于混凝土切缝机，只是刀片多一些，刻纹的深度要浅一些。水泥混凝土路面刻纹，以"100m²"为计量单位。

（4）简易面层（磨耗层），按黏土:砂、黏土:石屑、黏土:炉渣，以"100m²"为计量单位。

（5）沥青表面处治，区分单层式、双层式、三层式，并按机泵喷油、沥青喷洒机喷油，以"100m²"为计量单位。

（6）沥青贯入式路面，区分不同的厚度，并按机泵喷油机喷洒沥青、沥青喷洒机喷洒沥青，以"100m²"为计量单位。

（7）沥青贯入碎石联结层，区分单层式、双层式，并按机泵喷油机、汽车式沥青喷洒机，以"100m²"为计量单位。

（8）喷洒沥青，区分结合油、透层油，以"100m²"为计量单位。

（9）黑色碎石路面，分人工摊铺、机械摊铺，并按不同厚度，以"100m²"为计量单位。

（10）沥青混凝土路面，按人工摊铺、机械摊铺，分粗粒式沥青混凝土、中粒式沥青混凝土、细粒式沥青混凝土，并按不同厚度，以"100m²"为计量单位。

实例 8

计算实例 7 中路面面层的不含进项税额的直接工程费，计算时，沥青拌合料运距暂定为 5km。

1）计算工程量见表 7-6。

表 7-6　工程量计算表

序号	项目名称	单位	工程量	计算过程	说　明
1	6cm 厚中粒式沥青混凝土	m²	29400	1000×(30−0.3×2)	
2	中粒式沥青混凝土拌合料运输,运距 5km	m³	1781.64	29400×6.06/100	计算过程中的 6.06 为定额表中查得,即:6cm 厚中粒式沥青混凝土 100m² 沥青混凝土含量为 6.06m³
3	4cm 厚细粒式沥青混凝土	m²	29400	1000×(30−0.3×2)	
4	细粒式沥青混凝土拌合料运输,运距 5km	m³	1187.76	29400×(3.03/100+1.01/100)	计算过程中的 3.03 为定额表中查得,即:3cm 厚细粒式沥青混凝土 100m² 沥青混凝土含量为 3.03m³;1.01 为换算而来:定额表中 0.5cm 厚细粒式沥青混凝土 100m² 沥青混凝土含量为 0.505m³,因本次细粒式沥青混凝土厚度为 4cm,因此定额套用时需套用 3cm 厚沥青混凝土定额子目 1 次,再加上 0.5cm 厚细粒式沥青混凝土 2 次,本表中 1.01m³ 为 0.505×2 所得

2）套用调整版定额，计算得出不含进项税额的直接工程费为 2737896.08 元，计算过程见表 7-7。

表 7-7　直接工程费计算表（不含进项税额）

序号	定额编号	子目名称	工程量		单价/元	其中/元			合价/元	其中/元		
			单位	数量		人工费	材料费	机械费		人工费	材料费	机械费
1	D2-309	中粒式沥青混凝土面层摊铺厚度6cm	100m²	294	5325.68	151.62	4996.81	177.25	1565749.92	44576.28	1469062.14	52111.5
2	D2-351	沥青拌合料运输 5km以内	10m³	178.16	125.17			125.17	22300.79			22300.79
3	D2-315	细粒式沥青混凝土摊铺厚度3cm	100m²	294	2872.57	123.69	2607.43	141.45	844535.58	36364.86	766584.42	41586.3
4	D2-316×2	细粒式沥青混凝土摊铺厚度（每增减0.5cm）子目×2	100m²	294	987.9	41.04	875.26	71.6	290442.6	12065.76	257326.44	21050.4
5	D2-351	沥青拌合料运输 5km以内	10m³	118.78	125.17			125.17	14867.19			14867.19
		总计	元						2737896.08	93006.9	2492973	151916.18

3）表 7-7 中涉及厚度的换算，具体换算过程见表 7-8。

表 7-8　换算过程表

序号	项目	定额编号	子目名称	工程量		单价/元	其中/元			说明
				单位	数量		人工费	材料费	机械费	
1	6cm 厚中粒式沥青混凝土	D2-309	中粒式沥青混凝土面层摊铺厚度6cm	100m²	1	5325.68	151.62	4996.81	177.25	
2	中粒式沥青混凝土拌合料运输，运距5km	D2-351	沥青拌合料运输 5km以内	10m³	1	125.17			125.17	
3	4cm 厚细粒式沥青混凝土	D2-315	细粒式沥青混凝土摊铺厚度3cm	100m²	1	2872.57	123.69	2607.43	141.45	定额套用时需套用3cm厚沥青混凝土定额子目1次，再加上0.5cm厚细粒式沥青混凝土定额子目2次
		D2-316×2	细粒式沥青混凝土摊铺厚度（每增减0.5cm）子目×2	100m²	1	987.9	41.04	875.26	71.6	
4	细粒式沥青混凝土拌合料运输，运距5km	D2-351	沥青拌合料运输 5km以内	10m³	1	125.17			125.17	

四、人行道板、人行道侧缘石及其他定额工程量计算规则

1）人行道面积计算须扣除侧石顶宽所占面积，不扣除缘石顶宽所占面积，不扣除各种检查井所占的面积。

2）混凝土植草砖人行道不扣除空格部分面积。

3）路边石混凝土基础模板，只计算路槽内侧部分，按混凝土与模板接触面积计算。

4）人行道基础垫层，分粗砂、天然砂、碎石、3:7灰土、水泥碎石（砂）、混凝土，以"$10m^3$"为计量单位。

5）人行道板安砌，按不同材质，区分不同规格，以"$100m^2$"为计量单位。

6）侧平石安砌，按标准型、长型、非标准型，以"$100m$"为计量单位。

7）非定型侧平石基础垫层，分矿渣、天然砂、3:7灰土、水泥碎石（砂）、碎石、混凝土，以"$10m^3$"为计量单位。

8）缘石在城市道路中一般设置在人行道外侧，竖直安砌，与人行道路面齐平，用于保护人行道边缘。缘石也是一个统称，一般常用镶边石（卡边石），有时也用平石、侧石甚至用机砖做缘石。缘石安砌，按不同材质，区分不同规格，以"$100m$"为计量单位。

实例9

某道路，路侧石为标准型侧石，侧石的规格为995mm×120mm×300mm，长度为1000m，暂不考虑侧石混凝土靠背模板安拆，计算该道路侧石的不含进项税额直接工程费。

1）确定工程量。根据题意可知，标准型侧石长度为1000m。

2）套用调整版定额，计算得出不含进项税额的直接工程费为33796.2元，计算过程见表7-9。

表7-9 直接工程费计算表（不含进项税额）

序号	定额编号	子目名称	工程量		单价/元	其中/元			合价/元	其中/元		
			单位	数量		人工费	材料费	机械费		人工费	材料费	机械费
1	D2-390	995mm×120mm×300mm 侧石安砌	100m	10	3379.62	851.58	2495.2	32.84	33796.2	8515.8	24952	328.4
		总计	元						33796.2	8515.8	24952	328.4

第二节 定额计价案例

实例10

某道路工程，预制混凝土路侧石采用长型标准型侧石，即侧石规格为995mm×120mm×300mm。道路平面图、横断面图及结构图如图7-2～图7-4所示，车行道处自然地面比设计路面平均高50cm，人行道处自然地面比设计路面平均高20cm，分别用一般计税法和简易计税法计算该工程的工程造价（保留2位小数）。

本例中需要注意：

1）暂不考虑人行道上树坑及电杆附属。

2）暂不考虑侧石下混凝土模板支拆。

3）压路机按 2 台考虑，沥青摊铺机按 1 台考虑。

4）沥青拌合料运输按 5km 考虑，土方外运按 5km 考虑。

5）人行道 3：7 灰土垫层计算时要考虑侧石后背所占面积。垫层以上的结构层计算时不予考虑侧石后背所占面积。

6）人行道混凝土垫层不考虑模板支拆。

7）土质考虑为三类土。

8）暂时不考虑人工调差和材料实际市场价调差对工程造价的影响。

9）计算组织措施费时一般计税法模式下考虑：安全施工费 0.64%；文明施工费 0.53%；生活性临时设施费 0.64%；生产性临时设施费 0.41%。

简易计税法模式下考虑：安全施工费 0.65%；文明施工费 0.53%；生活性临时设施费 0.63%；生产性临时设施费 0.4%。

10）一般计税法模式下取费费率：企业管理费费率为 6.13%；利润费率为 5%；养老保险费费率为 3.98%；失业保险费费率为 0.27%；医疗保险费费率为 1.07%；工伤保险费费率为 0.23%；生育保险费费率为 0.09%；住房公积金费率为 1.51%。

简易计税法模式下取费费率：企业管理费费率为 5.34%；利润费率为 4.6%；养老保险费费率为 3.58%；失业保险费费率为 0.24%；医疗保险费费率为 0.96%；工伤保险费费率为 0.21%；生育保险费费率为 0.08%；住房公积金费率为 1.36%。

11）用一般计税法计算时税金费率取 11%；用简易计税法计算时税金费率取 3.36%。

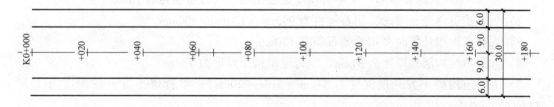

图 7-2　道路平面图

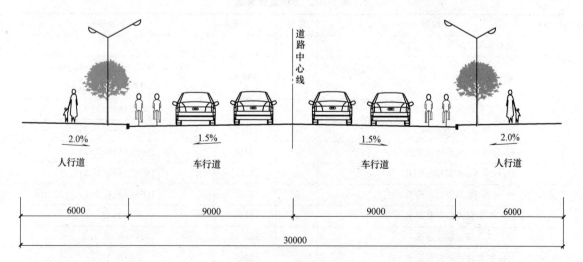

图 7-3　道路横断面图

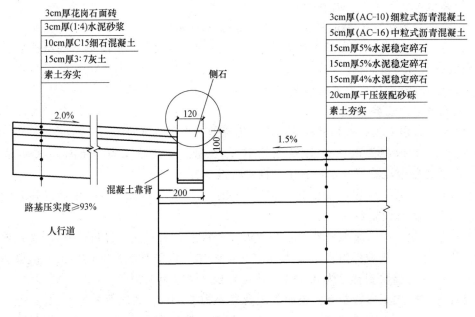

图 7-4　道路结构图

（1）根据题意可知：

1）路长 180m；路宽 30m，其中机动车道宽 18m，人行道两边各宽 6m。

2）侧石按道路通长考虑，侧石规格为 995mm×120mm×300mm。

3）人行道面积计算时要扣除侧石顶宽 120mm。

4）人行道结构层总厚度为 31cm，车行道结构层厚度为 73cm。

5）人行道沟槽土方开挖深度为 51cm（31cm+20cm）；车行道土方开挖深度为 123cm（73cm+50cm）。

（2）确定工程量见表 7-10。

表 7-10　工程量计算表

序号	工程项目名称	单位	工程量	计算过程
	分部分项工程量			
1	挖沟槽土方、装运余土	m³	5138.64	180×（18+0.2×2）×1.23+180×（30-18-0.2×2）×0.51
2	机动车道路床平整、碾压检验	m²	3312	180×（18+0.2×2）
3	20cm 厚干压级配砂砾	m²	3312	180×（18+0.2×2）
4	15cm 厚 4%水泥稳定碎石	m²	3312	180×（18+0.2×2）
5	15cm 厚 5%水泥稳定碎石	m²	3312	180×（18+0.2×2）
6	15cm 厚 5%水泥稳定碎石	m²	3312	180×（18+0.2×2）
7	5cm 厚中粒式沥青混凝土	m³	3240	180×18
8	中粒式沥青混凝土运输	m³	163.62	3240×5.05/100
9	3cm 厚细粒式沥青混凝土	m³	3240	180×18
10	细粒式沥青混凝土运输	m³	98.17	3240×3.03/100

（续）

序号	工程项目名称	单位	工程量	计算过程
11	人行道平整、碾压检验	m²	2088	180×(6-0.2)×2
12	15cm厚3:7灰土垫层	m³	313.2	180×(6-0.2)×2×0.15
13	10cm厚C15细石混凝土	m³	211.68	180×(6-0.12)×0.1×2
14	3cm厚花岗石面砖铺设	m²	2116.8	180×(6-0.12)×2
15	侧石安砌	m	360	180×2
	措施工程量			
1	压路机进出场	台次	2	
2	沥青摊铺机	台次	1	

（3）用一般计税法模式计算工程造价（含增值税销项税额的工程造价）。

1）套用调整版定额，计算得出不含进项税额的直接工程费为 1035054.04 元，见表 7-11。

表 7-11　直接工程费计算表（不含进项税额）

序号	定额编号	子目名称	工程量 单位	工程量 数量	单价/元	其中/元 人工费	其中/元 材料费	其中/元 机械费	合价/元	其中/元 人工费	其中/元 材料费	其中/元 机械费
1	D1-84	反铲挖掘机 装车 三类土	1000m³	5.14	3766.99	342		3425	19357.21	1757.41		17599.79
2	D1-106	自卸汽车运土 运距5km以内	1000m³	5.14	18340.09		59.52	18281	94243.12		305.85	93937.27
3	D2-6	路床碾压检验	100m²	33.12	111.94	20.52		91.42	3707.45	679.62		3027.83
4	D2-201	天然砂基层厚度20cm	100m²	33.12	1302.07	130.53	1005.7	165.84	43124.56	4323.15	33308.78	5492.62
5	D2-186	路拌水泥碎石 4% 厚度15cm	100m²	33.12	2311.39	165.87	1967.81	177.71	76553.24	5493.61	65173.87	5885.76
6	D2-186	路拌水泥碎石 5% 厚度15cm	100m²	33.12	2311.39	165.87	1967.81	177.71	76553.24	5493.61	65173.87	5885.76
7	D2-186	路拌水泥碎石 5% 厚度15cm	100m²	33.12	2311.39	165.87	1967.81	177.71	76553.24	5493.61	65173.87	5885.76
8	D2-308	中粒式沥青混凝土 机械摊铺厚度5cm	100m²	32.4	4464.09	137.94	4163.59	162.56	144636.52	4469.26	134900.32	5266.94
9	D2-351	沥青拌合料运输5km以内	10m³	16.36	125.17			125.17	2048.03			2048.03
10	D2-315	细粒式沥青混凝土 机械摊铺厚度3cm	100m²	32.4	2872.57	123.69	2607.43	141.45	93071.27	4007.56	84480.73	4582.98

（续）

序号	定额编号	子目名称	工程量 单位	工程量 数量	单价/元	其中/元 人工费	其中/元 材料费	其中/元 机械费	合价/元	其中/元 人工费	其中/元 材料费	其中/元 机械费
11	D2-351	沥青拌合料运输 5km 以内	10m³	9.82	125.17			125.17	1228.79			1228.79
12	D2-7	人行道碾压检验	100m²	20.88	176.1	132.24		43.86	3676.97	2761.17		915.8
13	D2-365	人行道基础垫层 3：7 灰土	10m³	31.32	919.31	420.09	488.97	10.25	28792.79	13157.22	15314.54	321.03
14	D2-367	人行道基础垫层 混凝土	10m³	21.17	2547.34	633.84	1861.08	52.42	53922.09	13417.13	39395.34	1109.63
15	D2-382	人行道花岗石道板 浆砌	100m²	21.17	14428.33	1406.76	13016.8	4.77	305418.89	29778.3	275539.62	100.97
16	D2-390	侧石安砌	100m	3.6	3379.62	851.58	2495.2	32.84	12166.63	3065.69	8982.72	118.22
		总计	元						1035054.04	93897.34	787749.51	153407.18

2）套用调整版定额，计算不含进项税额的技术措施费，见表 7-12。

表 7-12 技术措施费计算表（不含进项税额）

序号	编号	名 称	工程量 单位	工程量 数量	价值/元 单价	价值/元 合价	其中/元 人工费	其中/元 材料费	其中/元 机械费
1		大型机械设备进出场及安拆	项	1	10212.49	10212.49	912	631.67	8668.82
	3010	场外运输费用 光轮压路机 18t	台次	2	3507.63	7015.26	570	384.8	6060.46
	3003	沥青摊铺机	台次	1	3197.23	3197.23	342	246.87	2608.36

3）根据已知费率，计算得出不含进项税额的组织措施费为 22978.21 元，见表 7-13。

表 7-13 组织措施费计算表（不含进项税额）

序号	项目名称	计算基数①	费率（%）②	工程量③	单价小计/元 ④=⑥+⑦+⑧	合价小计/元 ⑤=③×④	单价中(保留2位小数)/元 人工费单价⑥=①×②×20%	单价中(保留2位小数)/元 材料费单价⑦=①×②×70%	单价中(保留2位小数)/元 机械费单价⑧=①×②×10%
1	安全施工费	定额基价(人工费+材料费+机械费,本例中为1035054.04 元)	0.64	1	6624.35	6624.35	1324.87	4637.04	662.44
2	文明施工费	定额基价(人工费+材料费+机械费,本例中为1035054.04 元)	0.53	1	5485.79	5485.79	1097.16	3840.05	548.58
3	生活性临时设施费	定额基价(人工费+材料费+机械费,本例中为1035054.04 元)	0.64	1	6624.35	6624.35	1324.87	4637.04	662.44

（续）

序号	项目名称	计算基数①	费率(%)②	工程量③	单价小计/元 ④＝⑥＋⑦＋⑧	合价小计/元 ⑤＝③×④	单价中(保留2位小数)/元 人工费单价⑥＝①×②×20%	材料费单价⑦＝①×②×70%	机械费单价⑧＝①×②×10%
4	生产性临时设施费	定额基价(人工费＋材料费＋机械费,本例中为1035054.04元)	0.41	1	4243.72	4243.72	848.74	2970.61	424.37
	合　计					22978.21			

4）根据已计算出的数据汇总，并计算管理费、利润、规费、税金等，合计得出该工程含销项税额的工程造价为 1410380.45 元，见表 7-14。

表 7-14　工程造价汇总表（含销项税额）

序号	费用名称	取费说明(或取费基数)	费率(%)	费用金额/元
1	直接工程费	人工费＋材料费＋机械费		1035054.04
2	施工技术措施费	技术措施项目合计		10212.49
3	施工组织措施费	组织措施项目合计		22978.21
4	直接费小计	直接工程费＋施工技术措施费＋施工组织措施费		1068244.74
5	企业管理费	直接费小计	6.13	65483.4
6	规费	养老保险费＋失业保险费＋医疗保险费＋工伤保险费＋生育保险费＋住房公积金		76379.5
7	养老保险费	直接费小计	3.98	42516.14
8	失业保险费	直接费小计	0.27	2884.26
9	医疗保险费	直接费小计	1.07	11430.22
10	工伤保险费	直接费小计	0.23	2456.96
11	生育保险费	直接费小计	0.09	961.42
12	住房公积金	直接费小计	1.51	16130.5
13	间接费小计	企业管理费＋规费		141862.9
14	利润	直接费小计＋间接费小计	5	60505.38
15	动态调整	人材机价差(本项目没有考虑)		
16	税金(增值税销项税额)	直接费小计＋间接费小计＋利润＋动态调整	11	139767.43
17	工程造价	直接费小计＋间接费小计＋利润＋动态调整＋税金		1410380.45

（4）用简易计税法模式计算工程造价。

1）套用定额，计算得出直接工程费为 1154611.59 元，见表 7-15。

表 7-15 直接工程费计算表

序号	定额编号	子目名称	工程量		单价/元	其中/元			合价/元	其中/元		
			单位	数量		人工费	材料费	机械费		人工费	材料费	机械费
1	D1-84	反铲挖掘机 装车 三类土	1000m³	5.14	4196.27	342		3854.3	21563.12	1757.41		19805.71
2	D1-106	自卸汽车运土运距 5km 以内	1000m³	5.14	20682.03		67.2	20615	106277.51		345.32	105932.19
3	D2-6	路床碾压检验	100m²	33.12	123.15	20.52		102.63	4078.73	679.62		3399.11
4	D2-201	天然砂基层厚度 20cm	100m²	33.12	1382.51	130.53	1066.88	185.1	45788.73	4323.15	35335.07	6130.51
5	D2-186	路拌 水泥碎石 4%厚度 15cm	100m²	33.12	2503.57	165.87	2137.36	200.34	82918.24	5493.61	70789.36	6635.26
6	D2-186	路拌水泥碎石 5%厚度 15cm	100m²	33.12	2503.57	165.87	2137.36	200.34	82918.24	5493.61	70789.36	6635.26
7	D2-186	路拌水泥碎石 5%厚度 15cm	100m²	33.12	2503.57	165.87	2137.36	200.34	82918.24	5493.61	70789.36	6635.26
8	D2-308	中粒式沥青混凝土摊铺厚度 5cm	100m²	32.4	5027.87	137.94	4709.08	180.85	162902.99	4469.26	152574.19	5859.54
9	D2-351	沥青拌合料运输 5km 以内	10m³	16.36	141.82			141.82	2320.46			2320.46
10	D2-315	细粒式沥青混凝土摊铺厚度 3cm	100m²	32.4	3235.82	123.69	2954.79	157.34	104840.57	4007.56	95735.2	5097.82
11	D2-351	沥青拌合料运输 5km 以内	10m³	9.82	141.82			141.82	1392.25			1392.25
12	D2-7	人行道碾压检验	100m²	20.88	181.74	132.24		49.5	3794.73	2761.17		1033.56
13	D2-365	人行道基础垫层 3:7 灰土	10m³	31.32	951.76	420.09	520.02	11.65	29809.12	13157.22	16287.03	364.88
14	D2-367	人行道基础垫层 混凝土	10m³	21.17	2761.02	633.84	2071.68	55.5	58445.27	13417.13	43853.32	1174.82
15	D2-382	人行道花岗石道板浆砌	100m²	21.17	16589.66	1406.76	15177.6	5.3	351169.92	29778.3	321279.44	112.19
16	D2-390	侧石安砌长型	100m	3.6	3742.63	851.58	2856.35	34.7	13473.47	3065.69	10282.86	124.92
		总计	元						1154611.59	93897.34	888060.51	172653.74

2）套用定额，计算得出技术措施费为 11270.33 元，见表 7-16。

表 7-16　技术措施费计算表

序号	编号	名称	工程量		价值/元		其中/元		
			单位	数量	单价	合价	人工费	材料费	机械费
1		大型机械设备进出场及安拆	项	1	11270.33	11270.33	912	732.95	9625.38
	3010	场外运输费用 光轮压路机 18t	台次	2	3856.49	7712.98	570	446.24	6696.74
	3003	沥青摊铺机	台次	1	3557.35	3557.35	342	286.71	2928.64

3）根据已知费率，计算组织措施费，见表 7-17。

表 7-17　组织措施费计算表

序号	项目名称	取费基数①	费率(%)②	工程量③	单价小计/元 ④=⑥+⑦+⑧	合价小计/元 ⑤=③×④	单价中(保留 2 位小数)/元		
							人工费单价⑥=①×②×20%	材料费单价⑦=①×②×70%	机械费单价⑧=①×②×10%
1	安全施工费	定额基价(人工费+材料费+机械费,本例中为 1154611.59 元)	0.65	1	7504.98	7504.98	1501.00	5253.48	750.50
2	文明施工费	定额基价(人工费+材料费+机械费,本例中为 1154611.59 元)	0.53	1	6119.44	6119.44	1223.89	4283.61	611.94
3	生活性临时设施费	定额基价(人工费+材料费+机械费,本例中为 1154611.59 元)	0.63	1	7274.05	7274.05	1454.81	5091.84	727.41
4	生产性临时设施费	定额基价(人工费+材料费+机械费,本例中为 1154611.59 元)	0.4	1	4618.45	4618.45	923.69	3232.91	461.84
	小计				25516.92		5103.38	17861.84	2551.69

4）根据已计算出的数据汇总，并计算管理费、利润、规费、税金等，合计得出该工程造价为 1439682.12 元，见表 7-18。

表 7-18　工程造价汇总表

序号	费用名称	取费说明(或取费基数)	费率(%)	费用金额/元
1	直接工程费	人工费+材料费+机械费		1154611.59
2	施工技术措施费	技术措施项目合计		11270.33
3	施工组织措施费	组织措施项目合计		25516.92
4	直接费小计	直接工程费+施工技术措施费+施工组织措施费		1191398.84
5	企业管理费	直接费小计	5.34	63620.7
6	规费	养老保险费+失业保险费+医疗保险费+工伤保险费+生育保险费+住房公积金		76606.95

（续）

序号	费用名称	取费说明(或取费基数)	费率(%)	费用金额/元
7	养老保险费	直接费小计	3.58	42652.08
8	失业保险费	直接费小计	0.24	2859.36
9	医疗保险费	直接费小计	0.96	11437.43
10	工伤保险费	直接费小计	0.21	2501.94
11	生育保险费	直接费小计	0.08	953.12
12	住房公积金	直接费小计	1.36	16203.02
13	工程排污费			
14	间接费小计	企业管理费+规费		140227.65
15	利润	直接费小计+间接费小计	4.6	61254.82
16	动态调整	人材机价差(本项目没有考虑)		
17	税金	直接费小计＋间接费小计＋利润＋动态调整	3.36	46800.81
18	工程造价	直接费小计＋间接费小计＋利润＋动态调整＋税金		1439682.12

第三节　道路工程清单计价

一、路基处理

（一）《规范》附录项目内容

路基处理工程量清单项目设置、项目特征描述的内容、计量单位及工程计算规则表7-19（《规范》表B.1）。

表7-19　路基处理

项目编码	项目名称	项目特征	计量单位	工程量计算规则	工作内容
040201001	预压地基	1. 排水竖井种类、断面尺寸、排列方式、间距、深度 2. 预压方法 3. 预压荷载、时间 4. 砂垫层厚度	m²	按设计图示尺寸以加固面积计算	1. 设置排水竖井、盲沟、滤水管 2. 铺设砂垫层、密封膜 3. 堆载、卸载或抽气设备安拆、抽真空 4. 材料运输
040201002	强夯地基	1. 夯击能量 2. 夯击遍数 3. 地耐力要求 4. 夯填材料种类			1. 铺设夯填材料 2. 强夯 3. 夯填材料运输
040201003	振冲密实（不填料）	1. 地层情况 2. 振密深度 3. 孔距 4. 振冲器功率			1. 振冲加密 2. 泥浆运输

（续）

项目编码	项目名称	项目特征	计量单位	工程量计算规则	工作内容
040201004	掺石灰	含灰量	m³	按设计图示尺寸以体积计算	1. 掺石灰 2. 夯实
040201005	掺干土	1. 密实度 2. 掺土率			1. 掺干土 2. 夯实
040201006	掺石	1. 材料品种、规格 2. 掺石率			1. 掺石 2. 夯实
040201007	抛石挤淤	材料品种、规格			1. 抛石挤淤 2. 填塞垫平、压实
040201008	袋装砂井	1. 直径 2. 填充料品种 3. 深度	m	按设计图示尺寸以长度计算	1. 制作砂袋 2. 定位沉管 3. 下砂袋 4. 拔管
040201009	塑料排水板	材料品种、规格			1. 安装排水管 2. 沉管插管 3. 拔管
040201010	振冲桩（填料）	1. 地层情况 2. 空桩长度、桩长 3. 桩径 4. 填充材料种类	1. m 2. m³	1. 以米计量，按设计图示尺寸以桩长计算 2. 以立方米计量，按设计桩截面乘以桩长以体积计算	1. 振冲成孔、填料、振实 2. 材料运输 3. 泥浆运输
040201011	砂石桩	1. 地层情况 2. 空桩长度、桩长 3. 桩径 4. 成孔方法 5. 材料种类、级配		1. 以米计量，按设计图示尺寸以桩长（包括桩尖）计算 2. 以立方米计量，按设计桩截面乘以桩长（包括桩尖）以体积计算	1. 成孔 2. 填充、振实 3. 材料运输
040201012	水泥粉煤灰碎石桩	1. 地层情况 2. 空桩长度、桩长 3. 桩径 4. 成孔方法 5. 混合料强度等级	m	按设计图示尺寸以桩长（包括桩尖）计算	1. 成孔 2. 混合料制作、灌注、养护 3. 材料运输
040201013	深层水泥搅拌桩	1. 地层情况 2. 空桩长度、桩长 3. 桩截面尺寸 4. 水泥强度等级、掺量		按设计图示尺寸以桩长计算	1. 预搅下钻，水泥浆制作、喷浆搅拌提升成桩 2. 材料运输
040201014	粉喷桩	1. 地层情况 2. 空桩长度、桩长 3. 桩径 4. 粉体种类、掺量 5. 水泥强度等级、石灰粉要求			1. 预搅下钻、喷粉搅拌提升成桩 2. 材料运输

（续）

项目编码	项目名称	项目特征	计量单位	工程量计算规则	工作内容
040201015	高压水泥旋喷桩	1. 地层情况 2. 空桩长度、桩长 3. 桩截面 4. 旋喷类型、方法 5. 水泥强度等级、掺量	m	按设计图示尺寸以桩长计算	1. 成孔 2. 水泥浆制作、高压旋喷注浆 3. 材料运输
040201016	石灰桩	1. 地层情况 2. 空桩长度、桩长 3. 桩径 4. 成孔方法 5. 掺合料种类、配合比		按设计图示尺寸以桩长（包括桩尖）计算	1. 成孔 2. 混合料制作、运输、夯填
040201017	灰土（土）挤密桩	1. 地层情况 2. 空桩长度、桩长 3. 桩径 4. 成孔方法 5. 灰土级配			1. 成孔 2. 灰土拌和、运输、填充、夯实
040201018	柱锤冲扩桩	1. 地层情况 2. 空桩长度、桩长 3. 桩径 4. 成孔方法 5. 桩体材料种类、配合比		按设计图示尺寸以桩长计算	1. 安拔套管 2. 冲孔、填料、夯实 3. 桩体材料制作、运输
040201019	地基注浆	1. 地层情况 2. 成孔深度、间距 3. 浆液种类及配合比 4. 注浆方法 5. 水泥强度等级、用量	1. m 2. m^3	1. 以米计量，按设计图示尺寸以深度计算 2. 以立方米计量，按设计图示尺寸以加固体积计算	1. 成孔 2. 注浆导管制作、安装 3. 浆液制作、压浆 4. 材料运输
0402010020	褥垫层	1. 厚度 2. 材料品种、规格及比例	1. m^2 2. m^3	1. 以平方米计量，按设计图示尺寸以铺设面积计算 2. 以立方米计量，按设计图示尺寸以铺设体积计算	1. 材料拌和、运输 2. 铺设 3. 压实
040201021	土工合成材料	1. 材料品种、规格 2. 搭接方式	m^2	按设计图示尺寸以面积计算	1. 基层整平 2. 铺设 3. 固定

（续）

项目编码	项目名称	项目特征	计量单位	工程量计算规则	工作内容
040201022	排水沟、截水沟	1. 断面尺寸 2. 基础、垫层：材料品种、厚度 3. 砌体材料 4. 砂浆强度等级 5. 伸缩缝填塞 6. 盖板材质、规格	m	按设计图示以长度计算	1. 模板制作、安装、拆除 2. 基础、垫层铺筑 3. 混凝土拌和、运输、浇筑 4. 侧墙浇捣或砌筑 5. 勾缝、抹面 6. 盖板安装
040201023	盲沟	1. 材料品种、规格 2. 断面尺寸			铺筑

注：1. 地层情况按《市政工程工程量计算规范》中土壤分类表及岩石分类表中的规定，并根据岩土工程勘察报告按单位工程各地层所占比例（包括范围值）进行描述。对无法准确描述的地层情况，可注明由投标人根据岩土工程勘察报告自行决定报价。

2. 项目特征中的桩长应包括桩尖，空桩长度=孔深－桩长，孔深为自然地面至设计桩底的深度。

3. 如采用碎石、粉煤灰、砂等作为路基处理的填方材料时，应按土石方工程中"回填方"项目编码列项。

4. 排水沟、截水沟清单项目中，当侧墙为混凝土时，还应描述侧墙的混凝土强度等级。

（二）相关说明

1）清单项目中，按面积或体积计算的项目，清单中规定都是按设计图示尺寸计算，定额中则规定有一定的加宽。

2）一些桩基项目，清单项目都是按长度以"m"计算，定额中有的项目则是按体积计算，如喷粉桩和石灰砂桩。

3）排水沟、截水沟、盲沟清单工程量按长度计算，定额则是按分部分项工程，分别按体积或面积计算，如排水沟中混凝土基础按体积计算，抹面则要按面积计算等。

4）路床碾压检验不在路基处理清单项中，在道路基层清单项中列出。而定额中路床碾压检验同挖路槽土方、路基盲沟、石灰砂桩、粉喷桩在同一章中。

5）附录中有两个或两个以上计量单位的，应结合工程项目实际情况，确定其中一个为计量单位。同一工程项目的计量单位应一致。

6）附录中排水沟、截水沟工程项目"工作内容"中包括模板工程的内容，同时又在"措施项目"中单列了模板工程项目。对此招标人根据实际情况选用，若招标人在措施项目清单中未编列相关的模板项目清单，即表示模板项目不单列，排水沟、截水沟工程项目的综合单价中应包括模板工程费用。

（三）工程量清单编制

1）项目名称的确定，应考虑项目特征中的因素，如掺石灰、掺土、掺石需要说明的材料品种、规格、掺入材料的比率，预压地基、强夯地基则标明预压方法、时间、夯击能量、遍数、夯填的材料等。

2）清单项目施工过程的确定，以清单项目表中工作内容为主，并结合现场实际情况。如排水沟、截水沟，包括垫层铺筑、混凝土浇筑基础及墙身、砌筑、勾缝、抹面、盖板等全过程。

3）项目编码的确定。

前9位根据《规范》附录项目而定。

（四） 工程量清单计价编制

1）确定组价内容的主要依据：所用的计价依据、设计图、施工现场具体情况等。

2）考虑组价的内容：预压地基中铺设垫层、密封膜、排水竖井、盲沟、滤水管；砂石桩中成孔、填充；土工合成材料中材质、铺设方式；排水沟、截水沟中垫层、基础、沟墙、盖板等。

实例11

某松软路基，采用土工布处理，处理面积为200m²，企业管理费费率为6.13%，利润费率为5.65%，请编制工程量清单及清单计价。

（1）选择附录项目，确定前9位项目编码，见表7-20。

表7-20　前9位项目编码表

序号	确定的附录项目	确定的前9位项目编码
1	土工合成材料	040201021

（2）确定清单项目，见表7-21。

表7-21　清单项目表

序号	确定的清单项目	确定的前12位项目编码
1	土工布	040201021001

（3）计算清单工程量，由实例可知，土工布处理面积为200m²。

（4）填写工程量清单，见表7-22。

表7-22　工程量清单

序号	项目编码	项目名称	项目特征	单位	工程量
1	040201021001	土工布	1. 材料品种、规格：土工布 400g 2. 搭接铺设	m²	200

（5）编制工程量清单计价。

1）计算定额工程量，采用2011山西省建设工程计价依据，见表7-23。

表7-23　定额工程量计算表

序号	分部分项工程名称	计量单位	工程数量	计算过程	备注
1	土工布处理路基	m²	200	200	

2）根据得出的工程量，套用调整版定额，计算得出定额项目不含进项税额的直接工程费为2030.80元，见表7-24。

表7-24　定额项目直接工程费计算表（不含进项税额）

序号	定额编号	定额项目名称	定额计量单位	定额工程量	定额单价（不含进项税）/元	直接工程费（保留2位小数）/元	其中/元 人工费	其中/元 材料费	其中/元 机械费
1	D2-27	土工布处理路基地基土质：一般软土	1000m²	0.2	10154.02	2030.80	605.34	1425.46	
	合　计					2030.80	605.34	1425.46	

3) 确定综合单价及合价（不含进项税额），见表7-25。

4) 计算得出分部分项工程量清单总价为2270元（不含进项税额），见表7-26。

表7-25　综合单价及合价计算表（不含进项税额）

序号	项目编码	项目名称	项目特征	单位	清单工程量①	套用定额号	定额项目名称	定额单位	定额工程量②	定额单价（不含进项税）/元	其中/元			换算系数⑥=②/①	综合单价组成/元					综合单价小计/元	综合单价（保留2位小数）/元	综合合价（保留2位小数）/元
											人工费③	材料费④	机械费⑤		人工费⑦=③×⑥	材料费⑧=④×⑥	机械费⑨=⑤×⑥	管理费⑩=(⑦+⑧+⑨)×费率 6.13%	利润⑪=(⑦+(⑧+⑨))×费率 5.65%			
1	040201021001	土工合成材料	1. 材料品种、规格：土工布400g 2. 搭接铺设	m²	200	D2-27	土工布处理路基地基一般软土	1000m²	0.2	10154.02	3026.7	7127.32		0.001	3.0267	7.1273		0.6224	0.5737	11.3501	11.35	2270

表7-26　分部分项工程量清单计价表（不含进项税额）

序号	项目编码	项目名称	项目特征	单位	清单工程量	综合单价/元	综合合价（保留2位小数）/元
1	04020102 1001	土工合成材料	1. 材料品种、规格：土工布400g 2. 搭接铺设	m²	200	11.35	2270
			合　计				2270

二、道路基层

（一）《规范》附录项目内容

道路基层工程量清单项目设置、项目特征描述的内容、计量单位及工程量计算规则见表7-27（《规范》表 B.2）。

表 7-27　道路基层

项目编码	项目名称	项目特征	计量单位	工程量计算规则	工作内容
040202001	路床（槽）整形	1. 部位 2. 范围	m²	按设计道路底基层图示尺寸以面积计算,不扣除各类井所占面积	1. 放样 2. 整修路拱 3. 碾压成型
040202002	石灰稳定土	1. 含灰量 2. 厚度		按设计图示尺寸以面积计算,不扣除各类井所占面积	1. 拌和 2. 运输 3. 铺筑 4. 找平 5. 碾压 6. 养护
040202003	水泥稳定土	1. 水泥含量 2. 厚度			
040202004	石灰、粉煤灰、土	1. 配合比 2. 厚度			
040202005	石灰、碎石、土	1. 配合比 2. 碎石规格 3. 厚度			
040202006	石灰、粉煤灰、碎（砾）石	1. 配合比 2. 碎（砾）石规格 3. 厚度			
040202007	粉煤灰	厚度			
040202008	矿渣				
040202009	砂砾石	1. 石料规格 2. 厚度			
040202010	卵石				
040202011	碎石				
040202012	块石				
040202013	山皮石				
040202014	粉煤灰三渣	1. 配合比 2. 厚度			
040202015	水泥稳定碎（砾）石	1. 水泥含量 2. 石料规格 3. 厚度			
040202016	沥青稳定碎石	1. 沥青品种 2. 石料规格 3. 厚度			

注：1. 道路工程厚度应以压实后为准。

2. 道路基层设计截面如为梯形时，应按其截面平均宽度计算面积，并在项目特征中对截面参数加以描述。

（二）相关说明

1）道路基层工程量清单计价与定额计价的工程量计算规则基本一致，即按设计图示尺寸以面积计算，不扣除各种井所占面积。

2）道路基层的工程内容所有都一样，都是基层拌和、运输、铺筑、找平、碾压、养护。

3）道路基层中的清单项中包括路床（槽）整形。

（三）工程量清单编制

1）清单项目施工过程的确定，以清单项目表中工作内容为主，并结合现场实际情况。明确项目特征描述中所需要的各种参数，如基层厚度、配合比或含量、材料品种、规格等。

2）项目编码的确定。前9位根据《规范》附录项目而定。

（四）工程量清单计价编制

实例 12

某道路工程，长500m，宽20m，基层为20cm厚厂拌水泥砂砾，水泥含量5%，加工厂至工地距离为5km，企业管理费费率为6.13%，利润费率为5.65%，请编制工程量清单及清单计价。

（1）选择附录项目，确定前9位项目编码，见表7-28。

表 7-28　前9位项目编码表

序号	确定的附录项目	确定的前9位项目编码
1	水泥稳定碎（砾）石	040202015

（2）确定清单项目，见表7-29。

表 7-29　清单项目表

序号	确定的清单项目	确定的前12位项目编码
1	水泥稳定砂砾	040202015001

（3）计算清单工程量，见表7-30。

表 7-30　清单工程量计算表

序号	项目名称	计量单位	工程数量	工程量计算式
1	水泥稳定砂砾	m²	10000	500×20

（4）填写工程量清单，见表7-31。

表 7-31　工程量清单

序号	项目编码	项目名称	项目特征	单位	工程量
1	040202015001	水泥稳定砂砾	1. 水泥含量5% 2. 天然砂砾 3. 基层厚度：20cm 4. 拌合料的拌和及铺筑方式：厂拌机铺 4. 水稳拌合料运距：5km	m²	10000

（5）编制工程量清单计价。

1）计算定额工程量，采用 2011 山西省建设工程计价依据，见表 7-32。

表 7-32 定额工程量计算表

序号	分部分项工程名称	计量单位	工程数量	计算过程	备注
1	厂拌水泥砂砾基层 机械铺筑 厚度 20cm	m²	10000	500×20	
2	水泥碎石(砂)厂拌加工 水泥砂砾 水泥比率 5%	m³	2040	10000×0.2×1.02	1.02 为损耗系数，工程数量也可在定额子目消耗量中查得
3	厂拌基层混合料场外运输 5km 以内	m³	2040	10000×0.2×1.02	根据定额计算规则，工程数量同厂拌加工量

2）根据得出的工程量，套用调整版定额，计算得出定额项目不含进项税额的直接工程费为 248490.36 元，见表 7-33。

表 7-33 定额项目直接工程费计算表（不含进项税额）

序号	定额编号	定额项目名称	定额计量单位	定额工程量	定额单价(不含进项税)/元	直接工程费(保留 2 位小数)/元	其中/元		
							人工费	材料费	机械费
1	D2-191	厂拌水泥砂砾基层 机械铺筑 厚度 15cm	100m²	100	163.01	16301	4047	719	11535
	D2-192 ×5	厂拌水泥砂砾基层 机械铺筑 厚度每增减 1cm 子目×5	100m²	100	26.1	2620	855	10	1755
2	D2-246	厂拌加工水泥砂砾水泥比率 5%	10m³	204	990.16	201992.64	16511.76	173328.6	12152.28
3	D2-250	厂拌基层混合料场外运输 5km 以内	10m³	204	135.18	27576.72			27576.72
4		合计				248490.36	21413.76	174057.6	53019

3）确定综合单价及合价（不含进项税额），见表 7-34。

4）计算得出分部分项工程量清单总价为 277800 元（不含进项税额），见表 7-35。

表7-34　综合单价及合价计算表（不含进项税额）

序号	项目编码	项目名称	项目特征	单位	清单工程量①	套用定额号	定额项目名称	定额单位	定额工程量②	定额单价（不含进项税）/元	人工费③	材料费④	机械费⑤	换算系数⑥=②/①	人工费⑦=③×⑥	材料费⑧=④×⑥	机械费⑨=⑤×⑥	管理费⑩=(⑦+⑧+⑨)×费率6.13%	利润⑪=(⑦+⑧+⑨)×费率5.65%	综合单价小计/元	综合单价（保留2位小数）/元	综合合价（保留2位小数）/元
1	040202015001	水泥稳定砂砾	1. 水泥含量5% 2. 天然砂砾 3. 基层 厚度:20cm 4. 拌合料的拌和及铺筑方式：厂拌机铺 5. 水稳拌合料运距:5km	m²	10000	D2-191	厂拌水泥砂砾基层机械铺筑厚度15cm	100m²	100	163.01	40.47	7.19	115.35	0.01	0.4047	0.0719	1.1535	0.0999	0.0921	1.8221	27.78	277800
						D2-192×5	厂拌水泥砂砾基层机械铺筑每增减1cm 子目×5	100m²	100	26.2	8.55	0.1	17.55	0.01	0.0855	0.001	0.1755	0.0161	0.0148	0.2929		
						D2-246	厂拌水泥加工砂砾水泥比率5%	10m³	204	990.16	80.94	849.65	59.57	0.0204	1.65118	17.33286	1.21523	1.23822	1.14126	22.57874		
						D2-250	厂拌混合料场外运输5km以内	10m³	204	135.18			135.18	0.0204		2.75767		0.16905	0.15581	3.08253		

表 7-35　分部分项工程量清单计价表 （不含进项税额）

序号	项目编码	项目名称	项目特征	单位	清单工程量	综合单价/元	综合合价（保留2位小数）/元
1	040202015001	水泥稳定砂砾	1. 水泥含量 5% 2. 天然砂砾 3. 基层厚度:20cm 4. 拌合料的拌和及铺筑方式:厂拌机铺 5. 水稳拌合料运距:5km	m²	10000	27.78	277800
			合　　计				277800

三、道路面层

（一）《规范》附录项目内容

道路面层工程量清单项目设置、项目特征描述的内容、计量单位及工程量计算规则见表 7-36（《规范》表 B.3）。

表 7-36　道路面层

项目编码	项目名称	项目特征	计量单位	工程量计算规则	工作内容
040203001	沥青表面处治	1. 沥青品种 2. 层数	m²	按设计图示尺寸以面积计算,不扣除各种井所占面积,带平石的面层应扣除平石所占面积	1. 喷油、布料 2. 碾压
040203002	沥青贯入式	1. 沥青品种 2. 石料规格 3. 厚度			1. 摊铺碎石 2. 喷油、布料 3. 碾压
040203003	透层、粘层	1. 材料品种 2. 喷油量			1. 清理下承面 2. 喷油、布料
040203004	封层	1. 材料品种 2. 喷油量 3. 厚度			1. 清理下承面 2. 喷油、布料 3. 压实
040203005	黑色碎石	1. 材料品种 2. 石料规格 3. 厚度			1. 清理下承面 2. 拌和、运输 3. 摊铺、整形 4. 压实
040203006	沥青混凝土	1. 沥青品种 2. 沥青混凝土种类 3. 石料粒径 4. 掺和料 5. 厚度			
040203007	水泥混凝土	1. 混凝土强度等级 2. 掺和料 3. 厚度 4. 嵌缝材料			1. 模板制作、安装、拆除 2. 混凝土拌和、运输、浇筑 3. 拉毛 4. 压痕或刻防滑槽 5. 伸缝 6. 缩缝 7. 锯缝、嵌缝 8. 路面养护
040203008	块料面层	1. 块料品种、规格 2. 垫层:材料品种、厚度、强度等级			1. 铺筑垫层 2. 铺砌块料 3. 嵌缝、勾缝
040203009	弹性面层	1. 材料品种 2. 厚度			1. 配料 2. 铺贴

注：水泥混凝土路面中传力杆和拉杆制作、安装按钢筋工程中相关项目编码列项。

（二）相关说明

1）道路面层工程量清单计价与定额计价的工程量计算规则基本一致，即按设计图示尺寸以面积计算，不扣除各种井所占面积，带平石的面层应扣除平石所占面积。

2）沥青表面处治和沥青贯入式路面，施工过程包括喷油、布料、碾压。

3）透层、粘层和封层施工过程都包括清理下承面、喷油、布料。

4）黑色碎石和沥青混凝土施工过程都包括清理下承面、拌和、运输、摊铺、整形、压实。

5）水泥混凝土面层施工过程应包括模板制作、安装、拆除，混凝土拌和、运输、浇筑，拉毛，压痕或刻防滑槽，伸缝，缩缝，锯缝，嵌缝，养生。

6）块料面层施工过程应包括铺筑垫层、铺砌块料、嵌缝、勾缝。

7）附录中水泥混凝土工程项目"工作内容"中包括模板工程的内容，同时又在"措施项目"中单列了模板工程项目。对此招标人根据实际情况选用，若招标人在措施项目清单中未编列相关的模板项目清单，即表示模板项目不单列，水泥混凝土工程项目的综合单价中应包括模板工程费用。

（三）工程量清单编制

1）道路面层清单项目名称与定额名称基本相同，可以直接沿用。

2）项目编码的确定。前9位根据《规范》附录项目而定。

实例 13

某道路工程，长1000m，宽30m，面层为6cm厚中粒式沥青混凝土及3cm厚细粒式沥青混凝土，拌合料运距为5km，企业管理费费率为6.13%，利润费率为5.65%，请编制该道路的工程量清单及清单计价。

（1）选择附录项目，确定前9位项目编码，见表7-37。

表 7-37　前 9 位项目编码表

序号	确定的附录项目	确定的前 9 位项目编码
1	沥青混凝土	040203006
2	沥青混凝土	040203006

（2）确定清单项目，见表7-38。

表 7-38　清单项目表

序号	确定的清单项目	确定的前 12 位项目编码
1	中粒式沥青混凝土	040203006001
2	细粒式沥青混凝土	040203006002

（3）计算清单工程量，见表7-39。

表 7-39　清单工程量计算表

序号	项目名称	计量单位	工程数量	工程量计算式
1	中粒式沥青混凝土	m^2	30000	1000×30
2	细粒式沥青混凝土	m^2	30000	1000×30

（4）填写工程量清单，见表7-40。

表 7-40　工程量清单

序号	项目编码	项目名称	项目特征	单位	工程量
1	040203006001	中粒式沥青混凝土	1. 沥青品种：道路石油沥青 90# 2. 沥青混凝土种类：中粒式 3. 厚度：6cm 4. 拌合料运距：5km	m²	30000
2	040203006002	细粒式沥青混凝土	1. 沥青品种：道路石油沥青 90# 2. 沥青混凝土种类：细粒式 3. 厚度：3cm 4. 拌合料运距：5km	m²	30000

（5）编制工程量清单计价。

1）计算定额工程量，采用 2011 山西省建设工程计价依据，见表 7-41。

表 7-41　定额工程量计算表

序号	分部分项工程名称	计量单位	工程数量	计算过程	备注
1	中粒式沥青混凝土摊铺 厚度 6cm	m²	30000	1000×30	
2	中粒式沥青拌合料运输 5km	m³	1818	1000×30×0.06×1.01	1.01 为损耗系数，工程数量也可在定额子目消耗量中查得
3	细粒式沥青混凝土摊铺 厚度 3cm	m²	30000	1000×30	
4	细粒式沥青拌合料运输 5km	m³	909	1000×30×0.03×1.01	1.01 为损耗系数，工程数量也可在定额子目消耗量中查得

2）根据得出的工程量，套用调整版定额，计算得出定额项目不含进项税额的直接工程费为 2493608.86 元，见表 7-42。

表 7-42　定额项目直接工程费计算表（不含进项税额）

序号	定额编号	定额项目名称	定额计量单位	定额工程量	定额单价（不含进项税）/元	直接工程费（保留 2 位小数）/元	人工费	材料费	机械费
1	D2-309	中粒式沥青混凝土机械摊铺厚度 6cm	100m²	300	5325.68	1597704	45486	1499043	53175
	D2-351	沥青拌合料运输 5km 以内	10m³	181.8	125.17	22755.91			22755.91
2	D2-315	细粒式沥青混凝土机械摊铺厚度 3cm	100m²	300	2872.57	861771	37107	782229	42435
	D2-351	沥青拌合料运输 5km 以内	10m³	90.9	125.17	11377.95			11377.95
		小计				2493608.86	82593	2281272	129743.86

3) 确定综合单价及合价（不含进项税额），见表 7-43。

4) 计算得出分部分项工程量清单总价为 2787300 元（不含进项税额），见表 7-44。

表 7-43　综合单价及合价计算表（不含进项税额）

序号	项目编码	项目名称	项目特征	单位	清单工程量①	套用定额号	定额项目名称	定额单位	定额工程量②	定额单价（不含进项税）/元	人工费③	材料费④	机械费⑤	换算系数⑥=②/①	人工费⑦=③×⑥	材料费⑧=④×⑥	机械费⑨=⑤×⑥	管理费⑩=(⑦+⑧+⑨)×费率 6.13%	利润⑪=(⑦+⑧+⑨)×费率 5.65%	综合单价小计/元	综合单价（保留2位小数）/元	综合合价（保留2位小数）/元
1	040203006001	中粒式沥青混凝土	1. 沥青品种：道路石油沥青90# 2. 沥青混凝土类：中粒式 3. 厚度：6cm 4. 拌合料运距：5km	m²	30000	D2-309	中粒式沥青混凝土机械摊铺厚度6cm	100m²	300	5325.68	151.62	4996.81	177.25	0.01	1.5162	49.9681	1.7725	3.26464	3.009	59.53045	60.38	1811400
						D2-351	沥青料拌合运输5km内	10m³	181.8	125.17			125.17	0.00606			0.75853	0.04649	0.04286	0.84789		
2	040203006002	细粒式沥青混凝土	1. 沥青品种：道路石油沥青90# 2. 沥青混凝土类：细粒式 3. 厚度：3cm 4. 拌合料运距：5km	m²	30000	D2-315	细粒式沥青混凝土机械摊铺厚度3cm	100m²	300	2872.57	123.69	2607.43	141.45	0.01	1.2369	26.0743	1.4145	1.76089	1.623	32.10959	32.53	975900
						D2-351	沥青料拌合运输5km内	10m³	90.9	125.17			125.17	0.00303			0.37926	0.02325	0.02143	0.42394		

表 7-44　分部分项工程量清单计价表（不含进项税额）

序号	项目编码	项目名称	项目特征	单位	清单工程量	综合单价/元	综合合价(保留2位小数)/元
1	040203006001	中粒式沥青混凝土	1. 沥青品种:道路石油沥青90# 2. 沥青混凝土种类:中粒式 3. 厚度:6cm 4. 拌合料运距:5km	m²	30000	60.38	1811400
2	040203006002	细粒式沥青混凝土	1. 沥青品种:道路石油沥青90# 2. 沥青混凝土种类:细粒式 3. 厚度:3cm 4. 拌合料运距:5km	m²	30000	32.53	975900
		合　计					2787300

四、人行道及其他

（一）《规范》附录项目内容

人行道及其他工程量清单项目设置、项目特征描述的内容、计量单位及工程量计算规则见表 7-45（《规范》表 B.4）。

表 7-45　人行道及其他

项目编码	项目名称	项目特征	计量单位	工程量计算规则	工作内容
040204001	人行道整形碾压	1. 部位 2. 范围	m²	按设计人行道图示尺寸以面积计算,不扣除侧石、树池和各类井所占面积	1. 放样 2. 碾压
040204002	人行道块料铺设	1. 块料品种、规格 2. 基础、垫层:材料品种、厚度 3. 图形		按设计图示尺寸面积计算,不扣除各类井所占面积,但应扣除侧石、树池所占面积	1. 基础、垫层铺筑 2. 块料铺设
040204003	现浇混凝土人行道及进口坡	1. 混凝土强度等级 2. 厚度 3. 基础、垫层:材料品种、厚度			1. 模板制作、安装、拆除 2. 基础、垫层铺筑 3. 混凝土拌和、运输、浇筑
040204004	安砌侧(平、缘)石	1. 材料品种、规格 2. 基础、垫层:材料品种、厚度		按设计图示中心线长度计算	1. 开槽 2. 基础、垫层铺筑 3. 侧(平、缘)石安砌
040204005	现浇侧(平、缘)石	1. 材料品种 2. 尺寸 3. 形状 4. 混凝土强度等级 5. 基础、垫层:材料品种、厚度	m		1. 模板制作、安装、拆除 2. 开槽 3. 基础、垫层铺筑 4. 混凝土拌和、运输、浇筑

（续）

项目编码	项目名称	项目特征	计量单位	工程量计算规则	工作内容
040204006	检查井升降	1. 材料品种 2. 检查井规格 3. 平均升(降)高度	座	按设计图示路面标高与原有的检查井发生正负高差的检查井的数量计算	1. 提升 2. 降低
040204007	树池砌筑	1. 材料品种、规格 2. 树池尺寸 3. 树池盖面材料品种	个	按设计图示数量计算	1. 基础、垫层铺筑 2. 树池砌筑 3. 盖面材料运输、安装
040204008	预制电缆沟铺设	1. 材料品种 2. 规格尺寸 3. 基础、垫层:材料品种、厚度 4. 盖板品种、规格	m	按设计图示中心线长度计算	1. 基础、垫层铺筑 2. 预制电缆沟安装 3. 盖板安装

（二）相关说明

1）有关人行道块料铺设工程量清单计价与定额计价的工程量计算规则基本一致，即按设计图示尺寸以面积计算，不扣除各种井所占面积，应扣除侧石、树池所占的面积。

2）有关安砌侧（平、缘）石清单项目，工程量计算规则为按设计图示中心线长度计算。

3）检查井升降清单计算规则为按图示检查井数量计算，在定额中此项属于排水工程，检查井升降定额子目在《市政维护工程预算定额》中。

4）树池砌筑清单项按图示数量计算，在定额中树池砌筑没有单独列项，而是参照安砌侧石、缘石等项目。

5）预制电缆沟铺设清单项设置在人行道附录中，定额中电缆沟基础、垫层、电缆沟的预制、盖板等相关子目可在定额的其他章节中找到。

6）附录中工程项目"工作内容"中包括模板工程的内容，同时又在"措施项目"中单列了模板工程项目。对此招标人根据实际情况选用，若招标人在措施项目清单中未编列相关的模板项目清单，即表示模板项目不单列，工程项目的综合单价中应包括模板工程费用。

（三）工程量清单及清单计价编制

实例 14

某道路工程，路长 1000m，两侧路边石为标准长型侧平石，企业管理费费率为 6.13%，利润费率为 5.65%，请编制该侧石的工程量清单及清单计价。

（1）选择附录项目，确定前 9 位项目编码见表 7-46。

表 7-46　前 9 位项目编码表

序号	确定的附录项目	确定的前 9 位项目编码
1	安砌侧(平、缘)石	040204004

（2）确定清单项目，见表 7-47。

表 7-47　清单项目表

序号	确定的清单项目	确定的前12位项目编码
1	安砌侧平石	040204004001

（3）计算清单工程量，见表 7-48。

表 7-48　清单工程量计算表

序号	项目名称	计量单位	工程数量	工程量计算式
1	安砌侧平石	m	2000	1000×2

（4）填写工程量清单，见表 7-49。

表 7-49　工程量清单

序号	项目编码	项目名称	项目特征	单位	工程量
1	040204004001	安砌侧平石	1. 材料品种、规格:C25混凝土预制;平石495mm×120mm×290mm;侧石 995mm×120mm×300mm 2. 天然砂砾垫层 3. C15混凝土基础 4. M7.5水泥砂浆砌筑	m	2000

（5）编制工程量清单计价。

1）计算定额工程量，采用 2011 山西省建设工程计价依据，见表 7-50。

表 7-50　定额工程量计算表

序号	分部分项工程名称	计量单位	工程数量	计算过程	备注
1	侧平石安砌 长型	m	2000	1000×2	

2）根据得出的工程量，套用调整版定额，计算得出定额项目不含进项税额的直接工程费为 124861 元，见表 7-51。

表 7-51　定额项目直接工程费计算表（不含进项税额）

序号	定额编号	定额项目名称	定额计量单位	定额工程量	定额单价（不含进项税）/元	直接工程费（保留2位小数）/元	其中/元		
							人工费	材料费	机械费
1	D2-391	侧平石安砌 长型侧平石	100m	20	6243.05	124861	36594	87110.4	1156.6

3）确定综合单价及合价（不含进项税额），见表 7-52。

4）计算得出分部分项工程量清单总价为 139560 元（不含进项税额），见表 7-53。

表 7-52　综合单价及合价计算表（不含进项税额）

序号	项目编码	项目名称	项目特征	单位	清单工程量①	套用定额号	定额项目名称	定额单位	定额工程量②	定额单价（不含进项税）/元	人工费③	材料费④	机械费⑤	换算系数⑥=②/①	人工费⑦=③×⑥	材料费⑧=④×⑥	机械费⑨=⑤×⑥	管理费⑩=（⑦+⑧+⑨）×费率6.13%	利润⑪=（⑦+⑧+⑨）×费率5.65%	综合单价小计/元	综合单价（保留2位小数）/元	综合合价（保留2位小数）/元
											其中/元				综合单价组成/元							
1	040204004001	安砌侧平石	1.材料品种、规格：C25混凝土预制；平石495mm×120mm×290mm；侧石995mm×300mm×120mm　2.天然砂砾垫层　3.C15混凝土基础　4.M7.5水泥砂浆砌筑	m	2000	D2-391	安砌平侧石长型平侧石	100m	20	6243.05	1829.7	4355.52	57.83	0.01	18.297	43.5552	0.5783	3.82699	3.52732	69.78481	69.78	139560

表 7-53 分部分项工程量清单计价表 （不含进项税额）

序号	项目编码	项目名称	项目特征	单位	清单工程量	综合单价/元	综合合价(保留2位小数)/元
1	040204004001	安砌侧平石	1. 材料品种、规格：C25 混凝土预制；平石 495mm×120mm×290mm；侧石 995mm×120mm×300mm 2. 天然砂砾垫层 3. C15 混凝土基础 4. M7.5 水泥砂浆砌筑	m	2000	69.78	139560
			合　　计				139560

第四节　清单计价案例

实例 15

某道路工程，宽 40m，长 2000m，道路结构图及横断面如图 7-5、图 7-6 所示，已知道路土方量为 49600m³，全部外运，侧石采用长型标准型预制混凝土侧石，规格为 995mm×120mm×300mm，预制混凝土卡边石规格为 495mm×50mm×300mm，人行道采用 600mm×300mm×30mm 花岗石面砖，请编制工程量清单，并用一般计税法模式进行清单计价。

本例中需要注意：

1）暂不考虑人行道上树坑及电杆附属。

2）暂不考虑侧石下混凝土模板支拆。

3）压路机按 2 台考虑，沥青摊铺机按 1 台考虑。

4）沥青拌合料及水稳料运输按 5km 考虑，土方外运按 5km 考虑。

5）人行道垫 3∶7 灰土垫层计算时要考虑侧石后背所占面积。垫层以上的结构层计算时不予考虑侧石后背所占面积。

6）人行道混凝土垫层不考虑模板支拆。

7）土质考虑为三类土。

8）暂时不考虑人工调差和材料实际市场价调差对工程造价的影响。

9）计算组织措施费时一般计税法模式考虑：安全施工费 0.64%；文明施工费 0.53%；生活性临时设施费 0.64%；生产性临时设施费 0.41%。

10）一般计税法模式下取费费率：企业管理费费率为 6.13%；利润费率为 5.65%；养老保险费费率为 3.98%；失业保险费费率为 0.27%；医疗保险费费率为 1.07%；工伤保险费费率为 0.23%；生育保险费费率为 0.09%；住房公积金费率为 1.51%。

11）税金费率取 11%。

12）如采用简易计税法模式，注意计价定额套用和取费费率的不同，其他计算程序不变。

13）其他项目费不计。

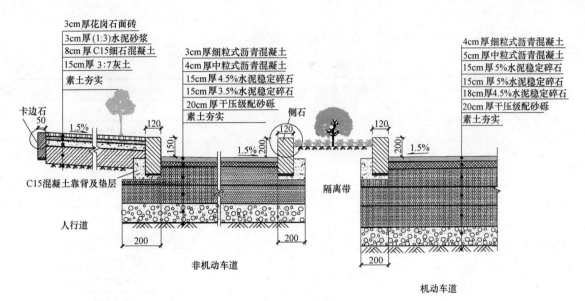

图 7-5　道路结构图

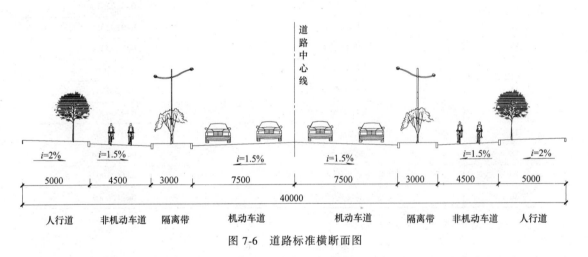

图 7-6　道路标准横断面图

（1）根据题意可知：

1）路长 2000m；路宽 40m，其中机动车道宽 15m，非机动车道 2 道各宽 4.5m，人行道 2 道各宽 5m。

2）侧石按道路通长考虑，共 6 道，侧石规格为 995mm×120mm×300mm。预制混凝土卡边石规格为 495mm×50 mm×300 mm，按道路通长考虑，共 2 道。

3）人行道采用 600mm×300mm×30mm 花岗石面砖，人行道面积计算时要扣除侧石顶宽 120mm。

4）人行道结构层总厚度为 29cm，机动车道结构层厚度为 77cm，非机动车道结构层厚度为 57cm。

5）道路土方量为 49600m³。（土方也可以根据提供的设计图纸，按实际原地面同设计路床之间的标高差、路长计算土方量）

6）计算大型机械进出场费时，压路机按 2 台考虑，沥青摊铺机按 1 台考虑。

7）其他项目费不计。

（2）选择附录项目，确定前 9 位项目编码，见表 7-54。

表 7-54　前 9 位项目编码表

序号	确定的附录项目	确定的前 9 位项目编码
1	挖沟槽土方	040101002
2	余方弃置	040103002
3	路床（槽）整形	040202001
4	砂砾石	040202009
5	水泥稳定碎（砾）石	040202015
6	水泥稳定碎（砾）石	040202015
7	水泥稳定碎（砾）石	040202015
8	沥青混凝土	040203006
9	沥青混凝土	040203006
10	砂砾石	040202009
11	水泥稳定碎（砾）石	040202015
12	水泥稳定碎（砾）石	040202015
13	沥青混凝土	040203006
14	沥青混凝土	040203006
15	人行道整形碾压	040204001
16	人行道块料铺设	040204002
17	安砌侧（平、缘）石	040204004
18	安砌侧（平、缘）石	040204004
19	大型机械设备进出场及安拆	041106001
20	大型机械设备进出场及安拆	041106001

（3）确定清单项目，见表 7-55。

表 7-55　清单项目表

序号	确定的清单项目	确定的前 12 位项目编码
1	挖路槽土方	040101002001
2	余方弃置	040103002001
3	路床（槽）整形	040202001001
4	砂砾石	040202009001
5	水泥稳定碎石	040202015001
6	水泥稳定碎石	040202015002
7	水泥稳定碎石	040202015003
8	中粒式沥青混凝土	040203006001
9	细粒式沥青混凝土	040203006002
10	砂砾石	040202009002
11	水泥稳定碎石	040202015004

（续）

序号	确定的清单项目	确定的前12位项目编码
12	水泥稳定碎石	040202015005
13	中粒式沥青混凝土	040203006003
14	细粒式沥青混凝土	040203006004
15	人行道整形碾压	040204001001
16	人行道块料铺设	040204002001
17	安砌侧石	040204004001
18	安砌缘石	040204004002
19	沥青摊铺机进出场	041106001001
20	压路机进出场	041106001002

（4）计算清单工程量，见表7-56。

表7-56 清单工程量计算表

序号	项目名称	计量单位	工程数量	工程量计算式
1	挖路槽土方	m³	49600	49600
2	余方弃置	m³	49600	49600
3	路床（槽）整形	m²	50400	2000×（15+0.2×2）+2000×（4.5+0.2×2）×2
4	砂砾石	m²	30800	2000×（15+0.2×2）
5	水泥稳定碎石	m²	30800	2000×（15+0.2×2）
6	水泥稳定碎石	m²	30800	2000×（15+0.2×2）
7	水泥稳定碎石	m²	30800	2000×（15+0.2×2）
8	中粒式沥青混凝土	m²	30000	2000×15
9	细粒式沥青混凝土	m²	30000	2000×15
10	砂砾石	m²	19600	2000×（4.5+0.2×2）×2
11	水泥稳定碎石	m²	19600	2000×（4.5+0.2×2）×2
12	水泥稳定碎石	m²	19600	2000×（4.5+0.2×2）×2
13	中粒式沥青混凝土	m²	18000	2000×4.5×2
14	细粒式沥青混凝土	m²	18000	2000×4.5×2
15	人行道整形碾压	m²	20000	2000×5×2
16	人行道块料铺设	m²	19520	2000×（5-0.12）×2
17	安砌侧石	m	12000	2000×6
18	安砌缘石	m	4000	2000×2
19	沥青摊铺机进出场	台·次	1	1
20	压路机进出场	台·次	2	2

（5）填写工程量清单，见表 7-57。

表 7-57　工程量清单

序号	项目编码	项目名称	项目特征	单位	工程量
1	040101002001	挖路槽土方	1. 土方开挖 2. 土质:三类土 3. 场内运输	m^3	49600
2	040103002001	余方弃置	1. 余土外运 2. 运距:5km	m^3	49600
3	040202001001	路床(槽)整形	部位:机动车道、非机动车道	m^2	50400
4	040202009001	砂砾石	1. 级配砂砾 2. 厚度:20cm	m^2	30800
5	040202015001	水泥稳定碎石	1. 水泥含量 4.5% 2. 碎石 3. 基层厚度:18cm 4. 拌合料的拌和及铺筑方式:厂拌机铺 5. 水稳拌合料运距:5km	m^2	30800
6	040202015002	水泥稳定碎石	1. 水泥含量 5% 2. 碎石 3. 基层厚度:15cm 4. 拌合料的拌和及铺筑方式:厂拌机铺 5. 水稳拌合料运距:5km	m^2	30800
7	040202015003	水泥稳定碎石	1. 水泥含量 5% 2. 碎石 3. 基层厚度:20cm 4. 拌合料的拌和及铺筑方式:厂拌机铺 5. 水稳拌合料运距:5km	m^2	30800
8	040203006001	中粒式沥青混凝土	1. 沥青品种:道路石油沥青 90# 2. 沥青混凝土种类:中粒式 3. 厚度:5cm 4. 拌合料运距:5km	m^2	30000
9	040203006002	细粒式沥青混凝土	1. 沥青品种:道路石油沥青 90# 2. 沥青混凝土种类:细粒式 3. 厚度:4cm 4. 拌合料运距:5km	m^2	30000
10	040202009002	砂砾石	1. 级配砂砾 2. 厚度:20cm	m^2	19600
11	040202015004	水泥稳定碎石	1. 水泥含量 3.5% 2. 碎石 3. 基层厚度:15cm 4. 拌合料的拌和及铺筑方式:厂拌机铺 5. 水稳拌合料运距:5km	m^2	19600
12	040202015005	水泥稳定碎石	1. 水泥含量 4.5% 2. 碎石 3. 基层厚度:15cm 4. 拌合料的拌和及铺筑方式:厂拌机铺 5. 水稳拌合料运距:5km	m^2	19600

（续）

序号	项目编码	项目名称	项目特征	单位	工程量
13	040203006003	中粒式沥青混凝土	1. 沥青品种:道路石油沥青 90# 2. 沥青混凝土种类:中粒式 3. 厚度:4cm 4. 拌合料运距:5km	m²	18000
14	040203006004	细粒式沥青混凝土	1. 沥青品种:道路石油沥青 90# 2. 沥青混凝土种类:细粒式 3. 厚度:3cm 4. 拌合料运距:5km	m²	18000
15	040204001001	人行道整形碾压	部位:人行道	m²	20000
16	040204002001	人行道块料铺设	1. 块料品种、规格:600mm×300mm×30mm 花岗石面砖 2. 基础、垫层材料品种、厚度:3cm 1∶3 水泥砂浆 + 8cmC15 细石混凝土 + 15cm3∶7 灰土	m²	19520
17	040204004001	安砌侧石	1. 材料品种、规格:C25 混凝土预制侧石 995mm×120mm×300mm 2. 天然砂砾垫层 3. C15 混凝土基础 4. M7. 5 水泥砂浆砌筑	m	12000
18	040204004002	安砌缘石	1. 材料品种、规格:C25 混凝土预制缘石 495mm×50mm×300mm 2. M7. 5 水泥砂浆砌筑	m	4000
19	041106001001	压路机进出场	18t 压路机	台·次	2
20	041106001002	沥青摊铺机进出场	8t 沥青摊铺机	台·次	1

（6）确定定额工程量，见表 7-58。

表 7-58　定额工程量计算表

序号	工程项目名称	单位	工程量	计算过程	说明
	通用项目				
1	挖沟槽土方	m³	49600	49600	
2	装载机装土	m³	49600	49600	
3	余土外运	m³	49600	49600	
	机动车道				
1	路床平整、碾压检验	m²	50400	2000×(15+0.2×2)+2000× (4.5+0.2×2)×2	
2	20cm 厚干压级配砂砾	m²	30800	2000×(15+0.2×2)	
3	18cm 厚 4.5%水泥稳定碎石	m²	30800	2000×(15+0.2×2)	
4	水稳拌合料运输	m³	5654.88	30800×0.18×1.02	
5	15cm 厚 5%水泥稳定碎石	m²	30800	2000×(15+0.2×2)	
6	水稳拌合料运输	m³	4712.4	30800×0.15×1.02	1.02 为损耗系数

（续）

序号	工程项目名称	单位	工程量	计算过程	说明
7	15cm 厚 5%水泥稳定碎石	m²	30800	2000×(15+0.2×2)	
8	水稳拌合料运输	m³	4712.4	30800×0.15×1.02	
9	5cm 厚中粒式沥青混凝土	m³	30000	2000×15	
10	中粒式沥青混凝土运输	m³	1515	2000×15×0.05×1.01	1.01 为损耗系数
11	4cm 厚细粒式沥青混凝土	m³	30000	2000×15	
12	细粒式沥青混凝土运输	m³	1212	2000×15×0.04×1.01	
	非机动车道				
1	20cm 厚干压级配砂砾	m²	19600	2000×(4.5+0.2×2)×2	
2	15cm 厚 3.5%水泥稳定碎石	m²	19600	2000×(4.5+0.2×2)×2	
3	水稳拌合料运输	m³	2998.8	19600×0.15×1.02	
4	15cm 厚 4.5%水泥稳定碎石	m²	19600	2000×(4.5+0.2×2)×2	
5	水稳拌合料运输	m³	2998.8	19600×0.15×1.02	
6	4cm 厚中粒式沥青混凝土	m³	18000	2000×4.5×2	
7	中粒式沥青混凝土运输	m³	727.2	2000×4.5×2×0.04×1.01	
8	3cm 厚细粒式沥青混凝土	m³	18000	2000×4.5×2	
9	细粒式沥青混凝土运输	m³	545.4	2000×4.5×2×0.03×1.01	
	人行道及侧石				
1	人行道平整、碾压检验	m²	20000	2000×5×2	
2	15cm 厚 3:7 灰土垫层	m³	2928	2000×(5-0.12)×2×0.15	
3	8cm 厚 C15 细石混凝土	m³	1561.6	2000×(5-0.12)×2×0.08	
4	3cm 厚花岗石面砖铺设	m²	19520	2000×(5-0.12)×2	
5	侧石安砌	m	12000	2000×6	
6	缘石安砌	m	4000	2000×2	
	措施工程				
1	压路机进出场	台·次	2	2	
2	沥青摊铺机进出场	台·次	1	1	

（7）套用调整版定额，计算得出不含进项税额的直接工程费为 13146665.4 元，见表 7-59。

表 7-59　直接工程费计算表（不含进项税额）

序号	定额编号	子目名称	工程量		单价/元	其中/元			合价/元	其中/元		
			单位	数量		人工费	材料费	机械费		人工费	材料费	机械费
1	D2-5	机械挖路槽 三类土	100m³	496	432.86	114		318.86	214698.56	56544		158154.56
2	D1-98	装载机装土	1000m³	49.6	1675.22	342		1333.22	83090.91	16963.2		66127.71
3	D1-106	自卸汽车运土运距 5km 以内	1000m³	49.6	18340.09		59.52	18280.51	909668.46		2952.19	906716.27

（续）

序号	定额编号	子目名称	工程量 单位	工程量 数量	单价/元	其中/元 人工费	其中/元 材料费	其中/元 机械费	合价/元	其中/元 人工费	其中/元 材料费	其中/元 机械费
4	D2-6	路床碾压检验	100m²	504	111.94	20.52		91.42	56417.76	10342.08		46075.68
5	D2-201	天然砂基层 机械铺筑 厚度20cm	100m²	308	1302.07	130.53	1005.7	165.84	401037.56	40203.24	309755.6	51078.72
6	D2-191	厂拌水泥碎石基层 机械铺筑 厚度15cm	100m²	308	163.01	40.47	7.19	115.35	50207.08	12464.76	2214.52	35527.8
7	D2-192 ×3	厂拌水泥碎石基层 机械铺筑 厚度每增减1cm 子目×3	100m²	308	15.72	5.13	0.06	10.53	4841.76	1580.04	18.48	3243.24
8	D2-247 换	水泥碎石厂拌加工 水泥比率4.5%	10m³	565.49	1443.39	75.81	1314.7	52.88	816219.72	42869.65	743447.07	29903.01
9	D2-250	厂拌基层混合料场外运输 5km以内	10m³	565.49	135.18			135.18	76442.67			76442.67
10	D2-191	厂拌水泥碎石基层 机械铺筑 厚度15cm	100m²	308	163.01	40.47	7.19	115.35	50207.08	12464.76	2214.52	35527.8
11	D2-247	水泥碎石厂拌加工 水泥比率5%	10m³	471.24	1469.77	75.81	1341.08	52.88	692614.41	35724.7	631970.54	24919.17
12	D2-250	厂拌基层混合料场外运输 5km以内	10m³	471.24	135.18			135.18	63702.22			63702.22
13	D2-191	厂拌水泥碎石基层 机械铺筑 厚度15cm	100m²	308	163.01	40.47	7.19	115.35	50207.08	12464.76	2214.52	35527.8
14	D2-247	水泥碎石厂拌加工 水泥比率5%	10m³	471.24	1469.77	75.81	1341.08	52.88	692614.41	35724.7	631970.54	24919.17
15	D2-250	厂拌基层混合料场外运输 5km以内	10m³	471.24	135.18			135.18	63702.22			63702.22
16	D2-308	中粒式沥青混凝土机械摊铺 厚度5cm	100m²	300	4464.09	137.94	4163.59	162.56	1339227	41382	1249077	48768
17	D2-351	沥青拌合料场外运输 5km以内	10m³	151.5	125.17			125.17	18963.26			18963.26
18	D2-315	细粒式沥青混凝土 机械摊铺 厚度3cm	100m²	300	2872.57	123.69	2607.43	141.45	861771	37107	782229	42435

（续）

序号	定额编号	子目名称	工程量		单价/元	其中/元			合价/元	其中/元		
			单位	数量		人工费	材料费	机械费		人工费	材料费	机械费
19	D2-316 ×2	细粒式沥青混凝土 机械摊铺 厚度每增减 0.5cm 子目×2	100m²	300	987.9	41.04	875.26	71.6	296370	12312	262578	21480
20	D2-351	沥青拌合料场外运输 5km 以内	10m³	121.2	125.17			125.17	15170.6			15170.6
21	D2-201	天然砂基层 机械铺筑 厚度20cm	100m²	196	1302.07	130.53	1005.7	165.84	255205.72	25583.88	197117.2	32504.64
22	D2-191	厂拌水泥碎石基层 机械铺筑 厚度15cm	100m²	196	163.01	40.47	7.19	115.35	31949.96	7932.12	1409.24	22608.6
23	D2-247 换	水泥碎石厂拌加工 水泥比率 3.5%	10m³	299.88	1390.64	75.81	1261.95	52.88	417025.12	22733.9	378433.57	15857.65
24	D2-250	厂拌基层混合料场外运输 5km 以内	10m³	299.88	135.18			135.18	40537.78			40537.78
25	D2-191	厂拌水泥碎石基层 机械铺筑 厚度15cm	100m²	196	163.01	40.47	7.19	115.35	31949.96	7932.12	1409.24	22608.6
26	D2-247 换	水泥碎石厂拌加工 水泥比率 4.5%	10m³	299.88	1443.39	75.81	1314.7	52.88	432843.79	22733.9	394252.24	15857.65
27	D2-250	厂拌基层混合料场外运输 5km 以内	10m³	299.88	135.18			135.18	40537.78			40537.78
28	D2-307	中粒式沥青混凝土 机械摊铺 厚度4cm	100m²	180	3597.86	125.4	3331.01	141.45	647614.8	22572	599581.8	25461
29	D2-351	沥青拌合料场外运输 5km 以内	10m³	72.72	125.17			125.17	9102.36			9102.36
30	D2-315	细粒式沥青混凝土 机械摊铺 厚度3cm	100m²	180	2872.57	123.69	2607.43	141.45	517062.6	22264.2	469337.4	25461

（续）

序号	定额编号	子目名称	工程量 单位	工程量 数量	单价/元	其中/元 人工费	其中/元 材料费	其中/元 机械费	合价/元	其中/元 人工费	其中/元 材料费	其中/元 机械费
31	D2-351	沥青拌合料场外运输 5km 以内	10m³	54.54	125.17			125.17	6826.77			6826.77
32	D2-7	人行道碾压检验	100m²	200	176.1	132.24		43.86	35220	26448		8772
33	D2-365	人行道基础垫层 3:7 灰土	10m³	292.8	919.31	420.09	488.97	10.25	269173.97	123002.35	143170.42	3001.2
34	D2-367	人行道基础混凝土	10m³	156.16	2547.34	633.84	1861.08	52.42	397792.61	98980.45	290626.25	8185.91
35	D2-382	人行道板安砌 花岗石道板 浆砌	100m²	195.2	14428.33	1406.76	13016.8	4.77	2816410.02	274599.55	2540879.36	931.1
36	D2-390	安砌 长型 侧石	100m	120	3379.62	851.58	2495.2	32.84	405554.4	102189.6	299424	3940.8
37	D2-404	浆砌混凝土缘石 495mm×50mm×300mm	100m	40	867.1	302.1	565		34684	12084	22600	
		总计	元						13146665.4	1137202.96	9958882.7	2050579.74

（8）套用调整版定额，计算得出不含进项税额的技术措施费为 10212.49 元，见表 7-60。

表 7-60 技术措施费计算表（不含进项税额）

序号	编号	名称	工程量 单位	工程量 数量	价值/元 单价	价值/元 合价	其中/元 人工费	其中/元 材料费	其中/元 机械费
1		大型机械设备进出场及安拆	项	1	10212.49	10212.49	912	631.67	8668.82
	3010	场外运输费用 光轮压路机 18t	台·次	2	3507.63	7015.26	570	384.8	6060.46
	3003	沥青摊铺机 8t	台·次	1	3197.23	3197.23	342	246.87	2608.36

（9）确定综合单价及合价（不含进项税额）见表 7-61。

（10）计算得出分部分项工程量清单总价为 14694938.4 元（不含进项税额），见表 7-62。

计算得出单价措施（技术措施）分部分项工程量清单总价为 11415.52 元，见表 7-63。

表 7-61　综合单价及合价计算表（不含进项税额）

序号	项目编码	项目名称	项目特征	单位	清单工程量①	套用定额号	定额项目名称	定额单位	定额工程量②	定额单价（不含进项税）/元	人工费③	材料费④	机械费⑤	换算系数⑥=②/①	人工费⑦=③×⑥	材料费⑧=④×⑥	机械费⑨=⑤×⑥	管理费⑩=(⑦+⑧+⑨)×费率6.13%	利润⑪=(⑦+⑧+⑨)×费率5.65%	综合单价小计/元	综合单价（保留2位小数）/元	综合合价（保留2位小数）/元
1	040101002000 1	挖路槽土方	1.土方开挖 2.土质：三类土 3.场内运输	m³	49600	D2-5	机械挖路槽三类土	100m³	496	432.86	114		318.86	0.01	1.14		3.1886	0.26534	0.24457	4.83851	4.84	240064
2	040103002000 1	余方弃置	1.余土外运 2.运距：5km	m³	49600	D1-98	装载机装土	1000m³	49.6	1675.22	342		1333.22	0.001	0.342		1.33322	0.10269	0.09465	1.87256	22.37	1109552
						D1-106	自卸汽车运土运距5km以内	1000m³	49.6	18340.09		59.52	18280.5	0.001		0.05952	18.2805	1.12424	1.03621	20.50047		
3	040202001000 1	路床（槽）整形	部位：机动车道、非机动车道	m²	50400	D2-6	路床碾压检验	100m²	504	111.94	20.52		91.42	0.01	0.2052		0.9142	0.06862	0.06325	1.25127	1.25	63000
4	040202009000 1	砂砾石	1.级配砂砾 2.厚度：20cm	m²	30800	D2-201	天然砂基层机械铺筑厚度20cm	100m²	308	1302.07	130.53	1005.7	165.84	0.01	1.3053	10.057	1.6584	0.79817	0.73567	14.55454	14.55	448140

（续）

序号	项目编码	项目名称	项目特征	单位	清单工程量①	套用定额号	定额项目名称	定额单位	定额工程量②	定额单价(不含进项税)/元	人工费③	材料费④	机械费⑤	换算系数⑥=②/①	人工费⑦=③×⑥	材料费⑧=④×⑥	机械费⑨=⑤×⑥	管理费⑩=(⑦+⑧+⑨)×费率6.13%	利润⑪=(⑦+⑧+⑨)×费率5.65%	综合单价小计/元	综合单价(保留2位小数)/元	综合价(保留2位小数)/元
											其中/元				综合单价组成/元							
5	040202015001	水泥稳定碎石	1. 水泥含量4.5% 2. 碎石 3. 基层厚度:18cm 4. 拌合料的拌和及铺筑方式:厂拌机械铺 5. 水泥稳定拌合料运距:5km	m²	30800	D2-191	厂拌碎石水泥稳定基层机械铺筑厚度15cm	100m²	308	163.01	40.47	7.19	115.35	0.01	0.4047	0.0719	1.1535	0.0993	0.0921	1.82213	34.39	1059212
						D2-192×3	厂拌碎石水泥稳定基层机械铺筑厚度每增减1cm 子目×3	100m²	308	15.72	5.13	0.06	10.53	0.01	0.0513	0.0006	0.1053	0.0064	0.0888	0.17572		
						D2-247换	水泥碎石厂拌加工水泥率4.5%	10m³	565.49	1443.39	75.81	1314.7	52.88	0.01836	1.39187	24.13789	0.97088	1.62449	1.49729	29.62242		
						D2-250	厂拌混合基层料运场外运输5km内	10m³	565.49	135.18			135.18	0.01836			2.48191	0.15214	0.14023	2.77427		

（续）

序号	项目编码 项目名称	项目特征	单位	清单工程量①	套用定额号	定额项目名称	定额单位	定额工程量②	定额单价（不含进项税）/元	人工费③	材料费④	机械费⑤	换算系数⑥=②/①	人工费⑦=③×⑥	材料费⑧=④×⑥	机械费⑨=⑤×⑥	管理费⑩=(⑦+⑧+⑨)×费率 6.13%	利润⑪=(⑦+⑧+⑨)×费率 5.65%	综合单价小计/元	综合单价（保留2位小数）/元	综合合价（保留2位小数）/元
6	040202015002 水泥稳定碎石	1. 水泥含量5% 2. 碎石 3. 基层厚度:15cm 4. 料的拌和及铺筑方式:厂拌机铺 5. 水稳拌合料运距:5km	m²	30800	D2-191	厂拌水泥碎石基层铺筑机械厚度15cm	100m²	308	163.01	40.07	7.19	115.35	0.01	0.4007	0.0719	1.1535	0.09968	0.09187	1.81766	29.27	901516
					D2-247	水泥碎石厂拌加工比率5%	10m³	471.24	1469.77	75.81	1341.08	52.88	0.0153	1.15989	20.51852	0.80906	1.37848	1.27054	25.13651		
					D2-250	厂拌基层混合料场外运输5km以内	10m³	471.24	135.18			135.18	0.0153			2.06825	0.12678	0.11686	2.31189		
7	040202015003 水泥稳定碎石	1. 水泥含量5% 2. 碎石 3. 基层厚度:15cm 4. 料的拌和及铺筑方式:厂拌机铺 5. 水稳拌合料运距:5km	m²	30800	D2-191	厂拌水泥碎石基层铺筑机械厚度15cm	100m²	308	163.01	40.07	7.19	115.35	0.01	0.4007	0.0719	1.1535	0.09968	0.09187	1.81766	29.27	901516
					D2-247	水泥碎石厂拌加工比率5%	10m³	471.24	1469.77	75.81	1341.08	52.88	0.0153	1.15989	20.51852	0.80906	1.37848	1.27054	25.13651		
					D2-250	厂拌基层混合料场外运输5km以内	10m³	471.24	135.18			135.18	0.0153			2.06825	0.12678	0.11686	2.31189		

（续）

序号	项目编码	项目名称	项目特征	单位	清单工程量①	套用定额号	定额项目名称	定额单位	定额工程量②	定额单价(不含进项税)②/元	人工费③	材料费④	机械费⑤	换算系数⑥=②/①	人工费⑦=③×⑥	材料费⑧=④×⑥	机械费⑨=⑤×⑥	管理费⑩=(⑦+⑧+⑨)×费率 6.13%	利润⑪=(⑦+⑧+⑨)×费率 5.65%	综合单价小计/元	综合单价(保留2位小数)/元	综合合价(保留2位小数)/元
8	040203006001	中粒式沥青混凝土	1.沥青品种:道路石油沥青90# 2.沥青混凝土类:中粒式 3.厚度:5cm 4.拌合料运距:5km	m^2	30000	D2-308	中粒式沥青混凝土机械铺厚度5cm	$100m^2$	300	4464.09	137.94	4163.59	162.56	0.01	1.3794	41.6359	1.6256	2.73649	2.52221	49.8996	50.61	1518300
						D2-351	沥青料场外运 5km以内拌合料	$10m^3$	151.5	125.17			125.17	0.00505			0.63211	0.03875	0.03571	0.70657		
9	040203006002	细粒式沥青混凝土	1.沥青品种:道路石油沥青90# 2.沥青混凝土类:细粒式 3.厚度:4cm 4.拌合料运距:5km	m^2	30000	D2-315	细粒式沥青混凝土机械铺厚度3cm	$100m^2$	300	2872.57	123.69	2607.43	141.45	0.01	1.2369	26.0743	1.4145	1.76089	1.623	32.10959	43.72	1311600
						D2-316 ×2	细粒式沥青混凝土机械铺每增减0.5cm子目×2	$100m^2$	300	987.9	41.04	875.26	71.6	0.01	0.41048	8.7526	0.716	0.60558	0.55816	11.04275		
						D2-351	沥青料场外运 5km以内拌合料	$10m^3$	121.2	125.17			125.17	0.00404			0.50567	0.03099	0.02857	0.56526		

（续）

序号	项目编码	项目名称	项目特征	单位	清单工程量①	套用定额号	定额项目名称	定额单位	定额工程量②	定额单价(不含进项税)/元	人工费③	材料费④	机械费⑤	换算系数⑥=②/①	人工费⑦=③×⑥	材料费⑧=④×⑥	机械费⑨=⑤×⑥	管理费⑩=(⑦+⑧+⑨)×费率 6.13%	利润⑪=(⑦+⑧+⑨)×费率 5.65%	综合单价小计/元	综合单价(保留2位小数)/元	综合价(保留2位小数)/元
10	040202009002	砂砾石	1. 级配砂砾石 2. 厚度:20cm	m²	19600	D2-201	天然砂砾基层机械铺筑厚度20cm	100m²	196	1302.07	130.53	1005.7	165.84	0.01	1.3063	10.057	1.6584	0.79817	0.73567	14.55454	14.55	285180
11	040202015004	水泥稳定碎石	1. 水泥含量3.5% 2. 碎石 3. 基层厚度:15cm 4. 拌和料的拌和及铺筑方式:厂拌机铺 5. 水稳拌合料运距:5km	m²	19600	D2-247换	厂拌碎石水泥拌加工水泥率3.5%	10m³	299.88	1390.64	75.81	1261.95	52.88	0.0153	1.15989	19.30783	0.80906	1.30427	1.2014	23.7832	27.92	547232
						D2-250	厂拌基层混合料场外运输5km以内	10m³	299.88	135.18			135.18	0.0153			2.06825	0.12678	0.11686	2.31189		

（续）

序号	项目编码	项目名称	项目特征	单位	清单工程量①	套用定额号	定额项目名称	定额单位	定额工程量②	定额单价(不含进项税)②/元	人工费③	材料费④	机械费⑤	换算系数⑥=②/①	人工费⑦=③×⑥	材料费⑧=④×⑥	机械费⑨=⑤×⑥	管理费⑩=(⑦+(⑧+⑨))×费率 6.13%	利润⑪=(⑦+(⑧+⑨))×费率 5.65%	综合单价小计/元	综合单价(保留2位小数)/元	综合价(保留2位小数)/元
12	040202015005	水泥稳定碎石	1. 水泥含量4.5% 2. 碎石 3. 基层厚度:15cm 4. 拌合料的拌和及铺筑方式:厂拌机铺 5. 水稳拌合料运距:5km	m²	19600	D2-191	厂拌水泥碎石基层机械铺筑厚度15cm	100m²	196	163.01	40.47	7.19	115.35	0.01	0.4047	0.0719	1.1535	0.0993	0.0921	1.82212	28.82	564872
						D2-247换	水泥碎石厂拌加工水泥比率4.5%	10m³	299.88	1443.39	75.81	1314.7	52.88	0.0153	1.15989	20.11491	0.80906	1.35374	1.24774	24.68535		
						D2-250	厂拌基层混合料场外运输5km以内	10m³	299.88	135.18			135.18	0.0153			2.068254	0.12678	0.11686	2.31189		

（续）

序号	项目编码	项目名称	项目特征	单位	清单工程量①	套用定额号	定额项目名称	定额单位	定额工程量②	定额单价（不含进项税）/元	人工费③	材料费④	机械费⑤	换算系数⑥=②/①	人工费⑦=③×⑥	材料费⑧=④×⑥	机械费⑨=⑤×⑥	管理费⑩=(⑦+⑧+⑨)×费率6.13%	利润⑪=(⑦+(⑧+⑨)×费率)×5.65%	综合单价小计/元	综合单价（保留2位小数）/元	综合合价（保留2位小数）/元
13	040203006003	中粒式沥青混凝土	1.沥青品种:道路石油沥青90# 2.沥青混凝土种类:中粒式 3.厚度:4cm 4.拌合料运距:5km	m²	18000	D2-307	中粒式沥青混凝土机械摊铺厚度4cm	100m²	180	3597.86	125.4	3331.01	141.45	0.01	1.254	33.3101	1.4145	2.20549	2.03279	40.21688	40.78	734040
						D2-351	沥青料拌合场外运5km以内	10m³	72.72	125.17			125.17	0.0404			0.50569	0.03099	0.02857	0.56526		
14	040203006004	细粒式沥青混凝土	1.沥青品种:道路石油沥青90# 2.沥青混凝土种类:细粒式 3.厚度:3cm 4.拌合料运距:5km	m²	18000	D2-315	细粒式沥青混凝土机械摊铺厚度3cm	100m²	180	2872.57	123.69	2607.43	141.45	0.01	1.2369	26.0743	1.4145	1.76089	1.623	32.10059	32.53	585540
						D2-351	沥青料拌合场外运5km以内	10m³	54.54	125.17			125.17	0.0303			0.37927	0.02325	0.02143	0.42394		

（续）

序号	项目编码	项目名称	项目特征	单位	清单工程量①	套用定额号	定额项目名称	定额单位	定额工程量②	定额单价(不含进项税)②/元	人工费③	材料费④	机械费⑤	换算系数⑥=②/①	人工费⑦=③×⑥	材料费⑧=④×⑥	机械费⑨=⑤×⑥	管理费⑩=(⑦+⑨)×费率6.13%	利润⑪=(⑦+⑨)×费率5.65%	综合单价小计/元	综合单价(保留2位小数)/元	综合价(保留2位小数)/元
15	040204001001	人行道整形碾压	部位：人行道	m²	20000	D2-7	人行道整形碾压检验	100m²	200	176.1	132.24		43.86	0.01	1.3224		0.4386	0.10795	0.09949	1.96845	1.97	39400
16	040204002001	人行道块料铺设	1. 块料品种、规格：600mm×300mm×30mm 花岗石面砖 2. 基础、垫层材料种、厚度：3cm 1:3水泥砂浆+8cmC15细石混凝土+15cm 3:7 灰土	m²	19520	D2-365	人行道基础垫层3:7灰土	10m³	292.8	919.31	420.09	488.97	10.25	0.015	6.30135	7.33455	0.15375	0.84531	0.77912	15.41407	199.47	3893654.4
						D2-367	人行道基础混凝土	10m³	156.16	2547.34	633.84	1861.08	52.42	0.008	5.07072	14.88864	0.41936	1.24922	1.15139	22.77933		
						D2-382	人行道铺砌花岗石道板浆砌	100m²	195.2	14428.33	1406.76	13016.8	4.77	0.01	14.0676	130.168	0.0477	8.8457	8.15201	161.2799		

149

（续）

序号	项目编码	项目名称	项目特征	单位	清单工程量①	套用定额号	定额项目名称	定额单位	定额工程量②	定额单价（不含进项税）/元	人工费③	材料费④	机械费⑤	换算系数⑥=②/①	人工费⑦=③×⑥	材料费⑧=④×⑥	机械费⑨=⑤×⑥	管理费⑩=(⑦+⑧+⑨)×费率6.13%	利润⑪=(⑦+⑧+⑨)×费率5.65%	综合单价小计/元	综合单价（保留2位小数）/元	综合合价（保留2位小数）/元
17	040204004001	安砌侧石	1.材料品种、规格：C25混凝土预制侧石995mm×300mm×120mm 2.天然砂砾垫层 3.C15混凝土基础 4.M7.5水泥砂浆砌筑	m	12000	D2-390	安砌长型侧石	100m	120	3379.62	851.58	2495.2	32.84	0.01	8.5158	24.952	0.3284	2.07171	1.90949	37.77739	37.78	45360
18	040204004002	安砌缘石	1.材料品种、规格：C25混凝土预制缘石495mm×50mm×300mm 2.M7.5水泥砂浆砌筑	m	4000	D2-404	浆砌混凝土缘石495mm×50mm×300mm	100m	40	867.1	302.1	565		0.01	3.021	5.65		0.53153	0.48991	9.69244	9.69	38760
19	041106001001	压路机进出场	18t压路机	台·次	2	3010	场外运输费用光轮压路机18t	台·次	2	3507.63	285	192.4	3030.23	1	285	192.4	3030.23	215.0177	198.1811	3920.829	3920.83	7841.66
20	041106001002	沥青摊铺机进出场	8t沥青摊铺机	台·次	1	3003	沥青摊铺机8t	台·次	1	3197.23	342	246.87	2608.36	1	342	246.87	2608.36	195.9902	180.6435	3573.864	3573.86	3573.86

表 7-62　分部分项工程量清单计价表（不含进项税额）

序号	项目编码	项目名称	项目特征	单位	清单工程量	综合单价/元	综合合价(保留2位小数)/元
1	040101002001	挖路槽土方	1. 土方开挖 2. 土质：三类土 3. 场内运输	m³	49600	4.84	240064
2	040103002001	余方弃置	1. 余土外运 2. 运距：5km	m³	49600	22.37	1109552
3	040202001001	路床(槽)整形	部位：机动车道、非机动车道	m²	50400	1.25	63000
4	040202009001	砂砾石	1. 级配砂砾 2. 厚度：20cm	m²	30800	14.55	448140
5	040202015001	水泥稳定碎石	1. 水泥含量 4.5% 2. 碎石 3. 基层厚度：18cm 4. 拌合料的拌和及铺筑方式：厂拌机铺 5. 水稳拌合料运距：5km	m²	30800	34.39	1059212
6	040202015002	水泥稳定碎石	1. 水泥含量 5% 2. 碎石 3. 基层厚度：15cm 4. 拌合料的拌和及铺筑方式：厂拌机铺 5. 水稳拌合料运距：5km	m²	30800	29.27	901516
7	040202015003	水泥稳定碎石	1. 水泥含量 5% 2. 碎石 3. 基层厚度：20cm 4. 拌合料的拌和及铺筑方式：厂拌机铺 5. 水稳拌合料运距：5km	m²	30800	29.27	901516
8	040203006001	中粒式沥青混凝土	1. 沥青品种：道路石油沥青 90# 2. 沥青混凝土种类：中粒式 3. 厚度：5cm 4. 拌合料运距：5km	m²	30000	50.61	1518300

（续）

序号	项目编码	项目名称	项目特征	单位	清单工程量	综合单价/元	综合合价（保留2位小数）/元
9	040203006002	细粒式沥青混凝土	1. 沥青品种：道路石油沥青90# 2. 沥青混凝土种类：细粒式 3. 厚度：4cm 4. 拌合料运距：5km	m²	30000	43.72	1311600
10	040202009002	砂砾石	1. 级配砂砾 2. 厚度：20cm	m²	19600	14.55	285180
11	040202015004	水泥稳定碎石	1. 水泥含量3.5% 2. 碎石 3. 基层厚度：15cm 4. 拌合料的拌和及铺筑方式：厂拌机铺 5. 水稳拌合料运距：5km	m²	19600	27.92	547232
12	040202015005	水泥稳定碎石	1. 水泥含量4.5% 2. 碎石 3. 基层厚度：15cm 4. 拌合料的拌和及铺筑方式：厂拌机铺 5. 水稳拌合料运距：5km	m²	19600	28.82	564872
13	040203006003	中粒式沥青混凝土	1. 沥青品种：道路石油沥青90# 2. 沥青混凝土种类：中粒式 3. 厚度：4cm 4. 拌合料运距：5km	m²	18000	40.78	734040
14	040203006004	细粒式沥青混凝土	1. 沥青品种：道路石油沥青90# 2. 沥青混凝土种类：细粒式 3. 厚度：3cm 4. 拌合料运距：5km	m²	18000	32.53	585540
15	040204001001	人行道整形碾压	部位：人行道	m²	20000	1.97	39400

（续）

序号	项目编码	项目名称	项目特征	单位	清单工程量	综合单价/元	综合合价（保留2位小数）/元
16	040204002001	人行道块料铺设	1. 块料品种、规格：600mm×300mm×30mm花岗石面砖 2. 基础、垫层材料品种、厚度：3cm1：3水泥砂浆+8cm C15细石混凝土+15cm3：7灰土	m²	19520	199.47	3893654.4
17	040204004001	安砌侧石	1. 材料品种、规格：C25混凝土预制侧石995mm×120mm×300mm 2. 天然砂砾垫层 3. C15混凝土基础 4. M7.5水泥砂浆砌筑	m	12000	37.78	453360
18	040204004002	安砌缘石	1. 材料品种、规格：C25混凝土预制缘石495mm×50mm×300mm 2. M7.5水泥砂浆砌筑	m	4000	9.69	38760
		合计					14694938.4

表7-63 单价措施（技术措施）分部分项工程量清单计价表

序号	项目编码	项目名称	项目特征	单位	清单工程量	综合单价/元	综合合价（保留2位小数）/元
1	041106001001	压路机进出场	18t压路机	台·次	2	3920.83	7841.66
2	041106001002	沥青摊铺机进出场	8t沥青摊铺机	台·次	1	3573.86	3573.86
		小计					11415.52

（11）确定总价措施（组织措施）分部分项工程量清单综合单价（不含进项税额），见表7-64。

从表7-64中可知，总价措施费中人工费、材料费、机械费合计为291855.97元。

（12）计算得出总价措施项目总费用（不含进项税额）为326236.61元，见表7-65。

表 7-64　总价措施（组织措施）分部分项工程量清单计价表（不含进项税额）

序号	项目编码	项目名称	单位	计算基数①	费率(%)②	工程量③	综合合价(保留2位小数)/元 ④=⑥+⑦+⑧+⑨+⑩	综合单价中(保留2位小数)/元				
								人工费单价 ⑥=①× ②×20%	材料费单价 ⑦=①× ②×70%	机械费单价 ⑧=①× ②×10%	管理费单价 ⑨=(⑥+ ⑦+⑧)× 费率 6.13%	利润单价 ⑩=(⑥+ ⑦+⑧)× 费率 5.65%
1	041109001001	安全施工费	项	定额基价（即人工费+材料费+机械费，本例中为13146665.4元）	0.64	1	94050.19	16827.73	58897.06	8413.87	5157.70	4753.83
2	041109001002	文明施工费	项	定额基价（即人工费+材料费+机械费，本例中为13146665.4元）	0.53	1	77885.32	13935.47	48774.13	6967.73	4271.22	3936.77
3	041109001003	生活性临时设施费	项	定额基价（即人工费+材料费+机械费，本例中为13146665.4元）	0.64	1	94050.19	16827.33	58897.06	8413.87	5157.70	4753.83
4	041109001004	生产性临时设施费	项	定额基价（即人工费+材料费+机械费，本例中为13146665.4元）	0.41	1	60250.9	10780.27	37730.93	5390.13	3304.15	3045.43

表 7-65　总价措施费计算表（不含进项税额）

序号	项目编码	项目名称	计算基础	费率（%）	金额/元
1	041109001001	安全施工费	分部分项直接费	0.64	94050.19
2	041109001002	文明施工费	分部分项直接费	0.53	77885.32
3	041109001003	生活性临时设施费	分部分项直接费	0.64	94050.19
4	041109001004	生产性临时设施费	分部分项直接费	0.41	60250.9
		小计			326236.61

注：表中"分部分项直接费"是指定额人材机费用，本例中为13146665.4元。

（13）计算得出规费项目计价为 961584.47 元，见表 7-66。

表 7-66　规费项目计算表

序号	项目名称	计算基础	计算基数/元	计算费率(%)	金额/元
1	规费				961584.47
1.1	社会保障费	养老保险费+失业保险费+医疗保险费+工伤保险费+生育保险费			758508.59
1.1.1	养老保险费	分部分项预算价直接费+技术措施直接费+组织措施直接费	13146665.4+10212.49+291855.97	3.98	535259.61
1.1.2	失业保险费	分部分项预算价直接费+技术措施直接费+组织措施直接费	13146665.4+10212.49+291855.97	0.27	36311.58
1.1.3	医疗保险费	分部分项预算价直接费+技术措施直接费+组织措施直接费	13146665.4+10212.49+291855.97	1.07	143901.45
1.1.4	工伤保险费	分部分项预算价直接费+技术措施直接费+组织措施直接费	13146665.4+10212.49+291855.97	0.23	30932.09
1.1.5	生育保险费	分部分项预算价直接费+技术措施直接费+组织措施直接费	13146665.4+10212.49+291855.97	0.09	12103.86
1.2	住房公积金	分部分项预算价直接费+技术措施直接费+组织措施直接费	13146665.4+10212.49+291855.97	1.51	203075.88

（14）填写单位工程费汇总表，总费用为 17753534.25 元，见表 7-67。

表 7-67　单位工程费汇总表

序号	汇总内容	金额/元	备注
1	分部分项工程费	14694938.4	
2	措施项目费	337652.13	
2.1	技术措施项目费	11415.52	
2.2	组织措施项目费	326236.61	
2.2.1	其中:安全文明施工费	326232.61	安全文明施工费包括:环境保护费、文明施工费、安全施工费、临时设施费
3	其他项目费		本例中没有涉及,如有,列入即可
3.1	暂列金额		本例中没有涉及,如有,列入即可
3.2	专业工程暂估价		本例中没有涉及,如有,列入即可
3.3	计日工		本例中没有涉及,如有,列入即可
3.4	总承包服务费		本例中没有涉及,如有,列入即可
4	规费	961584.47	
4.1	社会保障费	758508.59	

（续）

序号	汇总内容	金额/元	备注
4.1.1	养老保险费	535259.61	
4.1.2	失业保险费	36311.58	
4.1.3	医疗保险费	143901.45	
4.1.4	工伤保险费	30932.09	
4.1.5	生育保险费	12103.86	
4.2	住房公积金	203075.88	
5	税金	1759359.25	费率为11%,取费基数为:分部分项工程费+措施项目费+其他项目费+规费
	合计=1+2+3+4+5	17753534.25	

桥 涵 工 程

桥涵是桥梁和涵洞的统称。桥梁是道路路线跨越河流、山谷或其他交通线路等各种障碍时，为了保持道路的连续性，而建造的人工构筑物。而涵洞是修建在路基中并横贯路基，用于沟通两侧水流的构筑物。涵洞与桥梁的区别在于：涵洞不中断路基，保持道路路线的连续性和整体性，而桥梁则中断路基，自成一体。在使用方面，桥梁的使用功能主要体现在桥面部分，而涵洞是洞内的跨空部分。

第一节　桥涵工程定额计价

桥涵工程中包括打桩工程、钻孔灌注桩工程、砌筑工程、钢筋工程、现浇混凝土工程、预制混凝土工程、立交箱涵工程、安装工程、装饰工程、临时工程。

一、定额工程量计算规则

定额的适用范围：

1）单跨在 100m 以内的城镇桥梁工程（多孔桥梁跨径不同时，按最大跨径计）。

2）单跨在 5m 以内的各种板涵、拱涵工程（多孔涵洞跨径不同时，按最大跨径计）。

3）穿越城市道路及铁路的立交箱涵工程。

定额中的土壤级别，根据工程地质资料中的土层构造和土壤各项物理、力学性能指标结合沉桩的时间划分为甲、乙、丙三级，见表 8-1。

表 8-1　定额土壤级别的划分

土壤级别	鉴别方法								说明
	砂夹层情况			土壤物理力学性能					
	砂层连续厚度/m	砂砾种类	卵石含量（%）	孔隙比	天然含水量（%）	压缩系数	静力触探值	动力触探击数	每 10m 纯平均沉桩时间/min	
甲级土			>0.8	>30	>0.03	<30	<7	15 以内	桩经机械作用易沉入的土
乙级土	<2	粉细砂		0.6~0.8	25~30	0.02~0.03	30~60	7~75	25 以内	土壤中夹有较薄的细砂层，桩经机械作用较易沉入的土

（续）

土壤 级别	鉴别方法								说明
	砂夹层情况			土壤物理力学性能					
	砂层连续 厚度/m	砂砾种类	卵石含量 （%）	孔隙比	天然含水 量（%）	压缩系数	静力触 探值	动力触 探击数	每10m纯 平均沉桩 时间/min	
丙级土	>2	中粗砂	>15	<0.6		<0.02	>60	>15	25以外	土壤中夹有较厚的粗砂或卵石层,桩经机械作用较难沉入的土

鉴别土壤级别时，深度按下列规定执行：

1）桩长12m以内，为桩长的三分之一。

2）桩长12m以外，按5m深度确定。

（一）打桩工程

（1）打桩：

1）钢筋混凝土方桩、板桩按桩长度（包括桩尖长度）乘以桩横断面面积计算。

2）钢筋混凝土管桩按桩长度（包括桩尖长度）乘以桩横断面面积，减去空心部分体积计算。

3）钢管桩按成品桩考虑，以"t"计算。

（2）送桩：

1）陆上打桩时，以原地面平均标高增加1m为界线，界线以下至设计桩顶标高之间的打桩实体积为送桩工程量。

2）支架上打桩时，以当地施工期间的最高潮水位增加0.5m为界线，界线以下至设计桩顶标高之间的打桩实体积为送桩工程量。

3）送桩定额以送4m为界，如果实际超过4m，则按相应定额乘以下列调整系数：

①送桩5m以内乘以系数1.2。

②送桩6m以内乘以系数1.5。

③送桩7m以内乘以系数2.0。

④送桩7m以上，以调整后7m为基数，每超过1m系数递增0.75。

（3）打基础圆木桩、木板桩、钢筋混凝土方桩、钢筋混凝土板桩、钢筋混凝土管桩，送桩以"10m³"为计量单位。

（4）打钢管桩，送桩以"10t"为计量单位。

（5）接桩，以"个"为计量单位。

（6）钢管桩内切割，以"根"为计量单位。

（7）钢管桩精割盖帽，以"个"为计量单位。

（8）钢管桩管内钻孔取土，以"10m³"为计量单位。

（9）管桩填心（混凝土），以"10m³"为计量单位。

（10）定额中列有甲、乙级土项目，当遇丙级土时，可按乙级土定额人工乘以系数

1.33，机械乘以系数 1.43。

（11）本章定额均为打直桩，当打斜桩（包括俯打、仰打）斜率在 1：6 以内时，人工机械乘以系数 1.33，斜率在 1：6 以上时，人工机械乘以系数 1.43。

（二）钻孔灌注桩工程

（1）本章定额钻孔土质分为五种：

1）砂土：粒径不大于 2mm 的砂类土，包括淤泥、轻亚黏土。

2）黏土：亚黏土、黏土、黄土，包括土状风化。

3）砂砾：粒径 2~20mm 的角砾、圆砾含量小于或等于 50%（指重量比），包括礓石黏土及粒状风化。

4）砾石：粒径 2~20mm 的角砾、圆砾含量大于 50%（指重量比），有时还包括粒径为 20~200mm 的碎石、卵石，其含量在 10% 以内，包括块状风化。

5）卵石：粒径 20~200mm 的碎石、卵石含量大于 10%，有时还包括块石、漂石，其含量在 10% 以内，包括块状风化。

（2）埋设钢护筒定额中钢护筒按摊销量计算，若在深水作业，钢护筒无法拔出时，经建设单位签证后，可按钢护筒实际用量（或参考表 8-2 中重量）减去定额数量一次增列计算，但该部分不得计取除税金外的其他费用。

表 8-2　护筒重量表

桩径/mm	800	1000	1200	1500	2000
每米护筒重量/（kg/m）	155.06	184.87	285.93	345.09	554.60

（3）灌注桩成孔工程量按设计入土深度计算，有护筒的需减去护筒的长度。定额中的孔深是指护筒顶至桩底的深度。成孔定额中同一孔内的不同土质，不论其所在的深度如何，均执行总孔深定额。

（4）埋设钢护筒工程量是指钢护筒的长度，定额子目中的直径是桩径。

（5）人工挖桩孔土方工程量按护壁外缘包围的面积乘以深度计算。

（6）灌注桩混凝土工程量按设计桩长增加 1.0m 乘以设计横断面面积计算。

（7）泥浆外运，其工程量可按成孔体积的 2.5 倍计算。

（8）埋设钢护筒、回旋钻机钻孔、冲击式钻机钻孔，分别以"10m"为计量单位。

（9）人工挖桩孔、泥浆外运、灌注桩混凝土（现场拌和）灌注桩混凝土（商品混凝土），分别以"10m³"为计量单位。

实例 16

某桥墩的墩基础采用 2 根直径为 1.5m 的钻孔灌注桩，桩长 21m，钻孔用 2m 长的钢护筒围护，已知桩顶标高为-1.00m，计算 2 根桩不含进项税额的直接工程费。

本例中需要注意：

工程采用回旋孔机钻孔，泥浆外运为 5km，灌注混凝土采用强度等级为 C15 的泵送商品混凝土，材料价格采用定额中的单价，不考虑市场单价对材料的影响。

1）计算工程量，见表 8-3。

2）套用调整版定额，计算得出不含进项税额的直接工程费为 42280.95 元，见表 8-4。

表 8-3　工程量计算表

序号	项目名称	计量单位	工程量	计算过程
1	钢护筒	m	4	2×2
2	成孔	m	40	(21+1-2)×2
3	灌注混凝土	m³	77.72	(21+1)×2×3.14×0.75×0.75
4	泥浆外运	m³	194.29	(21+1)×2×3.14×0.75×0.75×2.5

表 8-4　直接工程费计算表（不含进项税额）

序号	定额编号	子目名称	工程量		单价/元	其中/元			合价/元	其中/元		
			单位	数量		人工费	材料费	机械费		人工费	材料费	机械费
1	D3-132	埋设钢护筒 陆上 φ≤1500mm	10m	0.4	3442.23	2225.28	270.53	946.42	1376.89	890.11	108.21	378.57
2	D3-163	回旋钻机钻孔 φ≤1500mm，H≤40m 砂土、黏土	10m	4	3829.47	1214.67	661.72	1953.08	15317.88	4858.68	2646.88	7812.32
3	D3-191	泥浆外运运距 5km 以内	100m³	1.94	2235.62			2235.62	4343.59			4343.59
4	D3-198	灌注桩混凝土（商品混凝土）	10m³	7.77	2733.22	448.02	2285.2		21242.59	3482.01	17760.57	
		总计	元						42280.95	9230.8	20515.66	12534.48

（三）砌筑工程

1）砌筑工程量按设计砌体尺寸以"m³"为计量单位计算，嵌入砌体中的钢管、沉降缝、伸缩缝以及 0.3m² 以内的预留孔所占体积不予扣除。

2）拱圈底模工程量按模板接触砌体的面积计算。

3）砌筑高度超过 1.2m，可计算脚手架费用。

4）浆砌块（片）石、浆砌料石、浆砌混凝土预制块、砖砌体，分别以"10m³"为计量单位。

5）圬工勾缝，以"100m²"为计量单位。

6）拱圈底模，以"10m²"为计量单位。

实例 17

某桥墩的桥台采用浆砌混凝土预制块，基础采用浆砌片石。试计算桥台台身及基础不含进项税额的直接工程费。

本例中需要注意：根据设计图样计算得出桥台体积为 410m³，基础的体积为 350m³，台身勾凸缝面积为 120m²。所有材料价格均采用定额中的单价，不考虑市场单价对材料的影响。

1）工程量计算，见表 8-5。

2）套用调整版定额，计算得出不含进项税额的直接工程费为 219944.01 元，见表 8-6。

表 8-5　工程量计算表

序号	项目名称	计量单位	工程量	计算过程
1	浆砌片石基础	m³	410	此例中已知工程量,实际计算时是依据设计图样中基础尺寸以体积计算
2	浆砌混凝土砌块台身	m³	350	此例中已知工程量,实际计算时是依据设计图样中砌筑尺寸以体积计算
3	勾凸缝	m²	120	此例中已知工程量,实际计算时是依据设计图样中所勾缝的墙体表面以面积计算

表 8-6　直接工程费计算表（不含进项税额）

序号	定额编号	子目名称	工程量 单位	工程量 数量	单价/元	其中/元 人工费	其中/元 材料费	其中/元 机械费	合价/元	其中/元 人工费	其中/元 材料费	其中/元 机械费
1	D3-202	浆砌片石基础	10m³	41	2595.48	1137.15	1226.58	231.75	106414.68	46623.15	50289.78	9501.75
2	D3-210	浆砌混凝土预制块	10m³	35	3217.13	637.83	2408.78	170.52	112599.55	22324.05	84307.3	5968.2
3	D3-226	混凝土预制块勾凸缝	100m²	1.2	774.82	601.35	168.64	4.83	929.78	721.62	202.37	5.8
		总计	元						219944.01	69668.82	134799.45	15475.75

（四）钢筋工程

1）本章定额包括桥涵工程各种钢筋、高强钢丝、钢绞线、预埋件的制作安装等项目。

2）设计要求采用的钢材等级与定额不符时,可予调整。

3）钢筋按设计用量套用相应定额计算,损耗已包括在定额中,设计规定有搭接长度的,可计算搭接长度;设计未规定的,不再另计。

4）T形梁连接钢板项目按设计图样,以"t"为单位计算。

5）锚具工程量按设计用量乘以下列系数计算:锥形锚 1.05；OVM 锚 1.05；墩头锚 1.00。

6）管道压浆不扣除钢筋体积。

7）钢筋制作安装、钢件拉杆制作安装、预应力筋制作安装,分别以"t"为计量单位。

8）安装压浆管道和压浆,其中:安装压浆管道分橡胶管、薄钢板管、波纹管,以"100m"为计量单位；压浆按体积,以"10m³"为计量单位。

实例 18

某桥梁全长为86m,上部结构采用4m×20m先简支后连续预应力混凝土箱梁,下部结构采用柱式墩、肋板台,钻孔灌注桩基础。其中一块盖梁中采用的钢筋见表8-7,试计算该块盖梁内钢筋不含进项税额的直接工程费。

本例中需要注意:所有材料价格均采用定额中的单价,不考虑市场单价对材料价格的影响。

表 8-7　工程数量表

编号	直径/mm	单根长/cm	根数	共长/m	单位重量/(kg/m)	共重/kg
1	28	1096.3	17	186.37	4.837	901.53
2	28	1225.9	17	208.40	4.837	1008.10
3	28	1287.8	8	103.02	4.837	498.36
4	28	1183.5	8	94.68	4.837	457.99
5	28	319.8	8	25.58	4.837	123.76
6	28	319.8	8	25.58	4.837	123.76
7	28	244.7	8	19.58	4.837	94.69
8	28	238.3	8	19.06	4.837	92.22
9	12	441.3	144	635.47	0.888	564.60
10	12	462.1	144	665.42	0.888	591.22
11	12	366.0	44	161.04	0.888	143.08
12	12	386.8	44	170.19	0.888	151.21
13	12	1069.1	10	106.91	0.888	94.99
14	12	976.7	10	97.67	0.888	86.78
15	12	191.0	10	19.10	0.888	16.97
一块盖梁合计	28	3300.41kg				
	12	1648.85kg				
	C35 混凝土	28.1m³				

1）工程量计算，见表 8-8。

表 8-8　工程量计算表

序号	项目名称	计量单位	工程量	计算过程
1	φ28	kg	3300.41	一般设计图样会给出钢筋用量，如果设计图样没有给出用量，实际计算时是依据设计图样配筋进行计算
2	φ12	kg	1648.85	一般设计图样会给出钢筋用量，如果设计图样没有给出用量，实际计算时是依据设计图样配筋进行计算

2）套用调整版定额，计算得出不含进项税额的直接工程费为 19000.07 元，见表 8-9。

表 8-9　直接工程费计算表（不含进项税额）

序号	定额编号	子目名称	工程量		单价/元	其中/元			合价/元	其中/元		
			单位	数量		人工费	材料费	机械费		人工费	材料费	机械费
1	D4-1178	现浇、预制构件钢筋 现浇（直径12mm）	t	3.3	3915.96	440.61	3354.54	120.81	12924.27	1454.19	11071.36	398.72
2	D4-1179	现浇、预制构件钢筋 现浇（直径28mm）	t	1.65	3684.87	290.13	3302.26	92.48	6075.8	478.38	5444.93	152.49
		总计	元						19000.07	1932.57	16516.29	551.21

（五）现浇混凝土工程

1）本章定额适用桥涵工程现浇各种混凝土构筑物。

2）本章定额中毛石混凝土的毛石含量是按15%计算的，当设计含量不同时，可以按下式换算，人工及机械不再调整。

$$换算后的毛石数量 = 16.2×设计毛石含量的百分比$$
$$换算后的混凝土数量 = 10.15×设计混凝土含量的百分比$$

3）混凝土工程量按设计尺寸以实体积计算（不包括空心板、梁的空心体积），不扣除钢筋、钢丝、钢件、预留压浆孔道和螺栓所占的体积。

4）模板工程量按模板接触混凝土的面积计算。

5）现浇混凝土墙、板上单孔面积在$0.3m^2$以内的孔洞体积不予扣除，洞侧壁模板面积也不再计算；单孔面积在$0.3m^2$以上时，应予扣除，洞侧壁模板面积并入墙、板模板工程量之内计算。

6）基础，承台，支撑梁与横梁，墩台，台身，拱桥、箱梁、连续板、板梁、板拱、挡墙、混凝土接头及灌缝、小型构件，分别以"$10m^3$"为计量单位。涉及的模板，分别以"$10m^2$"为计量单位。

7）桥面防水层，区分一涂沥青、一层油毡、防水砂浆、防水橡胶板，分别以"$100m^2$"为计量单位。

实例 19

某桥梁全长为86m，上部结构采用4m×20m先简支后连续预应力混凝土箱梁，下部结构采用柱式墩、肋板台，钻孔灌注桩基础。其中一块盖梁采用C35现浇混凝土，工程量为$28.1m^3$，侧模为$39.68m^2$，底模为$19.08m^2$，试计算该块盖梁内混凝土不含进项税额的直接工程费。

本例中需要注意：所有材料价格采用定额中的单价，不考虑市场单价对材料的影响。

1）工程量计算，见表8-10。

表 8-10 工程量计算表

序号	项目名称	计量单位	工程量	计算过程
1	C35现浇混凝土	m^3	28.1	本例中已给现浇混凝土用量，如果设计图样没有给出工程量，实际计算时是依据设计图样尺寸进行计算
2	支拆侧模	m^2	39.68	本例中已给模板用量，实际计算时是依据设计图样尺寸按模板与混凝土接触面积进行计算
3	支拆底模	m^2	19.08	本例中已给模板用量，实际计算时是依据设计图样尺寸按模板与混凝土接触面积进行计算

2）套用调整版定额，计算得出不含进项税额的直接工程费为计9817.35元，见表8-11。

3）套用调整版定额，计算得出不含进项税额的技术措施项目直接工程费为3211.35元，见表8-12。

表 8-11　直接工程费计算表（不含进项税额）

序号	定额编号	子目名称	工程量		单价/元	其中/元			合价/元	其中/元		
			单位	数量		人工费	材料费	机械费		人工费	材料费	机械费
1	D3-275 换	梁混凝土	10m³	2.81	3493.72	812.25	2376.43	305.04	9817.35	2282.42	6677.77	857.16
		总计	元						9817.35	2282.42	6677.77	857.16

注：定额中原考虑为 C20 现浇混凝土，定额单价为 3134.92 元/10m³，混凝土含量为 10.15m³，现为 C35 现浇混凝土，则需换算，换算程序为：先扣除 C20 混凝土费用 10.15m³×194.12 元/m³=1970.32 元，再加上 C35 混凝土费用 10.15m³×229.47 元/m³=2329.12 元，最后得出换算后的梁混凝土定额单价为 3493.72 元/10m³。

表 8-12　技术措施项目直接工程费计算表（不含进项税额）

序号	定额编号	子目名称	工程量		单价/元	其中/元			合价/元	其中/元		
			单位	数量		人工费	材料费	机械费		人工费	材料费	机械费
1	D3-276	梁模板	10m²	5.876	546.52	206.34	281.26	58.92	3211.35	1212.45	1652.68	346.21
		小计							3211.35	1212.45	1652.68	346.21

注：因定额中把梁模板都整合在一个定额中考虑，所以工程量为侧模和底模的工程合量。

（六）预制混凝土工程

（1）混凝土工程量计算：

1）预制桩混凝土工程量按桩长度（包括桩尖长度）乘以桩横断面面积计算。

2）预制空心构件混凝土工程量按设计图尺寸扣除空心体积，以实体积计算。空心板梁的堵头板体积不计入工程量内，其消耗量已在定额中考虑。

3）预制空心板梁，凡采用橡胶囊做内模的，考虑其压缩变形因素，可增加混凝土数量。当梁长在 16m 以内时，可按设计计算体积增加 7%；当梁长大于 16m 时，则按增加 9% 计算。如果设计图已注明考虑橡胶囊变形，则不得再增加计算。

4）预应力混凝土构件的封锚混凝土数量并入构件混凝土工程量计算。

（2）模板工程量计算：

1）预制构件中预应力混凝土构件及 T 形梁、I 形梁、双曲拱、桁架拱等构件均按模板接触混凝土的面积（包括侧模、底模）计算。

2）灯柱、端柱、栏杆等小型构件按平面投影面积计算。

3）预制构件中非预应力构件按模板接触混凝土的面积计算，不包括胎模、地模。

4）空心板梁中空心部分，定额均采用橡胶囊抽拔，其摊销量已包括在定额中，不再计算空心部分模板工程量。

5）空心板中空心部分，可按模板接触混凝土的面积计算工程量。

6）预制构件中的钢筋混凝土桩、梁及小型构件，可按 2% 计算其运输、堆放、安装损耗。

（3）桩、立柱、板、梁、双曲拱构件、桁架拱构件、小型构件、板拱，分别以"10m³"为计量单位。涉及的模板，分别以"10m²"为计量单位。

实例 20

某桥梁全长为 86m，上部结构采用 4m×20m 先简支后连续预应力混凝土箱梁，下部结构采用柱式墩、肋板台，钻孔灌注桩基础。其中一块盖梁采用 C35 现场预制，工程量为 28.1m³，侧模为 39.68m²，底模为 19.08m²，试计算该块盖梁内混凝土不含进项税额的直接工程费。

本例中需要注意：所有材料价格均采用定额中的单价，不考虑市场单价对材料价格的影响。

1）计算工程量，见表 8-13。

表 8-13 工程量计算表

序号	项目名称	计量单位	工程量	计算过程
1	C35 预制混凝土	m³	28.1	本例中已给现浇混凝土用量,如果设计图样没有给出工程量,实际计算时是依据设计图样尺寸进行计算
2	支拆侧模	m²	39.68	本例中已给模板用量,实际计算时是依据设计图样尺寸按模板与混凝土接触面积进行计算
3	支拆底模	m²	19.08	本例中已给模板用量,实际计算时是依据设计图样尺寸按模板与混凝土接触面积进行计算

2）套用调整版定额，计算得出不含进项税额的直接工程费为 9979.38 元，见表 8-14。

表 8-14 直接工程费计算表（不含进项税额）

序号	定额编号	子目名称	工程量 单位	工程量 数量	单价/元	其中/元 人工费	其中/元 材料费	其中/元 机械费	合价/元	其中/元 人工费	其中/元 材料费	其中/元 机械费
1	D3-357 换	预制混凝土工程	10m³	2.81	3551.38	931.95	2297.46	321.97	9979.38	2618.78	6455.86	904.74
		总计	元						9979.38	2618.78	6455.86	904.74

注：定额中原考虑为 C30 预制混凝土，定额单价为 3426.74 元/10m³，混凝土含量为 10.15m³，现为 C35 现浇混凝土，则需换算，换算程序为：先扣除 C30 混凝土费用 10.15m³×209.84 元/m³ = 2129.88 元，再加上 C35 混凝土费用 10.15m³×222.12 元/m³ = 2254.52 元，最后得出换算后梁混凝土定额单价为 3551.38 元/10m³。

3）套用调整版定额，计算得出不含进项税额的技术措施项目直接工程费为 1476.82 元，见表 8-15。

表 8-15 技术措施直接工程费计算表（不含进项税额）

序号	定额编号	子目名称	工程量 单位	工程量 数量	单价/元	其中/元 人工费	其中/元 材料费	其中/元 机械费	合价/元	其中/元 人工费	其中/元 材料费	其中/元 机械费
1	D3-358	预制混凝土工程 实心板梁模板	10m²	5.876	251.33	153.33	88.81	9.19	1476.82	900.97	521.85	54.00
		总计							1476.82	900.97	521.85	54.00

注：因定额中把梁模板都整合在一起考虑，因而工程量为侧模和底模的工程合量。

（七）立交箱涵工程

（1）本章定额包括箱涵制作、顶进、箱涵内挖土等项目，适用于穿越城市道路及铁路的立交箱涵顶进工程及现浇箱涵工程。

（2）箱涵滑板下的肋楞，其工程量并入滑板内计算。

（3）箱涵混凝土工程量，不扣除单孔面积 0.3m² 以下的预留孔洞体积。

（4）箱涵顶柱、中继间护套及平台支架均属专用周转性金属构件，定额中为定额价格生成项目，在箱涵顶进和挖土定额项目中已按摊销量计列，不得重复计算。

（5）箱涵顶进定额分空顶、无中继间实土顶和有中继间实土顶三类，其工程量计算如下：

1）空顶工程量按空顶的单节箱涵重量乘以箱涵位移距离计算。

2）实土顶工程量按被顶箱涵的重量乘以箱涵位移距离分段累计计算。

（6）透水管铺设，以"10m"为计量单位。

（7）箱涵制作，以"10m³"为计量单位；模板以"10m²"为计量单位。

（8）箱涵顶进，以"1000t·m"为计量单位；箱涵内挖土，以"100m³"为计量单位。

（9）箱涵的接缝处理，分石棉水泥嵌缝、嵌防水膏，以"10m"为计量单位；分沥青二度、沥青封口、嵌沥青木丝板，以"10m²"为计量单位。

实例21

某工程是立交箱涵工程，分两节顶进，每节箱涵的重量为200t，长为6m，如图8-1所示。试计算该箱涵顶进工程量。

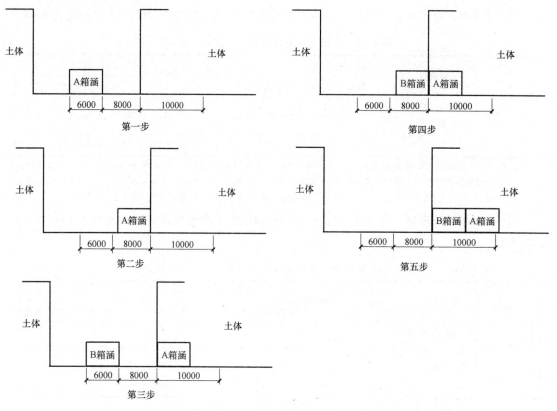

图8-1　箱涵顶进示意图

1）A箱涵：空顶工程量 200t×8m＝1600t·m

实土顶工程量 200t×6m＝1200t·m

2）B箱涵：空顶工程量 200t×8m＝1600t·m

实土顶工程量 400t×6m＝2400t·m

3）合计工程量：空顶工程量 1600t·m＋1600t·m＝3200t·m

实土顶工程量 1200t·m＋2400t·m＝3600t·m

（八）安装工程

1）安装预制构件以"m³"为计量单位的，均按构件混凝土实体积（不包括空心部分）计算。

2）安装排架立柱；安装矩形板、空心板、微弯板；安装梁；安装双曲拱构件；安装桁架拱构件；安装板拱；安装端柱、锚钉板、栏杆；构件场内运输，分别以"10m³"为计量单位。

3）安装柱式墩、台管节；安装泄水孔；安装伸缩缝，分别以"10m"为计量单位。

4）钢栏杆及扶手安装，以"t"为计量单位。

5）安装支座，辊轴钢、切线钢、摆式支座，以"t"为计量单位；板式橡胶、四氟板式橡胶支座，以"100cm³"为计量单位；油毛毡支座，以"10m²"为计量单位。

6）安装沉降缝，区分不同的材质，以"10m²"为计量单位。

实例22

某桥梁全长为86m，上部结构采用4m×20m先简支后连续预应力混凝土箱梁，下部结构采用柱式墩、肋板台，钻孔灌注桩基础。其中一块盖梁采用C35现场预制，工程量为28.1m³，试计算该块盖梁安装不含进项税额的直接工程费。

本例中需要注意：所有材料价格均采用定额中的单价，不考虑市场单价对材料价格的影响，安装采用起重机安装，垫滚子绞运150m。

1）工程量计算，见表8-16。

表8-16　工程量计算表

序号	项目名称	计量单位	工程量	计算过程
1	盖梁安装	m³	28.1	本例中已给现浇混凝土用量,如果设计图样没有给出工程量,实际计算时是依据设计图样尺寸进行计算
2	盖梁场内运输150m	m³	28.1	本例中已给现浇混凝土用量,如果设计图样没有给出工程量,实际计算时是依据设计图样尺寸进行计算

2）套用调整版定额，计算得出不含进项税额的直接工程费为2695.35元，见表8-17。

表8-17　直接工程费计算表（不含进项税额）

序号	定额编号	子目名称	工程量单位	数量	单价/元	人工费	材料费	机械费	合价/元	人工费	材料费	机械费
1	D3-444	起重机安装板梁	10m³	2.81	366.32	108.87		257.45	1029.36	305.92		723.43
2	D3-507	构件场内运输构件重10t以外运距100m以内	10m³	2.81	511.43	288.42	61.44	161.57	1437.12	810.46	172.65	454.01
3	D3-508	构件场内运输构件重10t以外每增50m	10m³	2.81	81.45	37.62	16.82	27.01	228.87	105.71	47.26	75.9
		总计	元						2695.35	1222.09	219.91	1253.34

（九）装饰工程

1）本章定额包括砂浆抹面、水刷石、剁斧石、拉毛、水磨石、镶贴面层、涂料、油漆等项目，适用于桥、涵构筑物的装饰项目。

2）装饰工程高度超过 1.5m 时，需搭脚手架。

3）定额中除金属面油漆以"t"计算外，其余项目均按装饰面积计算。

4）水泥砂浆抹面、水刷石、剁斧石、拉毛、水磨石、镶贴面层、水质涂料，分别以"100m²"为计量单位。

5）油漆，抹灰面以"100m²"为计量单位；金属面防锈漆一度、金属面调和漆一度，以"t"为计量单位。

实例 23

某桥梁全长为 86m，上部结构采用 4m×20m 先简支后连续预应力混凝土箱梁，下部结构采用柱式墩、肋板台，钻孔灌注桩基础。其中方钢栏杆用红色防锈漆粉刷一遍，调和漆粉刷两遍，方钢栏杆的重量为 7.63t，立柱及栏杆扶手的底座采用剁斧石装饰，面积为 269.15m²，试计算装饰工程不含进项税额的直接工程费。

本例中需要注意：所有材料价格均采用定额中的单价，不考虑市场单价对材料价格的影响。

1）工程量计算，见表 8-18。

表 8-18 工程量计算表

序号	项目名称	计量单位	工程量	计算过程
1	金属栏杆除锈刷漆	t	7.63	本例中已给工程量，如果设计图样没有给出工程量，实际计算时是依据设计图样尺寸进行计算
2	剁斧石装饰	m²	269.15	本例中已给工程量，如果设计图样没有给出工程量，实际计算时是依据设计图样尺寸进行计算

2）套用调整版定额，计算得出不含进项税额的直接工程费为 16523 元，见表 8-19。

表 8-19 直接工程费计算表（不含进项税额）

序号	定额编号	子目名称	工程量		单价/元	其中/元			合价/元	其中/元		
			单位	数量		人工费	材料费	机械费		人工费	材料费	机械费
1	D3-550	油漆 金属面 防锈漆一度 栏杆	t	7.63	118.65	53.58	65.07		905.3	408.82	496.48	
2	D3-552	油漆 金属面 调和漆一度 栏杆	t	7.63	191.5	161.31	30.19		1461.15	1230.8	230.35	
3	D3-552	油漆 金属面 调和漆一度 栏杆	t	7.63	191.5	161.31	30.19		1461.15	1230.8	230.35	
4	借 D3-518	栏杆、扶手剁斧石装饰	100m²	2.69	4716.85	4174.5	500.96	41.39	12695.4	11235.67	1348.33	111.4
		总计	元						16523	14106.09	2305.51	111.4

（十）临时工程

（1）本章定额内容包括桩基础支架平台、木垛、支架的搭拆，万能杆件的组拆，挂篮的安拆和推移，胎地膜的筑拆及桩顶混凝土凿除等项目，适用于支架上打桩及钻孔灌注桩工程。

（2）桥涵拱盔、支架不包括底模及地基加固在内。

（3）打桩机械锤重的选择见表 8-20。

表 8-20　打桩机械锤重的选择

桩类别	桩长度/m	桩截面积 S/m^2 或管径 ϕ/mm	柴油桩机锤重/kg
钢筋混凝土方桩及板桩	$L \le 8.00$	$S \le 0.05$	600
	$L \le 8.00$	$0.05 < S \le 0.105$	1200
	$8.00 < L \le 16.00$	$0.105 < S \le 0.125$	1800
	$16.00 < L \le 24.00$	$0.125 < S \le 0.160$	2500
	$24.00 < L \le 28.00$	$0.160 < S \le 0.225$	4000
钢筋混凝土管桩	$L \le 25.00$	$\phi 400$	2500
	$L \le 25.00$	$\phi 550$	4000

（4）钻孔灌注桩工作平台按孔径 $\phi \le 1000\text{mm}$，套用锤重 1800kg 打桩工作平台，$\phi > 1000\text{mm}$，套用锤重 2500kg 打桩工作平台。

（5）搭拆打桩工作平台面积计算（图 8-2）：

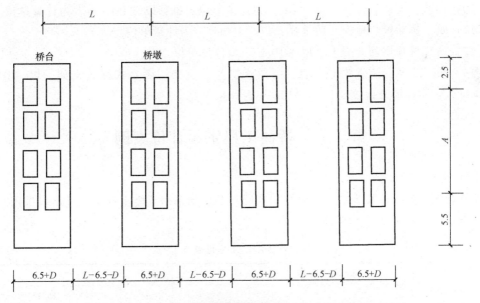

注：图中尺寸单位均为"m"。

图 8-2　工作平台面积计算示意图

1）桥梁打桩　　　　　$F = N_1 F_1 + N_2 F_2$

每座桥台（桥墩）　$F_1 = (5.5 + A + 2.5) \times (6.5 + D)$

每条通道　　　　　$F_2 = 6.5 \times [L - (6.5 + D)]$

2）钻孔灌柱桩 $\qquad F = N_1F_1 + N_2F_2$

每座桥台（桥墩） $\qquad F_1 = (A+6.5)\times(6.5+D)$

每条通道 $\qquad F_2 = 6.5\times[L-(6.5+D)]$

式中　F——工作平台总面积；

　　　F_1——每座桥台（桥墩）工作平台面积；

　　　F_2——桥台至桥墩间或桥墩至桥墩间通道工作平台面积；

　　　N_1——桥台和桥墩总数量；

　　　N_2——通道总数量；

　　　D——二排桩之间距离（m）；

　　　L——桥梁跨径或护岸的第一根桩中心至最后一根桩中心之间的距离（m）；

　　　A——桥台（桥墩）每排桩的第一根桩中心至最后一根桩中心之间的距离（m）。

（6）凡台与墩或墩与墩之间不能连续施工时（如不能断航、断交通或拆迁工作不能配合），每个墩、台可计一次组装、拆卸柴油打桩架及设备运输费。

（7）桥涵拱盔、支架空间体积计算：

1）桥涵拱盔体积按起拱线以上弓形侧面面积乘以（桥宽+2m）计算。

2）桥涵支架体积按结构底至原地面平均标高乘以纵向距离再乘以（桥宽+2m）计算。

（8）搭、拆桩基础支架平台，以"100m^2"为计量算单位。

（9）搭、拆木垛；拱、板涵拱盔支架；组装、拆卸万能杆件，以"100m^3"为计量单位。

（10）挂篮，安装、拆除，以"10t"为计量单位；推移以"10t·m"为计量单位。

（11）筑、拆胎模、地模、砖地模，以"100m^2"为计量单位。

（12）凿除桩顶钢筋混凝土，以"10m^3"为计量单位。

（13）桥梁支架，满堂式木支架、桁架式拱盔及支架、满堂式钢管支架，以"100m^3"为计量单位；防撞墙悬挑支架，以"10m"为计量单位。

第二节　桥涵工程定额计价案例

实例24

某圆管涵工程，全长为28m，两端端墙墙身及基础采用混凝土现浇，进出口采用八字墙片石砌筑，全部工程量见表8-21。

表8-21　工程量表

序号	工程项目名称	单位	数量
1	C30 管节混凝土	m^3	15.12
2	φ10 管节钢筋	kg	754.6
3	φ8 管节钢筋	kg	347.2
4	C25 混凝土端墙墙身	m^3	2.09
5	C25 混凝土端墙基础	m^3	2.23
6	C25 混凝土管基	m^3	42.6

(续)

序号	工程项目名称	单位	数量
7	C25 混凝土墙帽	m³	0.27
8	砂砾垫层	m³	48.3
9	墙背填砂砾	m³	162.6
10	M10 浆砌片石洞口铺砌	m³	2.76
11	M10 浆砌片石隔水墙	m³	1.77
12	M10 浆砌片石八字翼墙墙身	m³	6.8
13	M10 浆砌片石翼墙基础	m³	5.39
14	2m 管节个数	个	14
15	沥青麻絮	m³	15.15
16	挖土方	m³	160.4

本例中需要注意：

1）土质考虑为三类土。

2）暂时不考虑人工调差和材料实际市场价调差对工程造价的影响。

3）计算组织措施费时一般计税法模式考虑：安全施工费 0.64%；文明施工费 0.53%；生活性临时设施费 0.64%；生产性临时设施费 0.41%。

4）一般计税法模式下取费费率：企业管理费费率为 6.13%；利润费率为 5%；养老保险费费率为 3.98%；失业保险费费率为 0.27%；医疗保险费费率为 1.07%；工伤保险费费率为 0.23%；生育保险费费率为 0.09%；住房公积金费率为 1.51%。

5）用一般计税法计算时税金费率取 11%。

6）如果采用简易计税法模式，须注意计价定额套用和取费费率的不同，其他计算程序不变。

（1）工程量计算，见表 8-22。

表 8-22　工程量计算表

序号	工程项目名称	单位	工程量	计算过程	备注
1	机械挖沟槽土方	m³	152.38	160.4×0.95	
	人工挖沟槽土方	m³	8.02	160.4×0.05	
	墙背填天然砂砾	m³	162.6	162.6	
2	沟槽夯实	m²	64.4	28×(1.3+0.5×2)	1.3m 为圆管涵基础宽，0.5m 为工作面宽度
	圆管涵砂砾垫层	m³	48.3	48.3	
	C25 混凝土管基	m³	42.6	42.6	
	圆管涵混凝土基础模板	m²	53.2	28×0.95×2	计入措施项目
	管道铺设	m	28	28	
	管道接口	个	14	14	

（续）

序号	工程项目名称	单位	工程量	计算过程	备注
3	管涵两端 C25 混凝土墙基础	m³	2.23	2.23	
	管涵两端 C25 混凝土墙基础模板	m²	6.53	(0.8×0.6×2+0.6×1.92×2)×2	计入措施项目，计算式中的数字为设计图示尺寸
	管涵两端 C25 混凝土墙	m³	2.09	2.09	
	管涵两端 C25 混凝土墙模板	m²	19.02	(0.4×2.05×2+2.05×1.92×2)×2	计入措施项目，计算式中的数字为设计图示尺寸
	墙帽 C25 混凝土	m³	0.27	0.27	
	墙帽 模板	m²	1.39	(1.92+0.4)×2×0.15×2	计入措施项目，计算式中的数字为设计图示尺寸
4	浆砌片石	m³	16.72	2.76+1.77+6.8+5.39	
	脚手架	m²	7.87	2.05×1.92×2	计入措施项目，计算式中的数字为设计图示尺寸

（2）用一般计税法模式计算工程造价（含增值税销项税额的工程造价）。

1）套用调整版定额，计算得出不含进项税额的直接工程费为46839.13元，见表8-23。

表 8-23 直接工程费计算表（不含进项税额）

序号	定额编号	子目名称	工程量		单价/元	其中/元			合价/元	其中/元		
			单位	数量		人工费	材料费	机械费		人工费	材料费	机械费
		土方 分部							10493.4	1828.35	8074.34	590.7
1	D1-81	反铲挖掘机不装车三类土	1000m³	0.15	2564.33	342		2222.33	390.75	52.11		338.64
2	D1-11	人工挖沟槽土方 三类土 深度在 8m 以内	100m³	0.08	5402.46	5402.46			433.28	433.28		
3	D1-124	回填天然砂砾	100m³	1.63	5946.72	825.93	4965.77	155.02	9669.37	1342.96	8074.34	252.06
		圆管涵28m 分部							31329.91	8288.76	21342.6	1698.52
4	D1-121	机械平整场地及回填原土夯实 100m² 槽坑	100m²	0.64	73.18	60.42		12.76	47.13	38.91		8.22
5	D4-479	圆管涵砂砾垫层	10m³	4.83	898.48	389.88	497.09	11.51	4339.66	1883.12	2400.94	55.59
6	D3-268 换	混凝土基础混凝土	10m³	4.26	3168.83	736.44	2150.86	281.53	13499.22	3137.23	9162.66	1199.32

（续）

序号	定额编号	子目名称	工程量		单价/元	其中/元			合价/元	其中/元		
			单位	数量		人工费	材料费	机械费		人工费	材料费	机械费
7	D4-59	管道铺设混凝土管道平接（企口）式管径1000mm以内	100m	0.28	24500.13	1878.15	21459.47	1162.51	6860.04	525.88	6008.65	325.5
8	D4-227	管道接口变形缝 管径1000mm以内	10个口	1.4	4702.76	1931.16	2693.11	78.49	6583.86	2703.62	3770.35	109.89
		管涵两端混凝土墙 分部							1491.01	365.27	986.5	139.23
9	D3-268 换	混凝土基础混凝土	10m³	0.22	3168.83	736.44	2150.86	281.53	706.65	164.23	479.64	62.78
10	D3-317 换	现浇混凝土工程 挡墙混凝土	10m³	0.21	3312.13	844.74	2145.33	322.06	692.24	176.55	448.37	67.31
11	D3-289 换	墙帽混凝土	10m³	0.03	3411.7	906.87	2166.28	338.55	92.12	24.49	58.49	9.14
		洞口及八字翼墙片石砌筑 分部							3524.81	1416.22	1810.51	298.08
12	D3-205	浆砌片石侧墙	10m³	1.67	2108.14	847.02	1082.84	178.28	3524.81	1416.22	1810.51	298.08
	小计								46839.13	11898.6	32213.95	2726.53

注：表中混凝土强度等级换算，圆管涵混凝土基础定额中原考虑为C15现浇混凝土，定额单价为2863.92元/10m³，混凝土含量为10.15m³，现为C25现浇混凝土，则需换算，换算程序为：先扣除C15混凝土费用10.15m³×179.56元/m³=1822.53元，再加上C25混凝土费用10.15m³×209.6元/m³=2127.44元，最后得出换算后梁混凝土定额单价为3168.83元/10m³。

2）套用调整版定额，计算不含进项税额的技术措施费，见表8-24。

表8-24 技术措施费计算表（不含进项税额）

序号	编号	名称	工程量		价值/元		其中/元		
			单位	数量	单价	合价	人工费	材料费	机械费
1	D3-269	圆管涵混凝土基础 模板	10m²	5.32	251.05	1335.59	612.54	667.34	55.7
2	D3-269	管涵两端混凝土墙基础 模板	10m²	0.6528	251.05	163.89	75.16	81.89	6.83
3	D3-318	管涵两端混凝土墙 模板	10m²	1.9024	352	669.64	298.2	262.19	109.25
4	D3-290	墙帽 模板	10m²	0.1392	633.53	88.19	31.5	46.43	10.26

（续）

序号	编号	名称	工程量		价值/元		其中/元		
			单位	数量	单价	合价	人工费	材料费	机械费
5	D1-334	单、双排脚手架 钢管脚手架 双排 4m 以内	100m²	0.07872	794.38	62.53	37.6	22.46	2.47
小计		混凝土、钢筋混凝土模板及支架	项	1	2319.84	2319.84	1055	1080.31	184.51

3）根据已知费率，计算得出不含进项税额的组织措施费为 1039.83 元，见表 8-25。

表 8-25 组织措施费计算表（不含进项税额）

序号	项目名称	计算基数①	费率②	工程量③	单价小计/元 ④=⑥+⑦+⑧	合价小计/元 ⑤=③×④	单价中（保留 2 位小数）/元		
							人工费单价⑥=①×②×20%	材料费单价⑦=①×②×70%	机械费单价⑧=①×②×10%
1	安全施工费	定额基价（人工费+材料费+机械费，本例中为 46839.13 元）	0.64	1	299.77	299.77	59.95	209.84	29.98
2	文明施工费	定额基价（人工费+材料费+机械费，本例中为 46839.13 元）	0.53	1	248.25	248.25	49.65	173.77	24.82
3	生活性临时设施费	定额基价（人工费+材料费+机械费，本例中为 46839.13 元）	0.64	1	299.77	299.77	59.95	209.84	29.98
4	生产性临时设施费	定额基价（人工费+材料费+机械费，本例中为 46839.13 元）	0.41	1	192.04	192.04	38.41	134.43	19.20
小计						1039.83			

4）对已计算出的数据进行汇总，并计算管理费、利润、规费、税金等，合计得出该工程含销项税额的工程造价为 66276.39 元，见表 8-26。

表 8-26 工程造价汇总表（含销项税额）

序号	费用名称	取费说明（或取费基数）	费率（%）	费用金额/元
1	直接工程费	人工费+材料费+机械费		46839.13
2	施工技术措施费	技术措施项目合计		2319.84
3	施工组织措施费	组织措施项目合计		1039.83
4	直接费小计	直接工程费+施工技术措施费+施工组织措施费		50198.80
5	企业管理费	直接费小计	6.13	3077.19
6	规费	养老保险费+失业保险费+医疗保险费+工伤保险费+生育保险费+住房公积金		3589.21
7	养老保险费	直接费小计	3.98	1997.91
8	失业保险费	直接费小计	0.27	135.54

（续）

序号	费用名称	取费说明（或取费基数）	费率(%)	费用金额/元
9	医疗保险费	直接费小计	1.07	537.13
10	工伤保险费	直接费小计	0.23	115.46
11	生育保险费	直接费小计	0.09	45.18
12	住房公积金	直接费小计	1.51	758.00
13	间接费小计	企业管理费+规费		6666.40
14	利润	直接费小计+间接费小计	5	2843.26
15	动态调整	人材机价差（本项目没有考虑）		
16	税金（增值税销项税额）	直接费小计+间接费小计+利润+动态调整	11	6567.93
17	工程造价	直接费小计+间接费小计+利润+动态调整+税金		66276.39

第三节　桥涵工程清单计价

一、桩基工程、基坑与边坡支护

（一）《规范》附录项目内容

桩基工程量清单项目设置、项目特征描述的内容、计量单位及工程量计算规则见表8-27。

表8-27　桩基（《规范》C.1表）

项目编码	项目名称	项目特征	计量单位	工程量计算规则	工作内容
040301001	预制钢筋混凝土方桩	1. 地层情况 2. 送桩深度、桩长 3. 桩截面 4. 桩倾斜度 5. 混凝土强度等级	1. m 2. m³ 3. 根	1. 以"m"计量，按设计图示尺寸以桩长（包括桩尖）计算 2. 以"m³"计量，按设计图示桩长（包括桩尖）乘以桩的断面面积计算 3. 以根计量，按设计图示数量计算	1. 工作平台搭拆 2. 桩就位 3. 桩机位移 4. 沉桩 5. 接桩 6. 送桩
040301002	预制钢筋混凝土管桩	1. 地层情况 2. 送桩深度、桩长 3. 桩外径、壁厚 4. 桩倾斜度 5. 桩尖设置及类型 6. 混凝土强度等级 7. 填充材料种类			1. 工作平台搭拆 2. 桩就位 3. 桩机位移 4. 桩尖安装 5. 沉桩 6. 接桩 7. 送桩 8. 桩芯填充

（续）

项目编码	项目名称	项目特征	计量单位	工程量计算规则	工作内容
040301003	钢管桩	1. 地层情况 2. 送桩深度、桩长 3. 材质 4. 管径、壁厚 5. 桩倾斜度 6. 填充材料种类 7. 防护材料种类	1. t 2. 根	1. 以"t"计量，按设计图示尺寸以质量计算 2. 以根计量，按设计图示数量计算	1. 工作平台搭拆 2. 桩就位 3. 桩机位移 4. 沉桩 5. 接桩 6. 送桩 7. 切割钢管、精割盖帽 8. 管内取土、余土弃置 9. 管内填芯、刷防护材料
040301004	泥浆护壁成孔灌注桩	1. 地层情况 2. 空桩长度、桩长 3. 桩径 4. 成孔方法 5. 混凝土种类、强度等级	1. m 2. m³ 3. 根	1. 以"m"计量，按设计图示尺寸以桩长（包括桩尖）计算 2. 以"m³"计量，按不同截面在桩长范围内以体积计算 3. 以根计量，按设计图示数量计算	1. 工作平台搭拆 2. 桩机位移 3. 护筒埋设 4. 成孔、固壁 5. 混凝土制作、运输、灌注、养护 6. 土方、废浆外运 7. 打桩场地硬化及泥浆池、泥浆沟
040301005	沉管灌注桩	1. 地层情况 2. 空桩长度、桩长 3. 复打长度 4. 桩径 5. 沉管方法 6. 桩尖类型 7. 混凝土种类、强度等级		1. 以"m"计量，按设计图示尺寸以桩长（包括桩尖）计算 2. 以"m³"计量，按设计图示桩长（包括桩尖）乘以桩的断面面积计算 3. 以根计量，按设计图示数量计算	1. 工作平台搭拆 2. 桩机位移 3. 打（沉）拔钢管 4. 桩尖安装 5. 混凝土制作、运输、灌注、养护
040301006	干作业成孔灌注桩	1. 地层情况 2. 空桩长度、桩长 3. 桩径 4. 扩孔直径、高度 5. 成孔方法 6. 混凝土种类、强度等级			1. 工作平台搭拆 2. 桩机位移 3. 成孔、扩孔 4. 混凝土制作、运输、灌注、振捣、养护
040301007	挖孔桩土（石）方	1. 土（石）类别 2. 挖孔深度 3. 弃土（石）运距	m³	按设计图示截面面积乘以挖孔深度计算	1. 排地表水 2. 挖土、凿石 3. 基底钎探 4. 土（石）方外运
040301008	人工挖孔灌注桩	1. 桩芯长度 2. 桩芯直径、扩底直径、扩底高度 3. 护壁材料种类、强度等级 4. 桩芯混凝土种类、强度等级	1. m³ 2. 根	1. 以"m³"计量，按桩芯混凝土体积计算 2. 以根计量，按设计图示数量计算	1. 护壁制作、安装 2. 混凝土制作、运输、灌注、振捣、养护

（续）

项目编码	项目名称	项目特征	计量单位	工程量计算规则	工作内容
040301009	钻孔压浆桩	1. 地层情况 2. 桩长 3. 钻孔直径 4. 骨料品种、规格 5. 水泥强度等级	1. m 2. 根	1. 以"m"计量，按设计图示尺寸以桩长计算 2. 以根计量，按设计图示数量计算	1. 钻孔、下注浆管、投放骨料 2. 浆液制作、运输、压浆
040301010	灌注桩后注浆	1. 注浆导管材料、规格 2. 注浆导管长度 3. 单孔注浆量 4. 水泥强度等级	孔	按设计图示以注浆孔数计算	1. 注浆导管制作、安装 2. 浆液制作、运输、压浆
040301011	截桩头	1. 桩类型 2. 桩头截面、高度 3. 混凝土强度等级 4. 有无钢筋	1. m³ 2. 根	1. 以"m³"计量，按设计桩截面面积乘以桩头长度以体积计算 2. 以根计量，按设计图示数量计算	1. 截桩头 2. 凿平 3. 废料外运
040301012	声测管	1. 材质 2. 规格型号	1. t 2. m	1. 以"t"计量，按设计图示尺寸以质量计算 2. 以"m"计量，按设计图示尺寸以长度计算	1. 检测管截断封头 2. 套管制作、焊接 3. 定位、固定

注：1. 地层情况按《规范》附录A土石方工程中"土壤分类表"及"岩石分类表"中的规定，并根据岩土工程勘察报告按单位工程各地层所占比例（包括范围值）进行描述。对无法准确描述的地层情况，可注明由投标人根据岩土工程勘察报告自行决定报价。
2. 各类混凝土预制桩以成品桩考虑，应包括成品桩购置费，如果用现场预制，应包括现场预制桩所有费用。
3. 项目特征中的桩截面、混凝土强度等级、桩类型等可直接用标准图代号或设计桩型进行描述。
4. 打试验桩和打斜桩应按相应项目编码单独列项，并应在项目特征中注明试验桩或斜桩（斜率）。
5. 项目特征中的桩长应包括桩尖，空桩长度＝孔深-桩长，孔深为自然地面至设计桩底的深度。
6. 泥浆护壁成孔灌注桩是指在泥浆护壁条件下成孔，采用水下灌注混凝土的桩。其成孔方法包括冲击钻成孔、冲抓锥成孔、回旋钻成孔、潜水钻成孔、泥浆护壁的旋挖法成孔等。
7. 沉管灌注桩的沉管方法包括锤击沉管法、振动沉管法、振动冲击沉管法、内夯沉管法等。
8. 干作业成孔灌注桩是指不用泥浆护壁和套管护壁的情况下，用钻机成孔后，下钢筋笼，灌注混凝土的桩，适合地下水位以上的土层使用。其成孔方法包括螺旋钻成孔、螺旋钻成孔扩底、干作业的旋挖成孔等。
9. 混凝土灌注桩的钢筋笼制作、安装，按钢筋工程中相关项目编码列项。
10. 本表工作内容未含桩基础的承载力检测、桩身完整性检测。

基坑与边坡支护工程量清单项目设置、项目特征描述的内容、计量单位及工程量计算规则见表8-28。

表8-28　基坑与边坡支护（《规范》C.2表）

项目编码	项目名称	项目特征	计量单位	工程量计算规则	工作内容
040302001	圆木桩	1. 地层情况 2. 桩长 3. 材质 4. 尾径 5. 桩倾斜度	1. m 2. 根	1. 以"m"计量，按设计图示尺寸以桩长（包括桩尖）计算 2. 以根计量，按设计图示数量计算	1. 工作平台搭拆 2. 桩机移位 3. 桩制作、运输、就位 4. 桩靴安装 5. 沉桩

（续）

项目编码	项目名称	项目特征	计量单位	工程量计算规则	工作内容
040302002	预制钢筋混凝土板桩	1. 地层情况 2. 送桩深度、桩长 3. 桩截面 4. 混凝土强度等级	1. m³ 2. 根	1. 以"m³"计量，按设计图示桩长（包括桩尖）乘以桩的断面面积计算 2. 以根计量，按设计图示数量计算	1. 工作平台搭拆 2. 桩就位 3. 桩机移位 4. 沉桩 5. 接桩 6. 送桩
040302003	地下连续墙	1. 地层情况 2. 导墙类型、截面 3. 墙体厚度 4. 成槽深度 5. 混凝土种类、强度等级 6. 接头形式	m³	按设计图示墙中心线长乘以厚度乘以槽深，以体积计算	1. 导墙挖填、制作、安装、拆除 2. 挖土成槽、固壁、清底置换 3. 混凝土制作、运输、灌注、养护 4. 接头处理 5. 土方、废浆外运 6. 打桩场地硬化及泥浆池、泥浆沟
040302004	咬合灌注桩	1. 地层情况 2. 桩长 3. 桩径 4. 混凝土种类、强度等级 5. 部位	1. m 2. 根	1. 以"m"计量，按设计图示尺寸以桩长计算 2. 以根计量，按设计图示数量计算	1. 桩机移位 2. 成孔、固壁 3. 混凝土制作、运输、灌注、养护 4. 套管压拔 5. 土方、废浆外运 6. 打桩场地硬化及泥浆池、泥浆沟
040302005	型钢水泥土搅拌墙	1. 深度 2. 桩径 3. 水泥掺量 4. 型钢材质、规格 5. 是否拔出	m³	按设计图示尺寸以体积计算	1. 钻机移位 2. 钻进 3. 浆液制作、运输、压浆 4. 搅拌、成桩 5. 型钢插拔 6. 土方、废浆外运
040302006	锚杆（索）	1. 地层情况 2. 锚杆（索）类型、部位 3. 钻孔直径、深度 4. 杆体材料品种、规格、数量 5. 是否预应力 6. 浆液种类、强度等级	1. m 2. 根	1. 以"m"计量，按设计图示尺寸以钻孔深度计算 2. 以根计量，按设计图示数量计算	1. 钻孔、浆液制作、运输、压浆 2. 锚杆（索）制作、安装 3. 张拉锚固 4. 锚杆（索）施工平台搭设、拆除
040302007	土钉	1. 地层情况 2. 钻孔直径、深度 3. 置入方法 4. 杆体材料品种、规格、数量 5. 浆液种类、强度等级			1. 钻孔、浆液制作、运输、压浆 2. 土钉制作、安装 3. 土钉施工平台搭设、拆除

（续）

项目编码	项目名称	项目特征	计量单位	工程量计算规则	工作内容
040302008	喷射混凝土	1. 部位 2. 厚度 3. 材料种类 4. 混凝土类别、强度等级	m²	按设计图示尺寸以面积计算	1. 修整边坡 2. 混凝土制作、运输、喷射、养护 3. 钻排水孔、安装排水管 4. 喷射施工平台搭设、拆除

注：1. 地层情况按《规范》附录 A 土石方工程中"土壤分类表"及"岩石分类表"中的规定，并根据岩土工程勘察报告按单位工程各地层所占比例（包括范围值）进行描述。对无法准确描述的地层情况，可注明由投标人根据岩土工程勘察报告自行决定报价。

2. 地下连续墙和喷射混凝土的钢筋网制作、安装，按钢筋工程相关项目编码列项。基坑和边坡支护的排桩按桩基工程相关编码列项。水泥土墙、坑内加固按道路工程中相关项目编码列项。混凝土挡土墙、桩顶冠梁、支撑体系按隧道工程相关编码列项。

（二）相关说明

1) 在工程量清单附录项目中，桩基工程大都是以"m""m³"或"根"作为计量单位，钢管桩以"t"或"根"为计量单位。

2) 地下连续墙、型钢水泥土搅拌墙都是按以体积计算，以"m³"为计量单位。

3) 锚杆（索）土钉可以钻孔深度计量，以"m"为计量单位，也可以设计图示数量计量，以"根"为计量单位；喷射混凝土是按设计图示尺寸以面积计量，以"m²"为计量单位。

4) 挖孔桩土（石）方是按设计图示尺寸的截面面积乘以挖孔深度以体积计算，以"m³"为计量单位。

5) 附录中有两个或两个以上计量单位的，应结合工程项目实际情况，确定其中一个为计量单位。同一工程项目的计量单位应一致。

（三）工程量清单编制

1) 预制混凝土桩基在填写项目特征时，要标明地层情况、送桩深度、桩长、桩截面、桩外壁、壁厚、桩倾斜度、桩尖设置及类型、混凝土强度等级、填充材料等。

2) 灌注桩在项目特征中，除标明地层情况、空桩长度、桩长、桩径、成孔方法、混凝土种类及强度等级外，沉管灌注桩还要标明复打长度、沉管方法、桩尖类型；干作业灌注桩则还要标明扩孔直径及高度；人工挖孔灌注桩要标明护壁的厚度及高度、护壁的材质等。

二、现浇混凝土构件

（一）《规范》附录项目内容

现浇混凝土构件工程量清单项目设置、项目特征描述的内容、计量单位及工程量计算规则见表 8-29。

表 8-29　现浇混凝土构件（《规范》C.3 表）

项目编码	项目名称	项目特征	计量单位	工程量计算规则	工作内容
040303001	混凝土垫层	混凝土强度等级	m^3	按设计图示尺寸以体积计算	1. 模板制作、安装、拆除 2. 混凝土拌和、运输、浇筑 3. 养护
040303002	混凝土基础	1. 混凝土强度等级 2. 嵌料（毛石）比例			
040303003	混凝土承台	混凝土强度等级			
040303004	混凝土墩（台）帽	1. 部位 2. 混凝土强度等级			
040303005	混凝土墩（台）身				
040303006	混凝土支撑梁及横梁				
040303007	混凝土墩（台）盖梁				
040303008	混凝土拱桥拱座	混凝土强度等级			
040303009	混凝土拱桥拱肋				
040303010	混凝土拱上构件	1. 部位 2. 混凝土强度等级			
040303011	混凝土箱梁				
040303012	混凝土连续板	1. 部位 2. 结构形式 3. 混凝土强度等级			
040303013	混凝土板梁				
040303014	混凝土板拱	1. 部位 2. 混凝土强度等级			
040303015	混凝土墙身	1. 混凝土强度等级 2. 泄水孔材料品种、规格 3. 滤水层要求 4. 沉降缝要求			1. 模板制作、安装、拆除 2. 混凝土拌和、运输、浇筑 3. 养护 4. 抹灰 5. 泄水孔制作、安装 6. 滤水层铺筑 7. 沉降缝
040303016	混凝土挡墙压顶	1. 混凝土强度等级 2. 沉降缝要求			
040303017	混凝土楼梯	1. 结构形式 2. 底板厚度 3. 混凝土强度等级	1. m^2 2. m^3	1. 以"m^2"计量，按设计图示尺寸以水平投影面积计算 2. 以"m^3"计量，按设计图示尺寸以体积计算	1. 模板制作、安装、拆除 2. 混凝土拌和、运输、浇筑 3. 养护
040303018	混凝土防撞护栏	1. 断面 2. 混凝土强度等级	m	按设计图示尺寸以长度计算	

（续）

项目编码	项目名称	项目特征	计量单位	工程量计算规则	工作内容
040303019	桥面铺装	1. 混凝土强度等级 2. 沥青品种 3. 沥青混凝土种类 4. 厚度 5. 配合比	m²	按设计图示尺寸以面积计算	1. 模板制作、安装、拆除 2. 混凝土拌和、运输、浇筑 3. 养护 4. 沥青混凝土铺装 5. 碾压
040303020	混凝土桥头搭板	混凝土强度等级	m³	按设计图示尺寸以体积计算	1. 模板制作、安装、拆除 2. 混凝土拌和、运输、浇筑 3. 养护
040303021	混凝土搭板枕梁				
040303022	混凝土桥塔身	1. 形状 2. 混凝土强度等级			
040303023	混凝土连系梁				
040303024	混凝土其他构件	1. 名称、部位 2. 混凝土强度等级			
040303025	钢管拱混凝土	混凝土强度等级			混凝土拌和、运输、压注

注：台帽、台盖梁均应包括耳墙、背墙。

（二）相关说明

除混凝土防撞护栏、混凝土楼梯外，附录项目的计算规则都是按设计图示尺寸以体积或面积计算，可按定额中的规定执行，即：

1）空心板、梁混凝土工程量扣除空心体积。

2）不扣除钢筋、钢丝、钢件、预留压浆孔道和螺栓所占体积。

3）现浇混凝土墙、板上单孔面积在 0.3m² 以内的孔洞体积不予扣除，单孔面积在 0.3m² 以上时，应予扣除。

4）附录中有两个或两个以上计量单位的，应结合工程项目实际情况，确定其中一个为计量单位。同一工程项目的计量单位应一致。

5）附录中工程项目"工作内容"中包括模板工程的内容，同时又在"措施项目"中单列了模板工程项目。对此招标人根据实际情况选用，若招标人在措施项目清单中未编列相关的模板项目清单，即表示模板项目不单列，工程项目的综合单价中应包括模板工程费用。

（三）工程量清单编制

在编制工程量清单时，应注意除桥面铺装、混凝土挡墙墙身、混凝土压顶外，其余只包括混凝土本身的工作内容。

三、预制混凝土构件

（一）《规范》附录项目内容

预制混凝土构件工程量清单项目设置、项目特征描述的内容、计量单位及工程量计算规则见表8-30。

表 8-30　预制混凝土构件（《规范》C.4 表）

项目编码	项目名称	项目特征	计量单位	工程量计算规则	工作内容
040304001	预制混凝土梁	1. 部位 2. 图集、图样代号 3. 构件代号、名称 4. 混凝土强度等级 5. 砂浆强度等级	m³	按设计图示尺寸以体积计算	1. 模板制作、安装、拆除 2. 混凝土拌和、运输、浇筑 3. 养护 4. 构件安装 5. 接头灌缝 6. 砂浆制作 7. 运输
040304002	预制混凝土柱				
040304003	预制混凝土板				
040304004	预制混凝土挡土墙墙身	1. 图集、图样名称 2. 构件代号、名称 3. 结构形式 4. 混凝土强度等级 5. 泄水孔材料种类、规格 6. 滤水层要求 7. 砂浆强度等级			1. 模板制作、安装、拆除 2. 混凝土拌和、运输、浇筑 3. 养护 4. 构件安装 5. 接头灌缝 6. 泄水孔制作安装 7. 滤水层铺设 8. 砂浆制作 9. 运输
040304005	预制混凝土其他构件	1. 部位 2. 图集、图样名称 3. 构件代号、名称 4. 混凝土强度等级 5. 砂浆强度等级			1. 模板制作、安装、拆除 2. 混凝土拌和、运输、浇筑 3. 养护 4. 构件安装 5. 接头灌缝 6. 砂浆制作 7. 运输

（二）相关说明

《规范》附录项目的计算规则都是按设计图示尺寸以体积计算，可按定额中的规定执行，即：

1）扣除预制构件的空心体积，以实体积计算。空心板梁的堵头板体积不计入工程量内。

2）预应力混凝土构件的封锚混凝土数量并入构件混凝土工程量内。

3）定额中预制构件中的钢筋混凝土桩、梁及小型构件，可按 2% 计算其运输、堆入、安装损耗，而清单附录中则没有此规定。

4）《规范》附录对预制混凝土构件按现场编制项目"工作内容"中包括模板工程，不再另列。若采用成品预制混凝土构件，则构件的成品价（包括模板、钢筋、混凝土等所有费用）应计入综合单价。

（三）工程量清单编制

都是以"m³"为计量单位。工作内容均包括了模板制作、安装，混凝土拌和、运输、搅拌，构件的安装，接头灌缝，砂浆制作，构件运输等；除此之外，挡土墙墙身还另增加了泄水孔制作、滤水层铺设等。

四、砌筑工程

（一）《规范》附录项目内容

砌筑工程量清单项目设置、项目特征描述的内容、计量单位及工程量计算规则见表8-31。

表 8-31　砌筑（《规范》C.5 表）

项目编码	项目名称	项目特征	计量单位	工程量计算规则	工作内容
040305001	垫层	1. 材料品种、规格 2. 厚度	m³	按设计图示尺寸以体积计算	垫层铺筑
040305002	干砌块料	1. 部位 2. 材料品种、规格 3. 泄水孔材料品种、规格 4. 滤水层要求 5. 沉降缝要求			1. 砌筑 2. 砌体勾缝 3. 砌体抹面 4. 泄水孔制作、安装 5. 滤层铺设 6. 沉降缝
040305003	浆砌块料	1. 部位 2. 材料品种、规格 3. 砂浆强度等级 4. 泄水孔材料品种、规格 5. 滤水层要求 6. 沉降缝要求			
040305004	砖砌体				
040305005	护坡	1. 材料品种 2. 结构形式 3. 厚度 4. 砂浆强度等级	m²	按设计图示尺寸以面积计算	1. 修整边坡 2. 砌筑 3. 砌体勾缝 4. 砌体抹面

（二）相关说明

1）附录项目的计算规则除护坡外，都是按设计图示尺寸以体积计算，可按定额中的规定执行，即：嵌入砌体中的钢管、沉降缝、伸缩缝以及 0.3m² 以内的预留孔所占的体积不予扣除。

2）护坡在附录中是按图示尺寸以面积计算，以"m²"为计量单位，而定额中砌筑护坡则以体积计算。

（三）工程量清单编制

1）垫层是指碎石、块石等非混凝土类垫层。

2）砌料（块）工程内容包括砌筑、勾缝、抹面、泄水孔制作安装、滤水层铺设、沉降缝等。

五、立交箱涵工程

（一）《规范》附录项目内容

立交箱涵工程量清单项目设置、项目特征描述的内容、计量单位及工程量计算规则见表8-32。

表 8-32　立交箱涵（《规范》C.6 表）

项目编码	项目名称	项目特征	计量单位	工程量计算规则	工作内容
040306001	透水管	1. 材料品种、规格 2. 管道基础形式	m³	按设计图示尺寸以体积计算	1. 基础铺筑 2. 管道铺设、安装
040306002	滑板	1. 混凝土强度等级 2. 石蜡层要求 3. 塑料薄膜品种、规格			1. 模板制作、安装、拆除 2. 混凝土拌和、运输、浇筑 3. 养护 4. 涂石蜡层 5. 铺塑料薄膜
040306003	箱涵底板	1. 混凝土强度等级 2. 混凝土抗渗要求 3. 防水层工艺要求			1. 模板制作、安装、拆除 2. 混凝土拌和、运输、浇筑 3. 养护 4. 防水层铺涂
040306004	箱涵侧墙				1. 模板制作、安装、拆除 2. 混凝土拌和、运输、浇筑 3. 养护 4. 防水砂浆 5. 防水层铺涂
040306005	箱涵顶板				
040306006	箱涵顶进	1. 断面 2. 长度 3. 弃土运距	kt·m	按设计图示尺寸以被顶箱涵的质量，乘以箱涵的位移距离分节累计计算	1. 顶进设备安装、拆除 2. 气垫安装、拆除 3. 气垫使用 4. 钢刃角制作、安装、拆除 5. 挖土实顶 6. 土方场内外运输 7. 中继间安装、拆除
040306007	箱涵接缝	1. 材质 2. 工艺要求	m	按设计图示止水带长度计算	接缝

注：除箱涵顶进土方外，顶进工作坑等土方按土方工程中相关项目编码列项。

（二）相关说明

1）除箱涵接缝外，附录项目的工程量计算规则与定额工程量计算规则基本一致。

2）箱涵接缝清单计量是根据设计图示止水带长度计算，而定额规则是根据止水带材质分别以长度或面积计算。

3）《规范》附录中工程项目"工作内容"包括模板工程的内容，同时又在"措施项目"中单列了模板工程项目。对此招标人根据实际情况选用，若招标人在措施项目清单中未编列相关的模板项目清单，即表示模板项目不单列，工程项目的综合单价中应包括模板工程费用。

（三）工程量清单编制

在编制箱涵顶进工程量清单时，要注明被顶箱涵的质量、位移和断面等其他因素。

六、钢结构工程

（一）《规范》附录项目内容

钢结构工程量清单项目设置、项目特征描述的内容、计量单位及工程量计算规则见表8-33。

表 8-33　钢结构（《规范》C.7表）

项目编码	项目名称	项目特征	计量单位	工程量计算规则	工作内容
040307001	钢箱梁	1. 材料品种、规格 2. 部位 3. 探伤要求 4. 防火要求 5. 补刷油漆品种、色彩、工艺要求	t	按设计图示尺寸以质量计算。不扣除孔眼的质量，焊条、铆钉、螺栓等不另增加质量	1. 拼装 2. 安装 3. 探伤 4. 涂刷防火涂料 5. 补刷油漆
040307002	钢板梁				
040307003	钢桁梁				
040307004	钢拱				
040307005	劲性钢结构				
040307006	钢结构叠合梁				
040307007	其他钢构件				
040307008	悬（斜拉）索	1. 材料品种、规格 2. 直径 3. 抗拉强度 4. 防护方式		按设计图示尺寸以质量计算	1. 拉索安装 2. 张拉、索力调整、锚固 3. 防护壳制作、安装
040307009	钢拉杆				1. 连接、紧锁件安装 2. 钢拉杆安装 3. 钢拉杆防腐 4. 钢拉杆防护壳制作、安装

（二）相关说明

《规范》附录项目的工程量计算规则都是按设计图示尺寸以质量计算，山西省市政定额中没有相应的项目，在定额计价时，可借用安装工程或建筑工程定额中相应项目。

（三）工程量清单编制

工程量清单编制均以"t"为计量单位。

七、装饰工程

（一）《规范》附录项目内容

装饰工程量清单项目设置、项目特征描述的内容、计量单位及工程量计算规则见表8-34。

表 8-34　装饰（《规范》C.8 表）

项目编码	项目名称	项目特征	计量单位	工程量计算规则	工作内容
040308001	水泥砂浆抹面	1. 砂浆配合比 2. 部位 3. 厚度	m²	按设计图示尺寸以面积计算	1. 基层清理 2. 砂浆抹面
040308002	剁斧石饰面	1. 材料 2. 部位 3. 形式 4. 厚度			1. 基层清理 2. 饰面
040308003	镶贴面层	1. 材质 2. 规格 3. 厚度 4. 部位			1. 基层清理 2. 镶贴面层 3. 勾缝
040308004	涂料	1. 材料品种 2. 部位			1. 基层清理 2. 涂料涂刷
040308005	油漆	1. 材料品种 2. 部位 3. 工艺要求			1. 除锈 2. 刷油漆

注：如遇本清单项目缺项时，可按现行国家标准《房屋建筑与装饰工程工程量计算规范》（GB 50584）中相关项目编码列项。

（二）相关说明

《规范》附录清单中的计算规则都是按设计图示尺寸以"m²"为计量单位。而定额计价规则中金属面油漆是以"t"为计量单位，其余同清单计算规则基本一致。

八、其他工程

（一）《规范》附录项目内容

其他工程量清单项目设置、项目特征描述的内容、计量单位及工程量计算规则见表8-35。

表 8-35　其他（《规范》C.9 表）

项目编码	项目名称	项目特征	计量单位	工程量计算规则	工作内容
040309001	金属栏杆	1. 栏杆材质、规格 2. 油漆品种、工艺要求	1. t 2. m	1. 以"t"计量，按设计图示尺寸以质量计算 2. 以"m"计量，按设计图示尺寸以延长米计算	1. 制作、运输、安装 2. 除锈、刷油漆
040309002	石质栏杆	材料品种、规格	m	按设计图示尺寸以长度计算	制作、运输、安装
040309003	混凝土栏杆	1. 混凝土强度等级 2. 规格尺寸			

（续）

项目编码	项目名称	项目特征	计量单位	工程量计算规则	工作内容
040309004	橡胶支座	1. 材质 2. 规格、型号 3. 形式	个	按设计图示数量计算	支座安装
040309005	钢支座	1. 规格、型号 2. 形式			
040309006	盆式支座	1. 材质 2. 承载力			
040309007	桥梁伸缩装置	1. 材料品种 2. 规格、型号 3. 混凝土种类 4. 混凝土强度等级	m	按设计图示尺寸以延长米计算	1. 制作、安装 2. 混凝土拌和、运输、浇筑
040309008	隔声屏障	1. 材料品种 2. 结构形式 3. 油漆品种、工艺要求	m²	按设计图示尺寸以面积计算	1. 制作、安装 2. 除锈、刷油漆
040309009	桥面排（泄）水管	1. 材料品种 2. 管径	m	按设计图示尺寸以长度计算	进水口、排（泄）水管制作、安装
040309010	防水层	1. 部位 2. 材料品种、规格 3. 工艺要求	m²	按设计图示尺寸以面积计算	防水层铺涂

注：支座垫石混凝土按现浇混凝土构件中混凝土基础项目编码列项。

（二）相关说明

1）附录项目的计算规则是根据不同的项目按设计图示尺寸以长度、面积或质量计算。

2）附录中有两个或两个以上计量单位的，应结合工程项目实际情况，确定其中一个为计量单位。同一工程项目的计量单位应一致。

第四节　桥涵工程清单计价案例

实例 25

某桥梁全长为 66m，上部结构采用 3 孔 20m 先简支后连续预应力混凝土箱梁，下部结构采用柱式墩、柱式台，钻孔灌注桩基础，桩径为 1500mm。桥面采用 9cm 沥青混凝土 + 10cmC40 水泥混凝土，具体工程量见表 8-36，试编制此桥的工程量清单及清单计价。

表 8-36　某桥全桥

工程项目		单位	上部结构									
			主梁		防撞护栏			桥面铺装	伸缩缝			桥面排水
			预制	现浇	预埋主梁钢筋	预埋耳墙钢筋	其他		预埋主梁钢筋	预埋背墙钢筋	其他	
钢筋混凝土	C40	m³	251.1	42.4								
	C40	m³										
	C35						54.9					
	C30	m³										
C40 混凝土		m³						65.2			9.2	
5cm 厚中粒式沥青混凝土		m²						667.2				
4cm 厚细粒式沥青混凝土		m²						667.2				
HPB300	A8	kg	4226									45.6
	A10	kg	6050	1424.6			0					
	A12	kg										
	小计	kg	10276	1424.6	0	0	0	0	0	0	0	45.6
钢筋 HRB400	C12	kg	36335.1	2107			1875.7	414				
	C16	kg	3606	0	2514	251.4	3603.6			415	415	167.4
	C20	kg	6378	60			23.6					
	C22	kg	0	799.4								
	C25	kg	7896	1733								
	C28	kg										
	小计	kg	54215.1	4699.4	2514	251.4	5502.9	414	415	415	167.4	0
D10 冷轧带肋钢筋网		kg						8028.4				
钢绞线 ϕ_s15.2mm		kg	7571.4	1972.8								
锚具	OVM15-4	套	56	32								
	OVM15-5	套	88	48								
波纹管	$\phi_内$=55mm	m	1400	352								
钢材	钢板	kg					216.4					
	钢管	kg					585.4					
	槽钢	kg					816.6					
	螺栓	kg					85.1					
声测管	ϕ54mm×1.5mm	kg										
	ϕ60mm×2.75mm	kg										
伸缩缝	D80 型	m									26.3	
泄水管		套										24
碎石盲沟		m³										0.7
GYZ400mm×69mm 板式支座		套										
GYZF₄300mm×65mm 滑板支座		套										
减震橡胶块 200mm×200mm×20mm		块	16									
M7.5 浆砌片石护坡、踏步		m³										
台后填砂砾		m³										
锥心填砂砾		m³										
基础挖方		m³										

工程量表

支座及垫石	墩、台挡块	桥台				桥墩				其他			合计
		盖梁	耳背墙、牛腿	挡土板	桩基	盖梁	墩身	桩间系梁	桩基	搭板	声测管	桥台锥坡	
													293.5
3.1													3.1
	3.4	59.2	26.4	1.2		65.2	41.3			61.6			313.2
					134.3			17.9	169.6				321.8
													74.4
													667.2
													667.2
										66			4337.6
	166			77.2				417.2					8135
					2356.4		1204.2		2669.4				6230
0	166	0	0	77.2	2356.4	0	1204.2	417.2	2669.4	66	0	0	18702.6
1339.7		3284.8	2101.6			4167.6				857			52482.5
			1256.8							3151.8			15381
220			93.6		209.4				251.4	2649.2			9885.2
	1009.2			526				1510.4					3845
					7899.2		4215.9		9276	3665.2			34685.3
		8882				9067.8							17949.8
1559.7	1009.2	12166.8	3452	526	8108.6	13235.4	4215.9	1510.4	9527.4	10323.2	0	0	134228.8
													8028.4
													9544.2
													88
													136
													1752
1699.4											8.2		1924
													585.4
													816.6
													85.1
											1031.3		1031.3
											26.1		26.1
													26.3
													24
													0.7
16													16
16													16
	12												28
												43.3	43.3
												666.5	666.5
												71.3	71.3
		400				460	71.4					332.6	1264

本例中需要注意：

1）土质考虑为三类土，土方挖槽开挖时不考虑人工辅助。

2）考虑进出场的机械有：挖掘机1台·次、钻孔机械1台·次、8t沥青摊铺机1台·次、50t起重机一台·次。

3）考虑搭建桩基础支架平台。不考虑箱梁的预制平台。

4）沥青拌合料运输按5km考虑，土方按不外运考虑。

5）暂时不考虑人工调差和材料实际市场价调差对工程造价的影响。

6）考虑一部分主材费用，钢板伸缩缝主材按1500元/m考虑。

7）不取费项目：橡胶支座 GYZ400mm×69mm 板式支座按15元/块考虑，橡胶支座 $GYZF_4$ 300mm×65mm 滑板支座按20元/块考虑，减震橡胶块按15元/块考虑。此费用包含安装及材料费用，为定价部分，不再计取任何费用。

8）计算组织措施费时一般计税法模式考虑：安全施工费0.64%；文明施工费0.53%；生活性临时设施费0.64%；生产性临时设施费0.41%。

9）一般计税法模式下取费费率：企业管理费费率为6.13%；利润费率为5.65%；养老保险费费率为3.98%；失业保险费费率为0.27%；医疗保险费费率为1.07%；工伤保险费费率为0.23%；生育保险费费率为0.09%；住房公积金费率为1.51%。

10）税金费率取11%。

11）如采用简易计税法模式，须注意计价定额套用和取费费率的不同，其他计算程序不变。

12）其他项目费按不计考虑。

（1）选择附录项目，并确定清单项目名称及12位项目编码，见表8-37。

表8-37　清单项目名称及项目编码表

序号	确定清单项目名称	确定的12位项目编码
1	挖基坑土方	040101003001
2	回填方	040103001001
3	泥浆护壁成孔灌注桩	040301004001
4	钢筋笼	040901004001
5	截桩头	040301011001
6	混凝土墩（台）身	040303005001
7	混凝土其他构件	040303024001
8	混凝土连系梁	040303023001
9	混凝土桥墩盖梁	040303007001
10	混凝土桥台盖梁	040303007002
11	混凝土其他构件	040303024002
12	混凝土其他构件	040303024003
13	混凝土其他构件	040303024004
14	混凝土防撞护栏	040303018001
15	桥面铺装	040303019001

（续）

序号	确定清单项目名称	确定的12位项目编码
16	混凝土桥头搭板	040303020001
17	混凝土其他构件	040303024005
18	预制混凝土梁	040304001001
19	护坡	040305005001
20	其他钢构件	040307007001
21	橡胶支座	040309004001
22	橡胶支座	040309004002
23	减震橡胶块	04B001
24	桥梁伸缩装置	040309007001
25	现浇构件钢筋	040901001001
26	现浇构件钢筋	040901001002
27	现浇构件钢筋	040901001003
28	现浇构件钢筋	040901001004
29	现浇构件钢筋	040901001005
30	现浇构件钢筋	040901001006
31	现浇构件钢筋	040901001007
32	现浇构件钢筋	040901001008
33	现浇构件钢筋	040901001009
34	钢筋网片	040901003001
35	后张法预应力钢筋(钢丝束、钢绞线)	040901006001
36	型钢	040901007001
37	声测管	040301012001
38	桥面排(泄)水管	040309009001
39	大型机械设备进出场及安拆 挖掘机	041106001001
40	大型机械设备进出场及安拆 钻孔机	041106001002
41	大型机械设备进出场及安拆 沥青摊铺机	041106001003
42	大型机械设备进出场及安拆 起重机	041106001004
43	桩基础支架、平台	041102039001
44	桥墩、桥台脚手架	041101002001

（2）计算清单工程量，填写工程量清单，见表8-38。

表8-38　工程量清单

序号	项目编码	项目名称	项目特征	单位	工程量
1	040101003001	挖基坑土方	1. 部位:桥台 2. 土壤类别:三类土 3. 挖土深度:3m 以内	m³	1264

（续）

序号	项目编码	项目名称	项目特征	单位	工程量
2	040103001001	回填方	1. 部位:桥台后及锥心回填 2. 砂砾回填	m³	737.8
3	040301004001	泥浆护壁成孔灌注桩	1. 名称:泥浆护壁成孔灌注桩 2. 桩长:19~24m 3. 桩径:1500mm,间距760~810mm 4. 成孔方法:钻孔灌注桩 5. 孔内回填:C30混凝土 6. 泥浆外运运距:5km	m³	303.9
4	040901004001	钢筋笼	钢筋种类、规格:HPB300 直径10mm、HRB400 直径20mm、HRB400 直径25mm	t	12.197
5	040301011001	截桩头	1. 桩类型:混凝土桩 2. 桩头截面、高度:直径1500mm,高度1000mm 3. 混凝土强度等级:C30 4. 有无钢筋:有	m³	14.13
6	040303005001	混凝土墩(台)身	1. 部位:桥墩 2. 混凝土强度等级:C35 3. 模板安拆	m³	41.3
7	040303024001	混凝土其他构件	1. 部位:耳背墙、牛腿 2. 混凝土强度等级:C35 3. 模板安拆	m³	26.4
8	040303023001	混凝土连系梁	1. 部位:桩间系梁 2. 混凝土强度等级:C30 3. 模板安拆	m³	17.9
9	040303007001	混凝土桥墩盖梁	1. 部位:墩盖梁 2. 混凝土强度等级:C35 3. 模板及支架安拆	m³	65.2
10	040303007002	混凝土桥台盖梁	1. 部位:桥台盖梁 2. 混凝土强度等级:C35 3. 模板安拆	m³	59.2
11	040303024002	混凝土其他构件	1. 部位:主梁接缝处 2. 混凝土强度等级:C40 3. 模板安拆	m³	42.4
12	040303024003	混凝土其他构件	1. 部位:挡土板 2. 混凝土强度等级:C35 3. 模板安拆	m³	1.2
13	040303024004	混凝土其他构件	1. 部位:支座处 2. 混凝土强度等级:C40 3. 模板安拆	m³	3.1
14	040303018001	混凝土防撞护栏	1. 断面:见设计图 2. 混凝土强度等级:C35 3. 模板安拆	m	132

（续）

序号	项目编码	项目名称	项目特征	单位	工程量
15	040303019001	桥面铺装	1. 混凝土强度等级:C40 混凝土基础 2. 沥青品种:70#石油沥青 3. 沥青混凝土种类及厚度:5cm 厚中粒式沥青混凝土+4cm 厚细粒式沥青混凝土	m²	667.2
16	040303020001	混凝土桥头搭板	1. 部位:桥头搭板 2. 混凝土强度等级:C35 3. 模板安拆	m³	61.6
17	040303024005	混凝土其他构件	1. 部位:墩、台挡块 2. 混凝土强度等级:C35 3. 模板安拆	m³	3.4
18	040304001001	预制混凝土梁	1. 部位:上部结构箱梁 2. 做法:见设计图样 3. 混凝土强度等级:C40 4. 模板安拆	m³	251.1
19	040305005001	护坡	1. 材料品种:片石 2. 厚度:30cm 3. 砂浆强度等级:M10 水泥砂浆 4. 勾缝:1:3 水泥砂浆勾平缝	m²	43.3
20	040307007001	其他钢构件	1. 部位:防撞护栏扶手 2. 规格:钢板、钢管规格见设计图样 3. 油漆品种及工艺要求:防锈漆一遍,调和漆两遍	t	1.704
21	040309004001	橡胶支座	1. 材质:橡胶支座 2. 规格、型号:GYZ400mm×69mm 板式支座	个	16
22	040309004002	橡胶支座	1. 材质:橡胶支座 2. 规格、型号:GYZF₄300mm×65mm 滑板支座	个	16
23	04B001	减震橡胶块	1. 材质:橡胶块 2. 规格、型号:200mm×200mm×20mm 橡胶缓冲块	块	28
24	040309007001	桥梁伸缩装置	材料品种:钢板支座	m	26.3
25	040901001001	现浇构件钢筋	钢筋种类、规格:HPB300 直径 8mm	t	4.338
26	040901001002	现浇构件钢筋	钢筋种类、规格:HPB300 直径 10mm	t	8.135
27	040901001003	现浇构件钢筋	钢筋种类、规格:HPB300 直径 12mm	t	3.561
28	040901001004	现浇构件钢筋	钢筋种类、规格:HRB400 直径 12mm	t	52.483
29	040901001005	现浇构件钢筋	钢筋种类、规格:HRB400 直径 16mm	t	15.381
30	040901001006	现浇构件钢筋	钢筋种类、规格:HRB400 直径 20mm	t	9.634
31	040901001007	现浇构件钢筋	钢筋种类、规格:HRB400 直径 22mm	t	3.845
32	040901001008	现浇构件钢筋	钢筋种类、规格:HRB400 直径 25mm	t	25.409
33	040901001009	现浇构件钢筋	钢筋种类、规格:HRB400 直径 28mm	t	17.95
34	040901003001	钢筋网片	钢筋种类、规格:D10 冷轧带肋钢筋网	t	8.028

（续）

序号	项目编码	项目名称	项目特征	单位	工程量
35	040901006001	后张法预应力钢筋（钢丝束、钢绞线）	1. 部位：上部结构箱梁 2. 预应力筋种类及规格：后张钢绞线 ϕ_s15.2mm 3. 锚具种类及规格：OVM15-4、OVM15-5 4. 砂浆强度等级：水泥浆不低于箱梁及桥面混凝土强度等级 5. 压浆管材质：薄钢板波纹管 $\phi_{内}=55$mm	t	9.544
36	040901007001	型钢	部位：支座处及声测管处钢板	t	1.708
37	040301012001	声测管	1. 部位：声测管处钢管 2. 规格、型号：ϕ54mm×1.5mm、ϕ60mm×2.75mm	t	1.057
38	040309009001	桥面排（泄）水管	1. 材质品种：UPVC排水管 2. 管径：160mm 3. 碎石盲沟	m	120
39	041106001001	大型机械设备进出场及安拆	挖机进出场	台·次	1
40	041106001002	大型机械设备进出场及安拆	钻孔机械进出场	台·次	1
41	041106001003	大型机械设备进出场及安拆	8t沥青摊铺机进出场	台·次	1
42	041106001004	大型机械设备进出场及安拆	50t起重机进出场	台·次	1
43	041102039001	桩基础支架、平台	支架、平台	m²	629.85
44	041101002001	桥墩、桥台脚手架	桥墩、桥台脚手架	m²	565.33

注：本表中的工程量是按工程量表提供，在实际项目中，是按设计图样及施工组织设计并按相关规则来进行计算的。

（3）确定定额工程量，见表8-39。

表8-39 定额工程量计算表

序号	项目名称			单位	工程量
1	土方		挖基坑土方	m³	1264
			填方 回填砂砾	m³	737.8
			挖机进出场	台·次	1.00
2	桩基	机械成孔灌注桩	埋设钢护筒	m	16
			钻机钻孔	m	156
			C30混凝土	m³	303.9
			凿桩头	m³	14.13
			泥浆外运	m³	688.84
			钢筋笼 A12	kg	2669.4
			钢筋笼 C20	kg	251.40
			钢筋笼 C25	kg	9276.00
		打桩机械进出场		台·次	1.00
		钻孔灌注桩支架平台		m²	629.85

（续）

序号	项目名称			单位	工程量
3	现浇混凝土	墩身 C35		m³	41.3
		墩身模板		m²	117.81
		墩身脚手架		m²	214.29
		耳背墙、牛腿 C35		m³	26.4
		模板		m²	140.86
		脚手架		m²	140.86
		桩间系梁 C30		m³	17.9
		模板		m²	29.02
		墩盖梁 C35		m³	65.2
		侧模板		m²	84.24
		底模板		m²	44.06
		底模板支撑		m³	590.46
		桥台盖梁 C35		m³	59.2
		模板		m²	210.18
		脚手架		m²	210.18
		主梁接缝浇筑 C40		m³	42.4
		挡土板 C35		m³	1.2
		模板		m²	11.36
		支座 C40		m³	3.1
		模板		m²	3.24
		防撞护栏 C35		m³	54.9
		模板		m²	318.48
		桥面铺装	混凝土 C40	m³	65.2
			5cm厚中粒式沥青混凝土	m²	667.2
			4cm厚细粒式沥青混凝土	m²	667.2
			沥青摊铺机进出场	台·次	1
		桥头搭板	桥头搭板 C35	m³	61.6
			模板	m²	18.9
		墩、台挡块 C35		m³	3.4
		模板		m²	18.19

195

（续）

序号	项目名称			单位	工程量
4	预制混凝土	预制箱梁	C40 主箱梁预制、安装	m³	251.1
			模板	m²	3484.8
			起重机进出场	台·次	1
5	护坡	M10 浆砌片石护坡	浆砌片石	m³	43.3
			勾缝	m²	108.25
6	其他	防撞护栏钢材		kg	1703.5
		GYZ400mm×69mm 板式支座		套	16
		GYZF₄300mm×65mm 滑板支座		套	16
		减震橡胶块 200mm×20mm×200mm		块	28
		桥梁伸缩缝 D80 型		m	26.3
		桥梁伸缩缝 C40 混凝土		m³	9.2
7	钢筋工程	钢筋 A8		kg	4337.6
		钢筋 A10		kg	8135
		钢筋 A12		kg	3560.6
		钢筋 C12		kg	52482.6
		钢筋 C16		kg	15381
		钢筋 C20		kg	9633.8
		钢筋 C22		kg	3845
		钢筋 C25		kg	25409.3
		钢筋 C28		kg	17949.8
		D10 冷轧带肋钢筋网		kg	8028.4
8	钢绞线 ϕ_s15.2mm			kg	9544.2
9	锚具	OVM15-4		套	88
		OVM15-5		套	136
10	波纹管	$\phi_内$ = 55mm		m	1752
11	钢板			kg	1707.6
12	声测管	ϕ54mm×1.5mm		kg	1031.3
		ϕ60mm×2.75mm		kg	26.1
13	泄水管			套	24
14	碎石盲沟			m³	0.7

注：本表中的工程量是按工程量表提供，在实际项目中，是按设计图样及施工组织设计并按相关规则来进行计算的。

（4）套用调整版定额，计算得出不含进项税额的直接工程费为 1931344.56，其中人工费为 526882.12 元。主材费及不取费项目为 40430 元，其中主材费为 39450 元，不取费项目费为 980 元，见表 8-40。

表8-40　直接工程费计算表（不含进项税额）

序号	定额编号	子目名称	工程量 单位	工程量 数量	主材/不取费项目	单位价值/元 单价	其中 人工费	其中 材料费	其中 机械费	主材/不取费项目	总价值/元 合价	主材/不取费项目	其中 人工费	其中 材料费	其中 机械费
1	D1-81	反铲挖掘机 不装车 三类土	1000m³	1.26		2564.33	342		2222.33		3241.31		432.29		2809.03
2	D1-124	机械平整场地及回填槽坑填料夯实 天然砂	100m³	7.38		5946.72	825.93	4965.77	155.02		43874.9		6093.71	36637.45	1143.74
3	D3-137	埋设钢护筒 支架 φ≤1500mm	10m	1.6		1840.44	670.32	394.26	775.86		2944.7		1072.51	630.82	1241.38
	D3-164	回旋钻机钻孔 φ≤1500mm H≤40m 砂砾	10m	15.6		6637.89	1764.15	843.44	4030.3		103551.08		27520.74	13157.66	62872.68
	D3-198换	灌注桩混凝土（商品混凝土）回旋钻钻孔 泵送	10m³	30.39		3352.56	448.02	2904.54			101884.3		13615.33	88268.97	
	D3-191	泥浆外运 运距 5km 以内	100m³	6.89		2235.62			2235.62		15399.84				15399.84
4	D3-238	钢筋 钢筋制作、安装 灌注桩钢筋笼	t	12.2		5025.68	1013.46	3302.17	710.05		61297.21		12360.97	40275.91	8660.34
	D3-576	凿除桩顶钢筋混凝土 钻孔灌注桩	10m³	1.41		1150.84	806.55	3.64	340.65		1626.14		1139.66	5.14	481.34
5	D1-98×1.05	装载机装运土方 装运土拆除工程废料外运单价×1.05	1000m³	0.01		1758.98	359.1		1399.88		24.85		5.07		19.78
	D1-106×1.05	自卸汽车运土 运距5km以内 拆除工程废料外运单价×1.05	1000m³	0.01		19257.1		62.5	19194.6		272.1			0.88	271.22
6	D3-279换	墩身混凝土	10m³	4.13		3592.77	906.87	2347.35	338.55		14838.14		3745.37	9694.56	1398.21
	D3-280	墩身模板	10m²	11.78		418.15	226.29	125.5	66.36		4926.23		2665.92	1478.52	781.79

（续）

序号	定额编号	子目名称	工程量 单位	工程量 数量	主材/不取费项目	单价	单位价值/元 人工费	单位价值/元 材料费	单位价值/元 机械费	主材/不取费项目	合价	总价值/元 人工费	总价值/元 材料费	总价值/元 机械费
7	D3-289换	耳背墙、牛腿混凝土	10m³	2.64		3613.38	906.87	2367.96	338.55		9539.32	2394.14	6251.41	893.77
	D3-290	耳背墙、牛腿模板	10m²	14.09		633.53	226.29	333.56	73.68		8923.9	3187.52	4698.53	1037.86
8	D3-275换	横梁混凝土	10m³	1.79		3496.46	812.25	2379.17	305.04		6258.66	1453.93	4258.71	546.02
	D3-276	横梁模板	10m²	2.9		546.52	206.34	281.26	58.92		1586	598.8	816.22	170.99
9	D3-291换	墩身、台身盖梁混凝土	10m³	6.52		3664.92	951.9	2361.89	351.13		23895.28	6206.39	15399.52	2289.37
	D3-292	墩身、台身盖梁模板	10m²	12.83		486.89	285	92.94	108.95		6246.8	3656.55	1192.42	1397.83
10	D3-564	桥梁支架桁架式支架	100m³	5.9		6597.22	4786.86	1192.98	617.38		38953.95	28264.49	7044.07	3645.38
	D3-293	墩身、台身盖梁混凝土	10m³	5.92		3639.89	937.65	2362.96	339.28		21548.15	5550.89	13988.72	2008.54
	D3-294	墩身、台身盖梁模板	10m²	21.02		539.87	313.5	107.3	119.07		11346.99	6589.14	2255.23	2502.61
11	D3-320	混凝土接头与梁接头及灌缝混凝土	10m³	4.24		4287.68	1099.53	2654.43	533.72		18179.76	4662.01	11254.78	2262.97
	D3-321	混凝土接头与梁接头及灌缝模板	10m²	1.2		645.08	305.52	319.51	20.05		774.1	366.62	383.41	24.06
12	D3-287换	挡土板混凝土	10m³	0.12		3629.66	921.12	2366.47	342.07		435.56	110.53	283.98	41.05
	D3-288	挡土板模板	10m²	1.14		599.27	233.13	292.84	73.3		680.77	264.84	332.67	83.27
13	D3-287换	支座混凝土	10m³	0.31		3918.53	921.12	2655.34	342.07		1214.74	285.55	823.16	106.04
	D3-288	支座模板	10m²	0.32		599.27	233.13	292.84	73.3		194.16	75.53	94.88	23.75

（续）

序号	定额编号	子目名称	工程量 单位	工程量 数量	主材/不取费项目	单位价值/元 单价	其中 人工费	其中 材料费	其中 机械费	主材/不取费项目	总价值/元 合价	其中 人工费	其中 材料费	其中 机械费
14	D3-329换	小型构件 防撞护栏 混凝土	10m³	5.49		4379.23	1770.42	2356.28	252.53		24041.97	9719.61	12935.98	1386.39
	D3-330	小型构件 防撞护栏 模板	10m²	31.85		431.11	250.23	42.14	138.74		13729.99	7969.33	1342.07	4418.59
	D2-367换	基础混凝土	10m³	7.44		3425.01	728.92	2635.81	60.28		25482.07	5423.16	19610.43	448.48
	D2-308换	沥青混凝土面层 中粒 式沥青混凝土机械摊铺 厚度5cm	100m²	6.67		4509.17	158.63	4163.59	186.95		30085.18	1058.38	27779.47	1247.33
	D2-315换	沥青混凝土面层 细粒 式沥青混凝土机械摊铺 厚度3cm	100m²	6.67		2912.33	142.24	2607.43	162.66		19431.07	949.03	17396.77	1085.27
15	D2-316换	沥青混凝土面层 细粒 式沥青混凝土机械摊铺 厚度每增减0.5cm	100m²	6.67		502.4	23.6	437.63	41.17		3352.01	157.46	2919.87	274.69
	D2-316换	沥青混凝土面层 细粒 式沥青混凝土机械摊铺 厚度每增减0.5cm	100m²	6.67		502.4	23.6	437.63	41.17		3352.01	157.46	2919.87	274.69
	D2-351	沥青拌合料及热沥青 场外运输 运距5km以内	10m³	6.06		125.17			125.17		759.14			759.14
16	D3-307换	矩形实体连续板 混凝土	10m³	6.16		3894.22	1100.1	2377.97	416.15		23988.4	6776.62	14648.3	2563.48
	D3-308	矩形实体连续板 模板	10m²	1.89		270.85	125.4	92.07	53.38		511.91	237.01	174.01	100.89
	D3-287换	墩、台挡块 混凝土	10m³	0.34		3629.66	921.12	2366.47	342.07		1234.08	313.18	804.6	116.3
17	D3-288	墩、台挡块 模板	10m²	1.82		599.27	233.13	292.84	73.3		1090.07	424.06	532.68	133.33

（续）

序号	定额编号	子目名称	工程量 单位	工程量 数量	单位价值/元 主材/不取费项目	单价	其中 人工费	材料费	机械费	总价值/元 主材/不取费项目	合价	其中 人工费	材料费	机械费
18	D3-363	预制混凝土工程 箱形梁 混凝土	10m³	25.11		4159.81	1246.02	2468.12	445.67		104452.83	31287.56	61974.49	11190.77
	D3-364	预制混凝土工程 箱形梁 梁模板	10m²	348.48		999.44	597.36	260.33	141.75		348284.85	208168.01	90719.8	49397.04
	D3-451	安装梁 起重机安装梁 L≤30m	10m³	25.11		1876.55	121.41		1755.14		47120.17	3048.61		44071.57
19	D1-426	灌浆块石护坡 厚度30cm以内	10m³	4.33		1714.11	702.24	990.15	21.72		7422.1	3040.7	4287.35	94.05
	D3-222	勾缝 块（片）石 平缝	100m²	1.08		578.04	422.37	151.81	3.86		625.73	457.22	164.33	4.18
	D3-476	钢管栏杆及扶手安装 防撞护栏钢管扶手	t	1.7		4794.37	1003.2	3395.94	395.23		8167.21	1708.95	5784.98	673.27
20	D3-550	油漆 金属面防锈漆一度 栏杆	t	1.7		118.65	53.58	65.07			202.12	91.27	110.85	
	D3-552	油漆 金属面调和漆一度 栏杆	t	1.7		191.5	161.31	30.19			326.22	274.79	51.43	
	D3-552	油漆 金属面调和漆一度 栏杆	t	1.7		191.5	161.31	30.19			326.22	274.79	51.43	
21	不取费项目	橡胶支座 GYZ400mm×69mm 板式支座	块	16	15	15				240	240			
22	不取费项目	橡胶支座 GYZF4,300mm×65mm 滑板支座	块	16	20	20				320	320			
23	不取费项目	减震橡胶块	块	28	15	15				420	420			
24	D3-493	安装伸缩缝 钢板	10m	2.63		999.77	383.61	129.24	486.92		2629.4	1008.89	339.9	1280.6
	主材	钢板伸缩缝	m	26.3	1500	1500				39450	39450			

（续）

序号	定额编号	子目名称	工程量		单位价值/元					主材/不取费项目	总价值/元			
			单位	数量	主材/不取费项目	单价	人工费	其中			合价	人工费	其中	
								材料费	机械费				材料费	机械费
25	D3-232	光圆钢筋 钢筋制作、安装 现浇混凝土（10mm以内）	t	4.34		4120.87	949.62	3120.06	51.19		17874.69	4119.07	13533.57	222.04
26	D3-232	光圆钢筋 钢筋制作、安装 现浇混凝土（10mm以内）	t	8.14		4120.87	949.62	3120.06	51.19		33523.28	7725.16	25381.69	416.43
27	D3-233	光圆钢筋 钢筋制作、安装 现浇混凝土（11~20mm）	t	3.56		4058.72	564.87	3350.04	143.81		14451.48	2011.28	11928.15	512.05
28	D3-239	带肋钢筋 钢筋制作、安装 现浇混凝土（11~20mm）	t	52.48		4130.96	621.3	3350.04	159.62		216803.52	32607.44	175818.81	8377.27
29	D3-239	带肋钢筋 钢筋制作、安装 现浇混凝土（11~20mm）	t	15.38		4130.96	621.3	3350.04	159.62		63538.3	9556.22	51526.97	2455.12
30	D3-239	带肋钢筋 钢筋制作、安装 现浇混凝土（11~20mm）	t	9.63		4130.96	621.3	3350.04	159.62		39796.84	5985.48	32273.62	1537.75
31	D3-242	带肋钢筋 钢筋制作、安装 预制混凝土（20mm以外）	t	3.85		3865.55	409.26	3323.89	132.4		14863.04	1573.6	12780.36	509.08
32	D3-242	带肋钢筋 钢筋制作、安装 预制混凝土（20mm以外）	t	25.41		3865.55	409.26	3323.89	132.4		98220.92	10399.01	84457.72	3364.19
33	D3-242	带肋钢筋 钢筋制作、安装 预制混凝土（20mm以外）	t	17.95		3865.55	409.26	3323.89	132.4		69385.85	7346.14	59663.16	2376.55

（续）

序号	定额编号	子目名称	工程量		单位价值/元					总价值/元				
			单位	数量	主材/不取费项目	单价	人工费	其中材料费	其中机械费	主材/不取费项目	合价	人工费	其中材料费	其中机械费
34	D2-349	水泥混凝土 钢筋传力杆制作安装 钢筋网	t	8.03		4196.37	985.53	3184.67	26.17		33690.14	7912.23	25567.8	210.1
35	D3-255	预应力OVM锚束制作、安装 后张法OVM锚束长20m以内7孔以内	t	9.54		7327.7	1086.99	5793.28	447.43		69937.03	10374.45	55292.22	4270.36
	D3-262	安装压浆管道和压浆 压浆管道 薄钢板管	100m	17.52		1260.74	393.87	866.87			22088.16	6900.6	15187.56	
	D3-264	安装压浆管道和压浆 压浆	10m³	0.42		13750.15	3480.99	6823.34	3445.82		5720.47	1448.2	2838.71	1433.56
36	D4-1189	钢筋（钢件）预埋钢件制作、安装 钢件	t	1.71		6256.72	1396.5	4118	742.22		10683.98	2384.66	7031.9	1267.41
37	D4-1190	钢筋（钢件）预埋钢件制作、安装 钢套管	t	1.06		6565.44	1071.03	5476.02	18.39		6942.3	1132.51	5790.34	19.45
38	D3-491	安装泄水孔 塑料管	10m	12		250.16	39.9	210.26			3001.92	478.8	2523.12	
	D1-413	砂石滤沟断面面积在0.1m²以内	10m³	0.07		1699.25	895.47	803.78			118.95	62.68	56.26	
		总计	元							40430	1931344.56	526882.12	1105428.19	258604.28

注：表中涉及三种换算：第一种是混凝土强度等级换算，如第3项中灌注桩混凝土换算后单价为3352.56元/10m³，原定额子目单价为2733.22元/10m³，子目中考虑为C15混凝土，含量为12.24m³，混凝土单价为183.67元/m³。现变为C30混凝土，单价为234.27元/m³，则换算过程为 $2733.22-12.24\times183.67+12.24\times234.27=3352.56$（元/10m³）。

第二种换算，如第5项中，定额子目号×1.05，是根据定额计算规则，废料外运按外运土方定额子目套用，并乘系数1.05进行换算。

第三种换算，如第15项中沥青混凝土面层套用，借用道路工程中的子目，按定额计算规则，子目中的人工、机械分别乘系数1.15进行换算。

（5）套用调整版定额，计算得出不含进项税额的技术措施费为43321.27元，其中人工费为20616.54元，见表8-41。

表 8-41 技术措施费计算表（不含进项税额）

序号	定额编号	子目名称	工程量 单位	工程量 数量	单价	单位价值/元 人工费	单位价值/元 材料费	单位价值/元 机械费	合价	总价值/元 人工费	总价值/元 材料费	总价值/元 机械费
1	3001	场外运输费用 履带式挖掘机 1m³以内	台·次	1	4120.68	684	203.74	3232.94	4120.68	684	203.74	3232.94
2	3024	场外运输费用 转盘钻孔机	台·次	1	2616.98	285	28.06	2303.92	2616.98	285	28.06	2303.92
3	3003	场外运输费用 沥青摊铺机	台·次	1	3197.23	342	246.87	2608.36	3197.23	342	246.87	2608.36
4	3006	场外运输费用 履带式起重机 50t以内	台·次	1	8292.9	684	244.74	7364.16	8292.9	684	244.74	7364.16
5	D3-557	搭、拆桩基础支架平台 支架 锤重2500kg	100m²	6.3	3360.28	2631.12	729.16		21164.72	16572.11	4592.61	
6	D1-333	单、双排脚手架 钢管脚手架 单排 8m以内	100m²	5.65	694.95	362.52	290.54	41.89	3928.76	2049.43	1642.51	236.82
		总计							43321.27	20616.54	6958.53	15746.2

元

注：在实际项目中，技术措施要根据图样和施工组织设计来进行列计算。

（6）确定综合单价及合价，见表8-42、表8-43。

表 8-42 综合单价及合价计算表（不含进项税额）

序号	项目编码	项目名称	项目特征	单位	清单工程量①	套用定额编号	定额项目名称	定额单位	定额工程量②	定额单价（不含进项税）/元②	换算系数⑦=②/①	综合单价组成/元 其中/元 主材费或不取费项目③	其中/元 人工费④	其中/元 材料费⑤	其中/元 机械费⑥	主材费或不取费项目⑧=③×⑦	人工费⑨=④×⑦	材料费⑩=⑤×⑥	机械费⑪=⑥×⑦	管理费⑫=（⑨+⑩+⑪）×费率 6.13%	利润⑬=（⑨+⑩+⑪）×费率 5.65%	综合单价小计/元	综合单价（保留2位小数）/元	综合合价（保留2位小数）/元
1	040101003001	挖基坑土方	1. 部位：桥台 2. 土壤类别：三类土 3. 挖土深度：3m以内	m³	1264	D1-81	反铲挖掘机木装车三类土	1000m³	1.264	2564.33	0.001		342		2222.33		0.3420		2.2223	0.1572	0.1449	2.8664	2.87	3627.68

（续）

序号	项目编码	项目名称	项目特征	单位	清单工程量①	套用定额号	定额项目名称	定额单位	定额工程量②	定额单价（不含进项税）/元	主材费或不取费项目③	人工费④	材料费⑤	机械费⑥	换算系数⑦=②/①	主材费或不取费项目⑧=③×⑦	人工费⑨=④×⑦	材料费⑩=⑤×⑦	机械费⑪=⑥×⑦	管理费⑫=（⑨+⑩+⑪）×费率 6.13%	利润⑬=（⑨+⑩+⑪）×费率 5.65%	综合单价小计/元	综合单价（保留2位小数）/元	综合价（保留2位小数）/元
2	040103001001	回填方	1. 部位：桥背台后及锥心回填 2. 砂砾石回填	m³	737.8	D1-124	机械平整场地及回填槽坑夯实填料 天然砂	100m³	7.378	5946.72		825.93	4965.77	155.02	0.01		8.2593	49.6577	1.5502	3.6453	3.3599	66.4724	66.47	49041.57
3	040301004001	泥浆护壁成孔灌注桩	1. 名称：泥浆护壁成孔灌注桩 2. 成孔方法：钻孔灌注桩 3. 桩长：19~24m，桩径：1500mm，间距760~810mm 4. 成孔方法：钻孔灌注 5. 孔内：C30混凝土 6. 泥浆外运运距：5km	m³	303.9	D3-137	埋设钢护筒	10m	1.6	1840.44		670.32	394.26	775.86	0.0053		3.5292	2.0757	4.0848	0.5940	0.5475	10.8312	823.10	250140.09
						D3-164	支架上φ≤1500mm回旋钻孔机钻孔 H≤40m 砂砾	10m	15.6	6637.89		1764.15	845.44	4030.3	0.0513		90.5585	43.2960	206.8861	20.8874	19.2518	380.8799		
						D3-198换	灌注桩混凝土（商品混凝土）回旋钻孔机钻孔泵送	10m³	30.39	3352.56		448.02	2904.54		0.1		44.8020	290.4540		20.5512	18.9420	374.7492		
						D3-191	泥浆外运运距5km以内	100m³	6.8884	2235.62				2235.62	0.0227				50.6741	3.1063	2.8631	56.6435		

（续）

序号	项目编码	项目名称	项目特征	单位	清单工程量①	套用定额号	定额项目名称	定额单位	定额工程量②	定额单价（不含进项税）/元	主材费或不取费项目③	人工费④	材料费⑤	机械费⑥	换算系数⑦=②/①	主材费或不取费项目⑧=③×⑦	人工费⑨=④×⑦	材料费⑩=⑤×⑦	机械费⑪=⑥×⑦	管理费⑫=（⑨+⑩+⑪）×费率 6.13%	利润⑬=（⑨+⑩+⑪）×费率 5.65%	综合单价小计/元	综合单价（保留2位小数）/元	综合价（保留2位小数）/元
											其中/元					综合单价组成/元								
4	040901004001	钢筋笼	钢筋种类、规格：HPB300 直径10mm、HRB400 直径20mm、HRB400 直径25mm	t	12.197	D3-238	钢筋制作、安装 灌注桩钢筋笼	t	12.1968	5025.68		1013.46	3302.17	710.05	1		1013.4434	3302.1159	710.0384	308.0691	283.9463	5617.6130	5617.61	68517.99
5	040301011001	截桩头	1. 桩类型：混凝土桩 2. 桩头、高度 截面：直径1500mm，高度1000mm 3. 混凝土强度等级：C30 4. 有无钢筋：有	m³	14.13	D3-576	凿除桩顶钢筋混凝土钻孔灌注桩	10m³	1.413	1150.84		806.55	3.64	340.65	0.1		80.6550	0.3640	34.0650	7.0546	6.5022	128.6409	152.13	2149.60
						D1-98×1.05	装载机装运土方拆除工程废料外运 单价×1.05	1000m³	0.01413	1758.98		359.1		1399.88	0.001		0.3591		1.3999	0.1078	0.0994	1.9662		

（续）

序号	项目编码	项目名称	项目特征	单位	清单工程量①	套用定额号	定额项目名称	定额单位	定额工程量②	定额单价（不含进项税）/元	其中/元 主材费或不取费项目③	其中/元 人工费④	其中/元 材料费⑤	其中/元 机械费⑥	换算系数⑦=②/①	综合单价组成/元 主材费或不取费项目⑧=③×⑦	综合单价组成/元 人工费⑨=④×⑦	综合单价组成/元 材料费⑩=⑤×⑥	综合单价组成/元 机械费⑪=⑥×⑦	综合单价组成/元 管理费⑫=（⑨+⑩+⑪）×费率 6.13%	综合单价组成/元 利润⑬=（⑨+⑩+⑪）×费率 5.65%	综合单价小计/元	综合单价（保留2位小数）/元	综合价（保留2位小数）/元
5	040301011001	截桩头	1.桩类型：混凝土桩 2.桩头截面高度，直径1500mm，高度1000mm 3.混凝土强度等级：C30 4.有无钢筋：有	m³	14.13	D1-106×1.05	自卸汽车运土运距5km以内 拆除工程废料外运×单价×1.05	1000m³	0.01413	19257.1			62.5	19194.6	0.001			0.0625	19.1946	1.1805	1.0880	21.5256	152.13	2149.60
6	040303005001	混凝土墩（台）身	1.部位：拆桥墩 2.混凝土强度等级：C35 3.模板支拆：有	m³	41.3	D3-279	墩身混凝土	10m³	4.13	3592.77		906.87	2347.35	338.55	0.1		90.6870	234.7350	33.8550	22.0237	20.2992	401.5998	534.93	22092.61
						D3-280	墩身模板	10m²	11.781	418.15		226.29	125.5	66.36	0.2853		64.5502	35.7994	18.9295	7.3118	6.7393	133.3301		

（续）

序号	项目编码	项目名称	项目特征	单位	清单工程量①	套用定额号	定额项目名称	定额单位	定额工程量②	定额单价(不含进项税)/元	主材或不取费项目③	人工费④	材料费⑤	机械费⑥	换算系数⑦=②/①	主材或不取费项目⑧=③×⑦	人工费⑨=④×⑦	材料费⑩=⑤×⑦	机械费⑪=⑥×⑦	管理费⑫=(⑨+⑩+⑪)×费率 6.13%	利润⑬=(⑨+⑩+⑪)×费率 5.65%	综合单价小计/元	综合单价(保留2位小数)/元	综合价(保留2位小数)/元
7	040303024001	混凝土其他构件	1. 部位：耳背墙、牛腿 2. 混凝土强度等级:C35 3. 模板支拆	m³	26.4	D3-289 换	耳背墙、牛腿混凝土	10m³	2.64	3613.38		906.87	2367.96	338.55	0.1		90.6870	236.7960	33.8550	22.1500	20.4156	403.9036	781.75	20638.20
						D3-290 换	耳背墙、牛腿模板	10m²	14.086	633.53		226.29	333.56	73.68	0.5336		120.7394	177.9745	39.3127	20.7210	19.0985	377.8462		
8	040303023001	混凝土连系梁	1. 部位：桩间系梁 2. 混凝土强度等级:C30 3. 模板支拆	m³	17.9	D3-275 换	横梁混凝土	10m³	1.79	3496.46		812.25	2379.17	305.04	0.1		81.2250	237.9170	30.5040	21.4333	19.7550	390.8343	489.87	8768.67
						D3-276	横梁模板	10m²	2.902	546.52		206.34	281.26	58.92	0.1621		33.4524	45.5987	9.5523	5.4314	5.0061	99.0409		
9	040303007001	混凝土桥墩盖梁	1. 部位：墩盖梁 2. 混凝土强度等级:C35 3. 模板支拆及支架	m³	65.2	D3-291 换	墩身、台身墩盖梁混凝土	10m³	6.52	3664.92		951.9	2361.89	351.13	0.1		95.1900	236.1890	35.1130	22.4660	20.7068	409.6648	1184.60	77235.92
						D3-292	墩身、台身墩盖梁模板	10m²	12.83	486.89		285	92.94	108.95	0.1968		56.0821	18.2887	21.4391	5.8731	5.4133	107.0962		
						D3-564	桥梁支架桁梁式支架	100m³	5.9046	6597.22		4786.86	1192.98	617.38	0.0906		433.5045	108.0379	55.9108	36.6239	33.7561	667.8331		

207

（续）

序号	项目编码	项目名称	项目特征	单位	清单工程量①	套用定额号	定额项目名称	定额单位	定额工程量②	定额单价（不含进项税）/元	主材费或取费项目③	人工费④	材料费⑤	机械费⑥	换算系数⑦=②/①	主材费或取费项目⑧=③×⑦	人工费⑨=④×⑦	材料费⑩=⑤×⑥	机械费⑪=⑥×⑦	管理费⑫=(⑨+⑩+⑪)×费率 6.13%	利润⑬=(⑨+⑩+⑪)×费率 5.65%	综合单价小计/元	综合单价（保留2位小数）/元	综合价（保留2位小数）/元
10	040303007002	混凝土桥台盖梁	1. 部位：桥台盖梁 2. 混凝土强度等级：C35 3. 模板支拆	m³	59.2	D3-293	墩身、台身、台盖梁混凝土	10m³	5.92	3639.89		937.65	2352.96	339.28	0.1		93.7650	236.2960	33.9280	22.3125	20.5654	406.8669	621.12	36770.30
						D3-294	墩身、台身、台盖梁模板	10m²	21.018	539.87		313.5	107.3	119.07	0.355		111.3031	38.0951	42.2739	11.7495	10.8295	214.2511		
11	040303024002	混凝土其他构件	1. 部位：主梁接缝处 2. 混凝土强度等级：C40 3. 模板支拆	m³	42.4	D3-320	混凝土接头及灌缝梁与接头	10m³	4.24	4287.68		1099.53	2654.43	533.72	0.1		109.9530	265.4430	53.3720	26.2835	24.2254	479.2769	499.68	21186.43
						D3-321	混凝土接头及灌缝梁与接头模板	10m²	1.2	645.08		305.52	319.51	20.05	0.0283		8.6468	9.0427	0.5675	1.1192	1.0315	20.4077		
12	040303024003	混凝土其他构件	1. 部位：挡土板 2. 混凝土强度等级：C35 3. 模板支拆	m³	1:2	D3-287换	挡土板混凝土	10m³	0.12	3629.66		921.12	2366.47	342.07	0.1		92.1120	236.6470	34.2070	22.2498	20.5076	405.7234	1039.87	1247.84
						D3-288	挡土板模板	10m²	1.136	599.27		233.13	292.84	73.3	0.9467		220.6964	277.2219	69.3907	34.7760	32.0530	634.1379		

（续）

序号	项目编码	项目名称	项目特征	单位	清单工程量①	套用定额号	定额项目名称	定额单位	定额工程量②	定额单价(不含进项税)/元	主材费或不取费项目③	人工费④	材料费⑤	机械费⑥	换算系数⑦=②/①	主材费或不取费项目⑧=③×⑦	人工费⑨=④×⑦	材料费⑩=⑤×⑥	机械费⑪=⑥×⑦	管理费⑫=(⑨+⑩+⑪)×费率 6.13%	利润⑬=(⑨+⑩+⑪)×费率 5.65%	综合单价小计/元	综合单价(保留2位小数)/元	综合价(保留2位小数)/元
13	040303024004	混凝土其他构件	1.部位:支座处 2.混凝土强度等级:C40 3.模板支拆	m³	3.1	D3-287换	支座混凝土	10m³	0.31	3918.53		921.12	2655.34	342.07	0.1		92.1120	265.5340	34.2070	24.0206	22.1397	438.0133	508.03	
						D3-288	支座模板	10m²	0.324	599.27		233.13	292.84	73.3	0.1045		24.3658	30.6065	7.6610	3.8394	3.5388	70.0116		1574.89
14	040303018001	混凝土防撞护栏	1.断面:见设计图 2.混凝土强度等级:C35 3.模板支拆	m	132	D3-329换	小型构件防撞护栏混凝土	10m³	5.49	4379.23		1770.42	2356.28	252.53	0.0416		73.6334	97.9998	10.5030	11.1649	10.2907	203.5918	319.86	
						D3-330	小型构件防撞护栏模板	10m²	31.848	431.11		250.23	42.14	138.74	0.2413		60.3737	10.1672	33.4742	6.3761	5.8769	116.2681		42221.52

（续）

序号	项目编码	项目名称	项目特征	单位	清单工程量①	套用定额号	定额项目名称	定额单位	定额工程量②	定额单价（不含进项税）/元	主材或不取费项目③	人工费④	材料费⑤	机械费⑥	换算系数⑦=②/①	主材费或不取费项目⑧=③×⑦	人工费⑨=④×⑦	材料费⑩=⑤×⑥	机械费⑪=⑥×⑦	管理费⑫=(⑨+⑩+⑪)×费率 6.13%	利润⑬=(⑨+⑩+⑪)×费率 5.65%	综合单价小计/元	综合单价（保留2位小数）/元	综合价（保留2位小数）/元
15	040303019001	桥面铺装	1. 混凝土强度等级：C40混凝土基础 2. 沥青品种：70#石油沥青 3. 混凝土种类及厚度：5cm厚中粒式沥青混凝土+4cm厚细粒式沥青混凝土	m²	667.2	D2-367换	基础混凝土	10m³	7.44	3425.01		728.92	2635.81	60.28	0.0112		8.1282	29.3921	0.6722	2.3412	2.1579	42.6916	138.15	92173.68
						D2-308换	沥青混凝土面层中粒式沥青混凝土机械摊铺厚度5cm	100m²	6.672	4509.17		158.63	4163.59	186.95	0.01		1.5863	41.6359	1.8695	2.7641	2.5477	50.4035		
						D2-315换	沥青混凝土面层细粒式沥青混凝土机械摊铺厚度3cm	100m²	6.672	2912.33		142.24	2607.43	162.66	0.01		1.4224	26.0743	1.6266	1.7853	1.6455	32.5540		

（续）

序号	项目编码	项目名称	项目特征	单位	清单工程量①	套用定额号	定额项目名称	定额单位	定额工程量②	定额单价（不含进项税）/元	主材费或不取费项目③	人工费④	材料费⑤	机械费⑥	换算系数⑦=②/①	主材费或不取费项目⑧=③×⑦	人工费⑨=④×⑦	材料费⑩=⑤×⑥	机械费⑪=⑥×⑦	管理费⑫=(⑨+⑩+⑪)×费率 6.13%	利润⑬=(⑨+⑩+⑪)×费率 5.65%	综合单价小计/元	综合单价（保留2位小数）/元	综合合价（保留2位小数）/元
15	040303019001	桥面铺装	1.混凝土强度等级:C40混凝土基础 2.沥青品种:70#石油沥青 3.沥青混凝土种类及厚度:5cm厚中粒式沥青混凝土+4cm厚细粒式沥青混凝土	m²	667.2	D2-316换	沥青混凝土面层细粒式混凝土机械摊铺厚度每增减0.5cm	100m²	6.672	502.4		23.6	437.63	41.17	0.01		0.2360	4.3763	0.4117	0.3080	0.2839	5.6158	138.15	92173.68
						D2-316换	沥青混凝土面层细粒式沥青混凝土机械摊铺厚度每增减0.5cm	100m²	6.672	502.4		23.6	437.63	41.17	0.01		0.2360	4.3763	0.4117	0.3080	0.2839	5.6158		
						D2-351	沥青拌合料及热沥青场外运输运距5km以内	10m³	6.06485	125.17				125.17	0.0091				1.1378	0.0697	0.0643	1.2718		

（续）

序号	项目编码	项目名称	项目特征	单位	清单工程量①	套用定额号	定额项目名称	定额单位	定额工程量②	定额单价(不含进项税)/元	主材或不取费项目③	人工费④	材料费⑤	机械费⑥	换算系数⑦=②/①	主材或不取费项目⑧=③×⑦	人工费⑨=④×⑦	材料费⑩=⑤×⑦	机械费⑪=⑥×⑦	管理费⑫=(⑨+⑩+⑪)×费率 6.13%	利润⑬=(⑨+⑩+⑪)×费率 5.65%	综合单价小计/元	综合单价(保留2位小数)/元	综合价(保留2位小数)/元
16	040303020001	混凝土桥头搭板	1. 部位：桥头搭板 2. 混凝土强度等级：C35	m³	61.6	D3-307换	矩形实体连续板混凝土	10m³	6.16	3894.22		1100.1	2377.97	416.15	0.1		110.0100	237.7970	41.6150	23.8716	22.0023	435.2959	444.58	27386.13
						D3-308	矩形实体连续板模板	10m²	1.89	270.85		125.4	92.07	53.38	0.0307		3.8475	2.8249	1.6378	0.5094	0.4695	9.2891		
17	040303024005	混凝土其他构件	1. 部位：墩、台挡块 2. 混凝土强度等级：C35	m³	3.4	D3-287换	墩、台挡块混凝土	10m³	0.34	3629.66		921.12	2366.47	342.07	0.1		92.1120	236.6470	34.2070	22.2498	20.5076	405.7234	764.10	2597.94
						D3-288	墩、台挡块模板	10m²	1.819	599.27		233.13	292.84	73.3	0.535		124.7246	156.6694	39.2155	19.6534	18.1144	358.3772		

（续）

序号	项目编码	项目名称	项目特征	单位	清单工程量①	套用定额号	定额项目名称	定额单位	定额工程量②	定额单价（不含进项税）/元	其中/元 主材费或不取费项目③	人工费④	材料费⑤	机械费⑥	换算系数⑦=②/①	综合单价组成/元 主材费或不取费项目⑧=③×⑦	人工费⑨=④×⑦	材料费⑩=⑤×⑥	机械费⑪=⑥×⑦	管理费⑫=（⑨+⑩+⑪）×费率 6.13%	利润⑬=（⑨+⑩+⑪）×费率 5.65%	综合单价小计/元	综合单价（保留2位小数）/元	综合价（保留2位小数）/元
18	040304001001	预制混凝土梁	1. 部位：上部结构箱梁 2. 做法：见设计图样 3. 混凝土强度等级：C40 4. 模板支拆	m³	251.1	D3-363	预制混凝土箱形梁 工程混凝土	10m³	25.11	4159.81		1246.02	2468.12	445.67	0.1		124.6020	246.8120	44.5670	25.4996	23.5029	464.9836	2225.18	558742.70
						D3-364	预制混凝土箱形梁 工程模板	10m²	348.48	999.44		597.36	260.33	141.75	1.3878		829.0243	361.2895	196.7226	85.0253	78.3676	1550.4293		
						D3-451	安装 梁起重 安装机制梁 L≤30m	10m³	25.11	1876.55		121.41		1755.14	0.1		12.1410		175.5140	11.5033	10.6025	209.7608		
19	040305005001	护坡	1. 材料品种：片石 2. 厚度：30cm 3. 砂浆强度等级：M10水泥砂浆 4. 勾缝：1:3水泥砂浆勾平缝	m²	43.3	D1-426	块石护坡厚度30cm以内	10m³	4.33	1714.11		702.24	990.15	21.72	0.1		70.2240	99.0150	2.1720	10.5075	9.6847	191.6032	207.76	8996.01
						D3-222	勾缝 块（片）石平缝	100m²	1.0825	578.04		422.37	151.81	3.86	0.025		10.5593	3.7953	0.0965	0.8858	0.8165	16.1533		

（续）

序号	项目编码	项目名称	项目特征	单位	清单工程量①	套用定额号	定额项目名称	定额单位	定额工程量②	定额单价（不含进项税）/元	其中/元 主材费或不取费项目③	人工费④	材料费⑤	机械费⑥	换算系数⑦=②/①	综合单价组成/元 主材费或不取费项目⑧=③×⑦	人工费⑨=④×⑦	材料费⑩=⑤×⑥	机械费⑪=⑥×⑦	管理费⑫=(⑨+⑩+⑪)×费率6.13%	利润⑬=(⑨+⑩+⑪)×费率5.65%	综合单价小计/元	综合单价（保留2位小数）/元	综合价（保留2位小数）/元
20	040307007001	其他钢构件	1. 部位：防撞护栏扶手 2. 规格：钢板、钢管 规格见设计图样 3. 油漆品种及工艺要求：防锈漆一遍，调和漆两遍	t	1.704	D3-476	钢管栏杆及扶手安装 防撞护栏钢管扶手	t	1.7035	4794.37		1003.2	3395.94	395.23	0.9997		1002.9056	3394.9435	395.1140	293.8086	270.8024	5357.5743		
						D3-550	油漆金属面防锈漆一度 栏杆	t	1.7035	118.65		53.58	65.07		0.9997		53.5643	65.0509	0.0000	7.2711	6.7018	132.5881	5918.14	10084.51
						D3-552	油漆金属面调和漆一度 栏杆	t	1.7035	191.5		161.31	30.19		0.9997		161.2627	30.1811	0.0000	11.7355	10.8166	213.9959		
						D3-552	油漆金属面调和漆一度 栏杆	t	1.7035	191.5		161.31	30.19		0.9997		161.2627	30.1811	0.0000	11.7355	10.8166	213.9959		

（续）

序号	项目编码	项目名称	项目特征	单位	清单工程量①	套用定额号	定额项目名称	定额单位	定额工程量②	定额单价(不含进项税)/元	主材或不取费项目③	人工费④	材料费⑤	机械费⑥	换算系数⑦=②/①	主材费或不取费项目⑧=③×⑦	人工费⑨=④×⑦	材料费⑩=⑤×⑥	机械费⑪=⑥×⑦	管理费⑫=(⑨+⑩+⑪)×费率 6.13%	利润⑬=(⑨+⑩+⑪)×费率 5.65%	综合单价小计/元	综合单价(保留2位小数)/元	综合合价(保留2位小数)/元
21	040309004001	橡胶支座	1. 材质：橡胶支座 2. 规格、型号：GYZ 400mm×69mm 板式支座	个	16	不取费项目	橡胶支座 GYZ 400mm×69mm 板式支座	块	16	15	15				1	15						15	15.00	240.00
22	040309004002	橡胶支座	1. 材质：橡胶支座 2. 规格、型号：GYZF$_4$ 300mm×65mm 滑板支座	个	16	不取费项目	橡胶支座 GYZF$_4$300mm×65mm 滑板支座	块	16	20	20				1	20						20	20.00	320.00
23	04B001	减震橡胶块	1. 材质：橡胶块 2. 规格、型号：200mm×200mm×20mm 橡胶缓冲块	块	28	不取费项目	减震橡胶块	块	28	15	15				1	15						15	15.00	420.00

（续）

序号	项目编码	项目名称	项目特征	单位	清单工程量①	套用定额号	定额项目名称	定额单位	定额工程量②	定额单价(不含进项税)/元	其中/元 主材费或不取项目③	人工费④	材料费⑤	机械费⑥	换算系数⑦=②/①	综合单价组成/元 主材费或不取项目⑧=③×⑦	人工费⑨=④×⑦	材料费⑩=⑤×⑥	机械费⑪=⑥×⑦	管理费⑫=(⑨+⑩+⑪)×费率 6.13%	利润⑬=(⑨+⑩+⑪)×费率 5.65%	综合单价小计/元	综合单价(保留2位小数)/元	综合价(保留2位小数)/元
24	040309007001	桥梁伸缩装置	材料品种：钢板支座	m	26.3	D3-493	安装伸缩缝钢板	10m	2.63	999.77		383.61	129.24	486.92	0.1		38.3610	12.9240	48.6920	6.1286	5.6487	111.7543	1611.76	42389.29
						主材	钢板伸缩缝	m	26.3	1500	1500				1	1500						1500		
25	040901001001	现浇构件钢筋	钢筋种类、规格：HPB300 φ8mm	t	4.338	D3-232	光圆钢筋 钢筋制作、安装 现浇混凝土(10mm以内)	t	4.3376	4120.87		949.62	3120.06	51.19	0.9999		949.5324	3119.7723	51.1853	252.5860	232.8077	4605.8837	4605.89	19980.35
26	040901001002	现浇构件钢筋	钢筋种类、规格：HPB300 φ10mm	t	8.135	D3-232	光圆钢筋 钢筋制作、安装 现浇混凝土(10mm以内)	t	8.135	4120.87		949.62	3120.06	51.19	1		949.6200	3120.0600	51.1900	252.6093	232.8292	4606.3085	4606.31	37472.33

（续）

序号	项目编码	项目名称	项目特征	单位	清单工程量①	套用定额号	定额项目名称	定额单位	定额工程量②	定额单价（不含进项税）/元	其中/元 主材费或不取费项目③	人工费④	材料费⑤	机械费⑥	换算系数⑦=②/①	综合单价组成/元 主材费或不取费项目⑧=③×⑦	人工费⑨=④×⑦	材料费⑩=⑤×⑥	机械费⑪=⑥×⑦	管理费⑫=（⑨+⑩+⑪）×费率 6.13%	利润⑬=（⑨+⑩+⑪）×费率 5.65%	综合单价小计/元	综合单价（保留2位小数）/元	综合价（保留2位小数）/元
27	040901001003	现浇构件钢筋	钢筋种类、规格：HPB300 φ12mm	t	3.561	D3-233	光圆钢筋 钢筋制作、安装 现浇混凝土（11~20mm）	t	3.5606	4058.72		564.87	3350.04	143.81	0.9999		564.8065	3349.6637	143.7938	248.7716	229.2919	4536.3276	4536.33	16153.87
28	040901001004	现浇构件钢筋	钢筋种类、规格：HRB400 φ12mm	t	52.483	D3-239	带肋钢筋 钢筋制作、安装 现浇混凝土（11~20mm）	t	52.4826	4130.96		621.3	3350.04	159.62	1		621.2953	3350.0145	159.6188	253.2259	233.3975	4617.5519	4617.55	242342.88
29	040901001005	现浇构件钢筋	钢筋种类、规格：HRB400 φ16mm	t	15.381	D3-239	带肋钢筋 钢筋制作、安装 现浇混凝土（11~20mm）	t	15.381	4130.96		621.3	3350.04	159.62	1		621.3000	3350.0400	159.6200	253.2278	233.3992	4617.5871	4617.59	71023.15

（续）

序号	项目编码	项目名称	项目特征	单位	清单工程量①	套用定额号	定额项目名称	定额单位	定额工程量②	定额单价(不含进项税)/元	其中/元 主材费或不取项目③	人工费④	材料费⑤	机械费⑥	换算系数⑦=②/①	综合单价组成/元 主材费或不取项目⑧=③×⑦	人工费⑨=④×⑦	材料费⑩=⑤×⑥	机械费⑪=⑥×⑦	管理费⑫=(⑨+⑩+⑪)×费率6.13%	利润⑬=(⑨+⑩+⑪)×费率5.65%	综合单价小计/元	综合单价(保留2位小数)/元	综合合价(保留2位小数)/元
30	040901001006	现浇构件钢筋	钢筋种类、规格：HRB400 φ20mm	t	9.634	D3-239	带助钢筋钢筋制作、安装现浇混凝土(11~20mm)	t	9.6338	4130.96		621.3	3350.04	159.62	1		621.2871	3349.9705	159.6167	253.2226	233.3944	4617.4912	4617.49	44484.90
31	040901001007	现浇构件钢筋	钢筋种类、规格：HRB400 φ22mm	t	3.845	D3-242	带助钢筋钢筋制作、安装预制混凝土(20mm以外)	t	3.845	3865.55		409.26	3323.89	132.4	1		409.2600	3323.8900	132.4000	236.9582	218.4036	4320.9118	4320.91	16613.90
32	040901001008	现浇构件钢筋	钢筋种类、规格：HRB400 φ25mm	t	25.409	D3-242	带助钢筋钢筋制作、安装预制混凝土(20mm以外)	t	25.4093	3865.55		409.26	3323.89	132.4	1		409.2648	3323.9292	132.4016	236.9610	218.4062	4320.9628	4320.96	109791.27

（续）

序号	项目编码	项目名称	项目特征	单位	清单工程量①	套用定额号	定额项目名称	定额单位	定额工程量②	定额单价(不含进项税)/元	其中/元				换算系数⑦=②/①	综合单价组成/元						综合单价小计/元	综合单价(保留2位小数)/元	综合价(保留2位小数)/元
											主材费或不取费项目③	人工费④	材料费⑤	机械费⑥		主材费或不取费项目⑧=③×⑦	人工费⑨=④×⑦	材料费⑩=⑤×⑥	机械费⑪=⑥×⑦	管理费⑫=(⑨+⑩+⑪)×费率6.13%	利润⑬=(⑨+⑩+⑪)×费率5.65%			
33	040901001009	现浇构件钢筋	钢筋种类、规格：HRB400 φ28mm	t	17.95	D3-242	带肋钢筋钢筋制作、安装预制混凝土(20mm以外)	t	17.9498	3865.55		409.26	3323.89	132.4	1		409.2554	3323.8850	132.3985	236.9556	218.4011	4320.8636	4320.86	77559.44
34	040901001003001	钢筋网片	钢筋种类、规格：D10冷轧带肋钢筋网	t	8.028	D2-349	水泥混凝土传力杆制作安装钢筋网	t	8.0284	4196.37		985.53	3184.67	26.17	1		985.5791	3184.8287	26.1713	257.2503	237.1067	4690.9361	4690.93	37658.79

（续）

序号	项目编码	项目名称	项目特征	单位	清单工程量①	套用定额号	定额项目名称	定额单位	定额工程量②	定额单价（不含进项税）/元	其中/元				换算系数⑦=②/①	综合单价组成/元						综合单价小计/元	综合单价（保留2位小数）/元	综合价（保留2位小数）/元
											主材费或不取费项目③	人工费④	材料费⑤	机械费⑥		主材费或不取费项目⑧=③×⑦	人工费⑨=④×⑦	材料费⑩=⑤×⑥	机械费⑪=⑥×⑦	管理费⑫=(⑨+⑩+⑪)×费率 6.13%	利润⑬=(⑨+⑩+⑪)×费率 5.65%			
35	040901006001	后张法预应力钢筋（钢丝束、钢绞线）	1.部位：上部结构箱梁、 2.预应力筋种类及规格:后张钢绞线 Φ 15.2mm 3.锚具种类及规格: OVM 15-4、 OVM 15-5 4.砂浆等强度等级:水泥浆不低于桥面混凝土强度等级 5.压浆管质:薄钢板波纹管 Φ内＝55mm	t	9.544	D3-255	预应力筋制作、安装后张法 OVM 锚束长20m以内 7孔以内	t	9.5442	7327.7		1086.99	5793.28	447.43	1		1087.0128	5793.4014	447.4394	449.1974	414.0237	8191.0747	11448.04	109260.09
						D3-262	安装压浆管道压浆 管道薄钢板管	100m	17.52	1260.74		393.87	866.87		1.8357		723.0304	1591.3205	0.0000	141.8697	130.7608	2586.9814		
						D3-264	安装压浆管道和压浆 压浆	10m³	0.41603	13750.15		3480.99	6823.34	3445.82	0.0436		151.7389	297.4344	150.2058	36.7419	33.8649	669.9860		

（续）

序号	项目编码	项目名称	项目特征	单位	清单工程量①	套用定额号	定额项目名称	定额单位	定额工程量②	定额单价(不含进项税)/元	其中/元 主材或费取项目③	人工费④	材料费⑤	机械费⑥	换算系数⑦=②/①	综合单价组成/元 主材或费取项目⑧=③×⑦	人工费⑨=④×⑦	材料费⑩=⑤×⑥	机械费⑪=⑥×⑦	管理费⑫=(⑨+⑩+⑪)×费率 6.13%	利润⑬=(⑨+⑩+⑪)×费率 5.65%	综合单价小计/元	综合单价(保留2位小数)/元	综合价(保留2位小数)/元
36	040901007001	型钢	部位：支座处及声测管处钢板	t	1.708	D4-1189	钢筋(钢件)预埋钢件制作、安装钢料作	t	1.7076	6256.72		1396.5	4118	742.22	0.9998		1396.1730	4117.0356	742.0462	383.4471	353.4219	6992.1237	6992.12	11942.54
37	040301012001	声测管	1.部位：声测管处钢管 2.型号、规格：φ54mm×1.5mm，φ60mm×2.75mm	t	1.057	D4-1190	钢筋(钢件)预埋钢件制作、安装钢套管	t	1.0574	6565.44		1071.03	5476.02	18.39	1.0004		1071.4353	5478.0923	18.3970	402.6138	371.0877	7341.6261	7341.63	7760.10
38	040309009001	桥面排水管(泄)水管	1.材质、品种：UPVC排水管 2.管径：160mm 3.碎石盲沟	m	120	D3-491	安装泄水孔塑料管	10m	12	250.16		39.9	210.26		0.1		3.9900	21.0260		1.5335	1.4134	27.9629	29.07	
						D1-413	砂石滤沟断面面积在0.1m²以内	10m³	0.07	1699.25		895.47	803.78		0.0006		0.5224	0.4689		0.0608	0.0560	1.1080		3488.40
							总计	元																2154095.58

表 8-43　综合单价及合价计算表（不含进项税额）

序号	项目编码	项目名称	项目特征	单位	清单工程量①	套用定额号	定额项目名称	定额单位	定额工程量②	定额单价（不含进项税）/元	人工费③	材料费④	机械费⑤	换算系数⑥=②/①	人工费⑦=③×⑥	材料费⑧=④×⑥	机械费⑨=⑤×⑥	管理费⑩=(⑦+⑧+⑨)×费率 6.13%	利润⑪=(⑦+⑧+⑨)×费率 5.65%	综合单价小计/元	综合单价（保留2位小数）/元	综合合价（保留2位小数）/元
1	041106001001	大型机械设备进出场及安拆	挖机进场	台·次	1	3001	场外运输费用 履带式挖掘机 1m³以内	台次	1	4120.68	684	203.74	3232.94	1	684	203.74	3232.94	252.59768	232.81842	4606.0961	4606.1	4606.1
2	041106001002	大型机械设备进出场及安拆	钻孔机械进出场	台·次	1	3024	场外运输费用 转盘钻孔机	台次	1	2616.98	285	28.06	2303.92	1	285	28.06	2303.92	160.42087	147.85937	2925.26024	2925.26	2925.26
3	041106001003	大型机械设备进出场及安拆	8t沥青摊铺机进出场	台·次	1	3003	场外运输费用 沥青摊铺机	台次	1	3197.23	342	246.87	2608.36	1	342	246.87	2608.36	195.9902	180.6435	3573.8369	3573.86	3573.86

（续）

序号	项目编码	项目名称	项目特征	单位	清单工程量①	套用定额号	定额项目名称	定额单位	定额工程量②	定额单价(不含进项税)/元	其中/元 人工费③	材料费④	机械费⑤	换算系数⑥=②/①	综合单价组成/元 人工费⑦=③×⑥	材料费⑧=④×⑥	机械费⑨=⑤×⑥	管理费⑩=(⑦+⑧+⑨)×费率6.13%	利润⑪=(⑦+⑧+⑨)×费率5.65%	综合单价小计/元	综合单价(保留2位小数)/元	综合合价(保留2位小数)/元
4	041106001004	大型机械设备进出场及安拆	50t起重机进场出场	台·次	1	3006	场外运输费用履带式起重机50t以内	台次	1	8292.9	684	244.74	7364.16	1	684	244.74	7364.16	508.35477	468.54885	9269.80362	9269.8	9269.8
5	041102039001	桩基础支架、平台	支架、平台	m²	629.85	85D3-557	搭、拆桩基础支架平台支架锤重2500kg	100m²	6.2985	3360.28	2631.12	729.16		0.01	26.3112	7.2916		2.05985	1.89855	37.56121	37.56	23657.17
6	041101002001	桥墩、桥台脚手架	桥墩、桥台脚手架	m²	565.33	D1-333	单、双排脚手架钢管脚手架单排8m内	100m²	5.6533	694.95	362.52	290.54	41.89	0.01	3.6252	2.9054	0.4189	0.426	0.39265	7.76815	7.77	4392.61
小计																						48424.8

（6）计算得出分部分项工程量清单总价为 2154095.58 元（不含进项税额），其中只取税金项为 39450 元，不取费项为 980 元，见表 8-44。

单价措施（技术措施）分部分项工程量清单总价为 48424.8 元，见表 8-45。

（7）计算总价措施（组织措施）分部分项工程量清单综合单价（不含进项税额），见表 8-46。

表 8-44 分部分项工程量清单计价表（不含进项税额）

序号	项目编码	项目名称	项目特征描述	计量单位	工程量	金额/元	
						综合单价	合价
1	040101003001	挖基坑土方	1. 部位:桥台 2. 土壤类别:三类土 3. 挖土深度:3m 以内	m³	1264	2.87	3627.68
2	040103001001	回填方	1. 部位:桥台后及锥心回填 2. 砂砾回填	m³	737.8	66.47	49041.57
3	040301004001	泥浆护壁成孔灌注桩	1. 名称:泥浆护壁成孔灌注桩 2. 桩长:19~24m 3. 桩径:1500mm,间距 760~810mm 4. 成孔方法:钻孔灌注桩 5. 孔内回填:C30 混凝土 6. 泥浆外运运距:5km	m³	303.9	823.1	250140.09
4	040901004001	钢筋笼	钢筋种类、规格:HPB300 φ10mm、HRB400 φ20mm、HRB400 φ25mm	t	12.197	5617.61	68517.99
5	040301011001	截桩头	1. 桩类型:混凝土桩 2. 桩头截面、高度:直径 1500mm,高度 1000mm 3. 混凝土强度等级:C30 4. 有无钢筋:有	m³	14.13	152.13	2149.6
6	040303005001	混凝土墩（台）身	1. 部位:桥墩 2. 混凝土强度等级:C35 3. 模板支拆	m³	41.3	534.93	22092.61
7	040303024001	混凝土其他构件	1. 部位:耳背墙、牛腿 2. 混凝土强度等级:C35 3. 模板支拆	m³	26.4	781.75	20638.2
8	040303023001	混凝土连系梁	1. 部位:桩间系梁 2. 混凝土强度等级:C30 3. 模板支拆	m³	17.9	489.87	8768.67
9	040303007001	混凝土桥墩盖梁	1. 部位:墩盖梁 2. 混凝土强度等级:C35 3. 模板及支架支拆	m³	65.2	1184.6	77235.92
10	040303007002	混凝土桥台盖梁	1. 部位:桥台盖梁 2. 混凝土强度等级:C35 3. 模板支拆	m³	59.2	621.12	36770.3
11	040303024002	混凝土其他构件	1. 部位:主梁接缝处 2. 混凝土强度等级:C40 3. 模板支拆	m³	42.4	499.68	21186.43

（续）

序号	项目编码	项目名称	项目特征描述	计量单位	工程量	金额/元 综合单价	金额/元 合价
12	040303024003	混凝土其他构件	1. 部位:挡土板 2. 混凝土强度等级:C35 3. 模板支拆	m³	1.2	1039.87	1247.84
13	040303024004	混凝土其他构件	1. 部位:支座处 2. 混凝土强度等级:C40 3. 模板支拆	m³	3.1	508.03	1574.89
14	040303018001	混凝土防撞护栏	1. 断面:见设计图 2. 混凝土强度等级:C35 3. 模板支拆	m	132	319.86	42221.52
15	040303019001	桥面铺装	1. 混凝土强度等级:C40混凝土基础 2. 沥青品种:70#石油沥青 3. 沥青混凝土种类及厚度:5cm厚中粒式沥青混凝土+4cm厚细粒式沥青混凝土	m²	667.2	138.15	92173.68
16	040303020001	混凝土桥头搭板	1. 部位:桥头搭板 2. 混凝土强度等级:C35	m³	61.6	444.58	27386.13
17	040303024005	混凝土其他构件	1. 部位:墩、台挡块 2. 混凝土强度等级:C35	m³	3.4	764.1	2597.94
18	040304001001	预制混凝土梁	1. 部位:上部结构箱梁 2. 做法:见设计图样 3. 混凝土强度等级:C40 4. 模板支拆	m³	251.1	2225.18	558742.7
19	040305005001	护坡	1. 材料品种:片石 2. 厚度:30cm 3. 砂浆强度等级:M10水泥砂浆 4. 勾缝:1:3水泥砂浆勾平缝	m²	43.3	207.76	8996.01
20	040307007001	其他钢构件	1. 部位:防撞护栏扶手 2. 规格:钢板、钢管规格见设计图样 3. 油漆品种及工艺要求:防锈漆一遍,调和漆两遍	t	1.704	5918.14	10084.51
21	040309004001	橡胶支座	1. 材质:橡胶支座 2. 规格、型号:GYZ400mm×69mm板式支座	个	16	15	240
22	040309004002	橡胶支座	1. 材质:橡胶支座 2. 规格、型号:GYZF₄300mm×65mm滑板支座	个	16	20	320
23	04B001	减震橡胶块	1. 材质:橡胶块 2. 规格、型号:200mm×200mm×20mm橡胶缓冲块	块	28	15	420
24	040309007001	桥梁伸缩装置	材料品种:钢板支座	m	26.3	1611.76	42389.29
25	040901001001	现浇构件钢筋	钢筋种类、规格:HPB300 φ8mm	t	4.338	4605.89	19980.35
26	040901001002	现浇构件钢筋	钢筋种类、规格:HPB300 φ10mm	t	8.135	4606.31	37472.33

（续）

序号	项目编码	项目名称	项目特征描述	计量单位	工程量	金额/元 综合单价	金额/元 合价
27	040901001003	现浇构件钢筋	钢筋种类、规格：HPB300 φ12mm	t	3.561	4536.33	16153.87
28	040901001004	现浇构件钢筋	钢筋种类、规格：HRB400 φ12mm	t	52.483	4617.55	242342.88
29	040901001005	现浇构件钢筋	钢筋种类、规格：HRB400 φ16mm	t	15.381	4617.59	71023.15
30	040901001006	现浇构件钢筋	钢筋种类、规格：HRB400 φ20mm	t	9.634	4617.49	44484.9
31	040901001007	现浇构件钢筋	钢筋种类、规格：HRB400 φ22mm	t	3.845	4320.91	16613.9
32	040901001008	现浇构件钢筋	钢筋种类、规格：HRB400 φ25mm	t	25.409	4320.96	109791.27
33	040901001009	现浇构件钢筋	钢筋种类、规格：HRB400 φ28mm	t	17.95	4320.86	77559.44
34	040901003001	钢筋网片	钢筋种类、规格：D10 冷轧带肋钢筋网	t	8.028	4690.93	37658.79
35	040901006001	后张法预应力钢筋（钢丝束、钢绞线）	1. 部位：上部结构箱梁 2. 预应力筋种类及规格：后张钢绞线 ϕ_s15.2mm 3. 锚具种类及规格：OVM15-4、OVM15-5 4. 砂浆强度等级：水泥浆不低于桥面混凝土强度等级 5. 压浆管材质：薄钢板波纹管 $\phi_{内}$ =55mm	t	9.544	11448.04	109260.09
36	040901007001	型钢	部位：支座处及声测管处钢板	t	1.708	6992.12	11942.54
37	040301012001	声测管	1. 部位：声测管处钢管 2. 规格、型号：φ54mm×1.5mm、φ60mm×2.75mm	t	1.057	7341.63	7760.1
38	040309009001	桥面排（泄）水管	1. 材质品种：UPVC 排水管 2. 管径：160mm 3. 碎石盲沟	m	120	29.07	3488.4
		小计					2154095.58

表 8-45　单价措施项目清单计价表

序号	项目编码	项目名称	项目特征描述	计量单位	工程量	金额/元 综合单价	金额/元 合价
1	041106001001	大型机械设备进出场及安拆	挖掘机械进出场	台·次	1	4606.1	4606.1
2	041106001002	大型机械设备进出场及安拆	钻孔机械进出场	台·次	1	2925.26	2925.26
3	041106001003	大型机械设备进出场及安拆	8t 沥青摊铺机进出场	台·次	1	3573.86	3573.86
4	041106001004	大型机械设备进出场及安拆	50t 起重机进出场	台·次	1	9269.8	9269.8
5	041102039001	桩基础支架、平台	支架、平台	m²	629.85	37.56	23657.17
6	041101002001	桥墩、桥台脚手架	桥墩、桥台脚手架	m²	565.33	7.77	4392.61
		小计					48424.8

表 8-46 总价措施分部分项工程量清单计价表（不含进项税额）

序号	项目编码	项目名称	单位	计算基数 ①	费率（%） ②	工程量 ③	综合单价（保留2位小数）/元 ④=⑥+⑦+⑧+⑨+⑩	综合合价（保留2位小数）/元 ⑤=③×④	人工费单价 ⑥=①× ②×20%	材料费单价 ⑦=①× ②×70%	机械费单价 ⑧=①× ②×10%	管理费单价 ⑨=(⑥+⑦+⑧)× 费率 6.13%	利润单价 ⑩=(⑥+⑦+⑧)× 费率 5.65%
1	41109001001	安全施工费	项	定额基价（即人工费+材料费+机械费，本例中为1931344.56元-40430元）	0.64	1	13527.46	13527.46	2420.37	8471.30	1210.19	741.84	683.75
2	41109001002	文明施工费	项	定额基价（即人工费+材料费+机械费，本例中为1931344.56元-40430元）	0.53	1	11202.44	11202.44	2004.37	7015.29	1002.18	614.34	566.23
3	41109001003	生活性临时设施费	项	定额基价（即人工费+材料费+机械费，本例中为1931344.56元-40430元）	0.64	1	13527.46	13527.46	2420.37	8471.30	1210.19	741.84	683.75
4	41109001004	生产性临时设施费	项	定额基价（即人工费+材料费+机械费，本例中为1931344.56元-40430元）	0.41	1	8666.03	8666.03	1550.55	5426.92	775.27	475.24	438.03
		小计						46923.39					

从表 8-46 中可知，总价措施费中人工费、材料费、机械费合计为 41978.3 元。

（8）计算得出总价措施项目总费用（不含进项税额）为 46923.39 元，见表 8-47。

表 8-47 总价措施项目清单计价表（不含进项税额）

序号	项目编码	项目名称	计算基础	费率（%）	金额/元
1	041109001001	安全施工费	分部分项直接费	0.64	13527.46
2	041109001002	文明施工费	分部分项直接费	0.53	11202.44
3	041109001003	生活性临时设施费	分部分项直接费	0.64	13527.46
4	041109001004	生活性临时设施费	分部分项直接费	0.41	8666.03
		小计			46923.39

注：表中"分部分项直接费"指定额人材机费用，本例中为扣除不取费项后的人材机费用，即为：1931344.56－40430 = 1890914.56（元）。

（9）计算得出规费项目计价为 141299.31 元，见表 8-48。

表 8-48 规费项目计价表

序号	项目名称	计算基础	计算基数/元	计算费率（%）	金额/元
1	规费				141299.31
1.1	社会保障费	养老保险费+失业保险费+医疗保险费+工伤保险费+生育保险费			111458.48
1.1.1	养老保险费	分部分项预算价直接费+技术措施直接费+组织措施直接费	1931344.56－40430+43321.27+41978.3	3.98	78653.32
1.1.2	失业保险费	分部分项预算价直接费+技术措施直接费+组织措施直接费	1931344.56－40430+43321.27+41978.4	0.27	5335.78
1.1.3	医疗保险费	分部分项预算价直接费+技术措施直接费+组织措施直接费	1931344.56－40430+43321.27+41978.5	1.07	21145.49
1.1.4	工伤保险费	分部分项预算价直接费+技术措施直接费+组织措施直接费	1931344.56－40430+43321.27+41978.6	0.23	4545.29
1.1.5	生育保险费	分部分项预算价直接费+技术措施直接费+组织措施直接费	1931344.56－40430+43321.27+41978.7	0.09	1778.59
1.2	住房公积金	分部分项预算价直接费+技术措施直接费+组织措施直接费	1931344.56－40430+43321.27+41978.8	1.51	29840.83

（10）填写单位工程费汇总表，总费用为 2653617.02 元，见表 8-49。

表 8-49 单位工程费汇总表

序号	汇总内容	金额/元	其中:暂估价
1	分部分项工程费	2154095.58	含不取费项目 980 元
2	措施项目费	95348.19	
2.1	技术措施项目费	48424.8	
2.2	组织措施项目费	46923.39	
2.2.1	其中:安全文明施工费	46923.39	安全文明施工费包括：环境保护、文明施工、安全施工、临时设施

（续）

序号	汇总内容	金额/元	其中:暂估价
3	其他项目费		本例中没有涉及,如有,列入即可
3.1	暂列金额		本例中没有涉及,如有,列入即可
3.2	专业工程暂估价		本例中没有涉及,如有,列入即可
3.3	计日工		本例中没有涉及,如有,列入即可
3.4	总承包服务费		本例中没有涉及,如有,列入即可
4	规费	141299.31	
4.1	社会保障费	111458.48	
4.1.1	养老保险费	78653.32	
4.1.2	失业保险费	5335.78	
4.1.3	医疗保险费	21145.49	
4.1.4	工伤保险费	4545.29	
4.1.5	生育保险费	1778.59	
4.2	住房公积金	29840.83	
5	税金	262873.94	费率为11%,取费基数为:分部分项工程费+措施项目费+其他项目费+规费−不取费项目
	合计＝1+2+3+4+5	2653617.02	

管网工程

本章主要介绍排水工程、给水工程、燃气与集中供热工程。

第一节　排水工程定额计价

在城市中，人们日常生活当中会产生大量的生活污水，降雨和冰雪融化会产生大量的水流，这些都需要得到有效的处理和及时的排放。而城市的排水系统，就是针对城市污水、雨水、雪水而修建的一种排水设施。

城市排水主要分三类，即自然降水、生活污水、工业废水。

一、排水系统的组成

排水系统由排水管道（渠）系统和污水处理系统组成。

（一）排水管道（渠）系统由一系列的排水管道（渠）和附属构筑物组成

（1）排水管道（渠）由一系列的支管（渠）和干管（渠）组成。在合流制的排水系统中，污水、雨水的排水在同一管网当中，而在分流制的排水系统中，污水和雨水有各自的排水系统。

1）污水支管（渠）收集来自居民小区污水管道系统的污水或厂矿企业集中排放的污水，通过管道进入污水干管（渠）。

2）雨水支管（渠）主要收集从道路上设置的雨水口、雨检井收集来的雨水雪水，进入雨水主干管（渠）。

3）污水干管（渠）主要作用是将收集到的污水输送到污水处理厂进行处理。

4）雨水干管（渠）主要作用是将收集到的雨水排入就近河流。

（2）附属构筑物。排水管道（渠）的附属构筑物主要有检查井、雨水口、出水口、跌水井等。

井各部构造：

1）井室，位于检查井下部，井基础层之上，是整个井中最大的部分，井室中有插入的管道及流槽。

2）流槽，是检查井中供水流通的设施，位于检查井内底部基础以上，连接着上、下游两端进入井内的管道，四周与井壁相接。

3）收口段，是连接井室与最上井筒的过渡段，又称为变径段。

4）井筒，位于井室最上端的砌体，形似筒状的砌筑段，有时也为混凝土预制，一般上盖井盖。

5）井室盖板，连接井室与最上井筒，收口段的作用用井室盖板替代。井室盖板一般为混凝土预制，也有现浇。盖板上留有同井筒内径相同的井洞。

6）井盖及盖座，是检查井最上部位的构件。盖于井筒之上，只有在需要检查井室及管道情况时才打开井盖，便于工人操作。

（二）污水处理厂

1. 污水处理方法

污水处理就是采用各种技术将污水中的污染物分离出来，或者是将有害的物质转为无害物质，使污水得到净化。处理的方法有三种，物理法、化学法、生物法。

1）物理法，就是采用物理的方法将污水中呈现悬浮状态的固体污染物分离出来的方法，具体方法有沉淀、渗透、气浮、筛滤等。

2）化学法，就是利用化学反应来分离污水中各种形态的污染物质，具体方法有电解、氧化还原、离子交换、电渗析等。

3）生物法，利用微生物的代谢作用将污水中的有机污染物转化为稳定的无害物质。常用的生物处理法有好氧与厌氧两类。

2. 污水处理构筑物

污水处理厂由多个的污水处理构筑物组成。污水经过一个个构筑物，得到一步步净化，达到排放标准。

1）格栅，污水处理流程中经过的第一个构筑物，由一组平行的金属栅条制成的框架组成，放置在污水进口处，其作用是拦截污水中较大的物质。

2）沉砂池，一般设于进水泵站的后面，利用重力分离原理将污水中较大的无机颗粒分离出去，减轻沉淀池的负荷。

3）沉淀池，主要功用是泥水分离。

4）曝气池，是活性污泥法处理污水的主要构筑物，通过活性污泥的吸附，氧化有机物，使污水得以净化。

5）生物滤池，是采用土壤自净原理而修建的人工生物处理构筑物。

（三）排水工程的定额设置

排水工程在定额设置中包括管道、井渠、顶管、给水排水构筑物、给水排水机械设备安装、模板、钢筋、井字架工程。

（四）有关说明

1）本节中所称的定型管道主要标准依据为国家建筑设计图集《给水排水标准图集》S5（2005年合订本）中的管道。

2）本节中的排水管道出口，分砖砌、石砌及"一字式""门字式""八字式"等是按《给水排水标准图集》S5（2005年合订本）计算的。

3）本节中的定型井主要依据《给水排水标准图集》S5（2005年合订本）编制，定型雨水检查井规格见表9-1。

定型污水检查井的规格，除 $\phi1000$mm 和 $\phi1250$mm 的井室高为 D（管径）+1800mm 外，其余与雨水检查井相同，合流管道中的井按雨水检查井计。

4）本节中的各项目均未包括脚手架，砌井深度超过 1.5m，可执行井字脚手架项目，砌墙高度超过 1.2m，抹灰超过 1.5m 需搭脚手架，可执行相应的脚手架项目。

表 9-1　定型雨水检查井规格　（单位：mm）

井内径	适用管径	井室高	收口段高	井筒高	墙厚	上口
700	$D \leqslant 400$				24	700
1000	$D \leqslant 600$	1800	480	$\geqslant 300$	24	700
1250	$600 \leqslant D \leqslant 800$	1800	840	$\geqslant 300$	24	700

二、管道工程定额工程量计算规则

（1）混凝土基础、混凝土管、陶土管、塑料管铺设，按井中至井中的中心线扣除检查井长度，以延长米计算工程量。每座检查井扣除长度见表 9-2。

表 9-2　扣除长度明细表

圆形检查井井室内径/mm	扣除长度/m	其他检查井	扣除长度/m
700	0.4	各种矩形井	1.0
1000	0.7	各种交汇井	1.2
1100	0.8	各种扇形井	1.0
1250	0.95	圆形跌水井	1.6
1500	1.2	矩形跌水井	1.7
2000	1.7	阶梯式跌水井	按实扣
2500	2.2		

（2）管道接口按不同的管径和做法，以实际接口个数计算工程量，也可按下式计算：

接口个数 = 管道总长度 ÷ 每根管长度 - 检查井所占的接口数

（3）管道闭水试验：污水管道、雨污合流管道、倒虹吸管道以及设计要求闭水试验的其他排水管道，必须做闭水试验。闭水试验的长度按下列方法计算：

1）倒虹吸管和管径小于 700mm 的，全部计算闭水长度。

2）管径大于等于 700mm 的，按所施工长度的三分之一计算闭水长度。

3）闭水试验工程量不扣除各种井所占长度。

（4）定型混凝土管道基础，分平接（企口）式管道基础 120°、平接（企口）式管道基础 180°、满包混凝土基础，并区分不同的管径，以"100m"为计量单位。

（5）管道铺设，分混凝土管道平接（企口）式、混凝土管道套箍式、混凝土管道承插式、陶土管铺设，并分不同的管径，以"100m"为计量单位。

（6）管道接口：混凝土管道平（企）接口、预制混凝土外套环接口，区分水泥砂浆接口 120°管基、水泥砂浆接口 180°管基、钢丝网水泥接口 120°管基、钢丝网水泥接口 180°管基、膨胀水泥砂浆接口（企口管 360°）、石棉水泥接口（企口管 360°）、沥青玛蹄脂软接口、石棉水泥接口（平口）、石棉水泥接口（企口），并按不同的管径，以"10个"为计量单位；现浇混凝土套环接口，分 120°管基、180°管基，按不同的管径，以"10个"为计量单位；承插接口，分水泥砂浆接口、沥青油膏接口，按不同的管径，以"10个"为计量单位；陶土管水泥砂浆接口，按不同的管径，以"10个"为计量单位。

（7）变形缝，区分不同的管径，以"10个"为计量单位。

（8）塑料管道，分高密度聚乙烯双壁波纹管铺设（承插接口）、钢带增强聚乙烯螺旋波纹管铺设（电熔接口）、聚乙烯管水平钻进牵引铺设（热熔接口），并按不同的管径，以"100m"为计量单位。

（9）管道闭水试验，按不同的管径，以"100m"为计量单位。

（10）排水管道出口：砖砌出口、石砌出口，按一字式、八字式、门字式，区分不同的高度及规格尺寸，并以不同的管径，以"处"为计量单位。

三、井渠工程定额工程量计算规则

（1）各种井的井深由下游管内底至井盖上表面计算。

（2）管道垫层、基础工程量的计算，应扣除检查井所占部分。

（3）沟渠闭水试验：污水沟渠、雨污合流沟渠、设计要求闭水的其他沟渠，应做闭水试验。沟渠闭水试验的长度按下列方法计算：

1）沟渠内壁周长大于等于2.2m的，按渠道长度的三分之一计算。

2）沟渠内壁周长小于2.2m的，全部计算闭水长度。

3）沟渠闭水试验不扣除各种井所占长度。

（4）定型井：定型雨水检查井、定型污水检查井，分井室内径700mm、井室内径1000mm、井室内径1100mm、井室内径1250mm，并按不同井深，以"座"为计量单位；定型雨水口，分单算800mm×400mm、单算680mm×380mm、双算1450mm×380mm、三算2225mm×380mm，并按不同井深，以"座"为计量单位。

（5）井底垫层及基础，分毛石、碎石、砾石、矿渣、粗砂、天然砂、混凝土，以"10m³"为计量单位。

（6）非定型井：砖石井，分砖墙、石墙，并按圆形、矩形，以"10m³"为计量单位；井底流槽，分石砌、砖砌，以"10m³"为计量单位；现浇混凝土井，分井壁、井底流槽，以"10m³"为计量单位；预制混凝土井壁，分预制、安装，以"10m³"为计量单位；勾缝及抹灰，分砖墙、石墙，以"100m²"为计量单位；井壁（墙）凿洞，分砖墙、石墙，并按墙厚，以"10m²"为计量单位；井盖（算）制作，以"10m³"为计量单位；铸铁井盖座、混凝土井盖座、铸铁平算、铸铁立算、混凝土算（盖）座，以"10套"为计量单位。

（7）管、渠垫层及基础，分垫层和基础、枕基、管座，并按不同的材质，以"10m³"为计量单位。

（8）沟、渠道，分墙身、拱盖、现浇混凝土壁及顶、墙帽，并按不同的材质，以"10m³"为计量单位。

（9）沟、渠抹灰勾缝，以"100m²"为计量单位。

（10）沟渠沉降缝：分二毡三油、二布三油，以"100m²"为计量单位；分油浸麻丝、建筑油膏、预埋橡胶止水带、预埋塑料止水带，以"100m"为计量单位。

（11）钢筋混凝土盖板、过梁预制安装：预制，分矩形盖板、混凝土过梁、弧（拱）形盖板、井室盖板、槽形盖板，以"10m³"为计量单位；安装按每块体积，以"10m³"为计量单位。

（12）沟、渠闭水试验，按砖堵厚度，以"100m³"为计量单位。

四、顶管工程及定额工程量计算规则

排水管道在施工时遇到有地上障碍物，如公路、城市铁路、河流、建筑物时，往往不能采用沟槽大开挖施工，这时就需要采用顶管施工法。顶管施工法可以大大减少拆迁工程量，并且不会中断交通，加快施工进度，从而降低工程造价。

顶管工程定额工程量计算规则：

1）工作坑土方区分挖土深度，以挖方体积计算。

2）各种材质管道的顶管工程量，按实际顶进长度，以延长米计算。

3）顶管接口应区分操作方法、接口材质分别以接口的个数和管口断面计算工程量。

4）钢板内、外套环的制作，按套环重量以"t"为单位计算。

5）工作坑、交汇坑土方及支撑安拆：人工挖工作坑、交汇坑土方，按不同的深度，以"100m³"为计量单位；工作坑及接收坑支撑设备安拆，分不同的坑深，并按不同的管径，以"每坑"为计量单位。

6）顶进后座及坑内平台安拆：枋木后座，按不同的管径，以"10m³"为计量单位；钢筋混凝土后座，以"10m³"为计量单位。

7）管道的顶进，区分管材材质，并按不同的管径，以"10m"为计量单位。

8）方（拱）涵顶进：顶进区分不同的截面面积，以"10m"为计量单位；接口，以"10m²"为计量单位。

9）钢筋混凝土管平口管接口、钢筋混凝土管企口管接口、顶管接口外套环、顶管接口内套环，按不同的管径，以"10个口"为计量单位。

五、给水排水构筑物定额工程量计算规则

（一）沉井

沉井的做法是在施工平面位置确定后开挖基坑，坑底铺设砂垫层，还可在沉井的四角或圆沉井纵横轴线四点上设置垫木，浇筑刃脚垫层混凝土，然后用钢筋混凝土一次或分节预制一个无盖无底的筒状结构物，从筒内取土，借助其自重逐渐下沉，最后封底，形成一个地下构筑物，这就是沉井。

1）沉井垫木按刃脚中心线以"100m"为计量单位；灌砂、砂垫层、混凝土垫层，以"10m³"为计量单位。

2）沉井井壁及隔墙的厚度不同如上薄下厚时，可按平均厚度计算。沉井制作，以"10m³"为计量单位。沉井下沉，区分人工挖土、机械挖土，以"10m³"为计量单位。

（二）钢筋混凝土池

在给水厂、污水处理厂中最多的构筑物就是各类池体，有沉砂池、沉淀池、曝气池、滤池、调节池、消毒池、清水池等。这些池体按空间位置可分为地面式、架空式、地下式或半地下式。

地面式池体是整个池体都建在地面上，架空式池体是用支柱架空于地面之上，这两种池体外壁暴露，池壁及池底承受内部水压，结构多为梁和板。

地下式或半地下式池体则除承受内部荷载力外，还要考虑地下水浮力及土压力。

污水处理厂中的池体一般露天建设，池顶不加盖；给水厂的池体一般建在大型车间内，有些需要加池盖进行保护。

1）钢筋混凝土各类构件均按图示尺寸，以混凝土实体积计算，不扣除 0.3m³ 以内的孔洞体积。池底、池壁（隔墙）、柱梁、池盖、板、池槽、导流壁及筒、设备基础、中心支筒、支撑墩、稳流筒、异形构件，以"10m³"为计量单位。

2）各类池盖中的进人孔、透气孔盖以及与盖相连接的结构，工程量合并在池盖中计算。

3）平底池的池底体积，应包括池壁下的扩大部分；池底带有斜坡时，斜坡部分应按坡底计算；锥形底应算至壁基梁底面，无壁基梁者算至锥底坡的上口。

4）池壁按不同厚度计算体积，如上薄下厚的壁，以平均厚度计算。池壁高度应自池底板面算至池盖下面。

5）无梁盖柱的柱高，应自池底上表面算至池盖的下表面，并包括柱座、柱帽的体积。

6）无梁盖应包括与池壁相连的扩大部分的体积；肋形盖应包括主、次梁及盖部分的体积；球形盖应自池壁顶面以上，包括边侧梁的体积在内。

7）沉淀池水槽，是指池壁上的环形溢水槽及纵横 U 形水槽，但不包括与水槽相连接的矩形梁，矩形梁可执行梁的相应项目。

（三）预制混凝土构件

1）预制钢筋混凝土滤板按图示尺寸区分厚度以体积计算，以"10m³"为计量单位，不扣除滤头套管所占体积。

2）除钢筋混凝土滤板外其他预制混凝土构件均以"m³"为计量单位，不扣除 0.3m³ 以内孔洞所占体积。

（四）折板、壁板制作安装

1）折板安装区分材质均按图示尺寸以面积计算，以"100m²"为计量单位。

2）稳流板安装区分材质不分断面均按图示长度以延长米计算，以"100m"为计量单位。

（五）滤料铺设

滤料有 7 种，分别为细砂、中砂、石英砂、卵石、碎石、锰砂、磁铁矿石。

滤料铺设除锰砂和磁铁矿石外均按设计要求的铺设平面乘以铺设厚度以体积计算，以"10m³"为计量单位。锰砂、磁铁矿石滤料以"10t"为计量单位。

（六）防水工程

有防水砂浆、五层防水、涂沥青、油毡、苯乙烯 5 种防水层。

1）各种防水层按实铺面积，以"100m²"为计量单位，不扣除 0.3m² 以内孔洞所占面积。

2）平面与立面交接处的防水层，其上卷高度超过 500mm 时，按立面防水层计算。

（七）施工缝

各种材质的施工缝填缝及盖缝均不分断面按设计缝长即延长米计算，以"100m"为计量单位。

（八）井、池渗漏试验

井、池的渗漏试验区分井、池的容量范围：井以"100m³"为计量单位；池以"1000m³"为计量单位。

六、给水排水机械设备安装定额工程量计算规则

（一）机械设备类

1）格栅除污机、滤网清污机、搅拌机械、曝气机、生物转盘、带式压滤机均区分设备重量，以"台"为计量单位，设备重量均包含设备带有的电动机的重量。

2）螺旋泵、水射器、管式混合器、辊压转鼓式污泥脱水机、污泥造粒脱水机均区分直径以"台"为计量单位；加氯机以"套"为计量单位。

3）排泥、撇渣和除砂机械均区分跨度或池径以"台"为计量单位。

4）闸门及驱动装置，均区分直径或长×宽以"座"为计量单位。

5）曝气管区分管径和材质以"10m"为计量单位。

（二）其他项目

1）集水槽制作安装分别按碳钢、不锈钢，区分厚度以"10m²"为计量单位。

2）集水槽制作、安装按设计断面尺寸乘以相应长度以"m²"为计量单位，断面尺寸应包括需要折边的长度，不扣除出水孔所占面积。

3）堰板制作分别按碳钢、不锈钢，区分厚度以"10m²"为计量单位。

4）堰板安装分别按金属和非金属，区分厚度以"10m²"为计量单位。金属堰板适用于碳钢、不锈钢，非金属堰板适用于玻璃钢和塑料。

5）齿形堰板制作安装按堰板的设计宽度乘以长度以"m²"为计量单位，不扣除齿间隔空隙所占面积。

6）穿孔管钻孔项目，区分材质按管径以"100个"为计量单位。钻孔直径是综合考虑取定的，不论孔径大与小均不作调整。

7）格栅制作安装区分材质按格栅重量，以"t"为计量单位，制作所需的主材应区分规格、型号分别按定额中规定的使用量计算。

七、模板、钢筋、井字架工程定额工程量计算规则

（1）现浇混凝土构件模板，按构件与模板的接触面积以"m²"为计量单位。

（2）预制混凝土构件模板，按构件的实体积以"m³"为计量单位。

（3）砖、石拱圈的拱盔和支架均以拱盔与圈弧弧形接触面积计算，并执行桥涵工程相应项目。

（4）各种材质的地模胎膜，按施工组织设计的工程量，并应包括操作等必要的宽度以"m²"为计量单位，执行桥涵工程相应项目。

（5）井字架区分材质和搭设高度以"架"为计量单位，每座井计算一次。

（6）井底流槽按浇筑的混凝土流槽与模板的接触面积计算。

（7）钢筋工程，应区别现浇、预制，分别按设计长度乘以单位重量，以"t"为计量单位。

（8）计算钢筋工程量时，设计已规定搭接长度的，按规定搭接长度计算；设计未规定

搭接长度的，已包括在钢筋的损耗中，不另计算搭接长度。

（9）先张法预应力筋，按构件外形尺寸计算长度，后张法预应力筋按设计图规定的预应力筋预留孔道长度，并区别不同锚具，分别按下列规定计算：

1）钢筋两端采用螺杆锚具时，预应力筋长度按预留孔道长度减 0.35m，螺杆另计。

2）钢筋一端采用镦头插片，另一端采用螺杆锚具时，预应力筋长度按预留孔道长度计算。

3）钢筋一端采用镦头插片，另一端采用帮条锚具时，预应力筋长度按预留孔道长度增加 0.15m，如两端均采用帮条锚具，预应力筋长度按预留孔道长度增加 0.3m。

4）采用后张混凝土自锚时，预应力筋长度按预留孔道长度增加 0.35m。

（10）钢筋混凝土构件预埋件，按设计图示尺寸，以"t"为计量单位计算工程量。

第二节　排水工程定额计价案例

实例 26

某排水工程为一条雨水管道，起止点为 $K0+023.540 \sim K0+275$，终点接入×××大街现状预留井，全长 251.46m，采用 $\phi600$mm 钢筋混凝土承插圆管，管壁厚6cm，基础结构为120°混凝土管基，基底铺设 15cm 厚碎石垫层，沥青油膏接口，有 8 座定型雨水检查井，井室内径为 1250mm，雨水进水口为 680mm×380mm 单算雨水口，连接管为 $\phi400$mm 管道，结构同干管，管壁厚4cm，埋深为1m，如图 9-1~图 9-4 所示，用一般计税法模式计算该排水工程造价。

本例中需要注意：

1）土质考虑为三类土。

2）暂时不考虑人工调差和材料实际市场价调差对工程造价的影响。

3）计算组织措施费时一般计税法模式考虑：安全施工费 0.64%；文明施工费 0.53%；生活性临时设施费 0.64%；生产性临时设施费 0.41%。

4）一般计税法模式下取费费率：企业管理费费率为 6.13%；利润费率为 5%；养老保险费费率为 3.98%；失业保险费费率为 0.27%；医疗保险费费率为 1.07%；工伤保险费费率为 0.23%；生育保险费费率为 0.09%；住房公积金费率为 1.51%。

5）用一般计税法计算时税金费率取 11%。

6）如采用简易计税模式，注意计价定额套用和取费费率的不同，其他计算程序不变。

（1）根据题意可知：

1）$\phi600$mm 混凝土管道 251.46m，基础结构为 120°混凝土承插管，沥青油膏接口。

2）管基底铺设 15cm 厚碎石垫层，宽度为 990mm。

3）8 座定型雨水检查井，井室内径为 1250mm，井深 3.06m。

4）15 座雨水进水口为 680mm×380mm，井深 1m。

5）$\phi400$mm 混凝土管道，基础结构为 120° 混凝土承插管，沥青油膏接口，从图中量得管长为 80m。

6）土质为三类。

（2）确定工程量，见表 9-3。

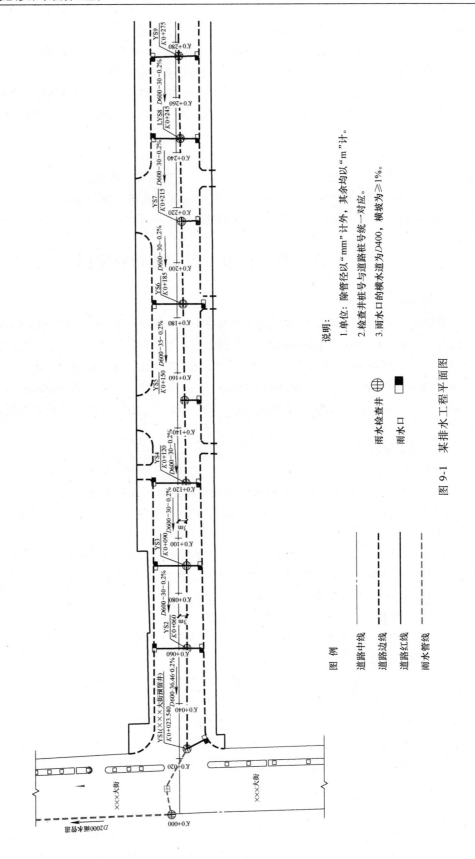

图 9-1 某排水工程平面图

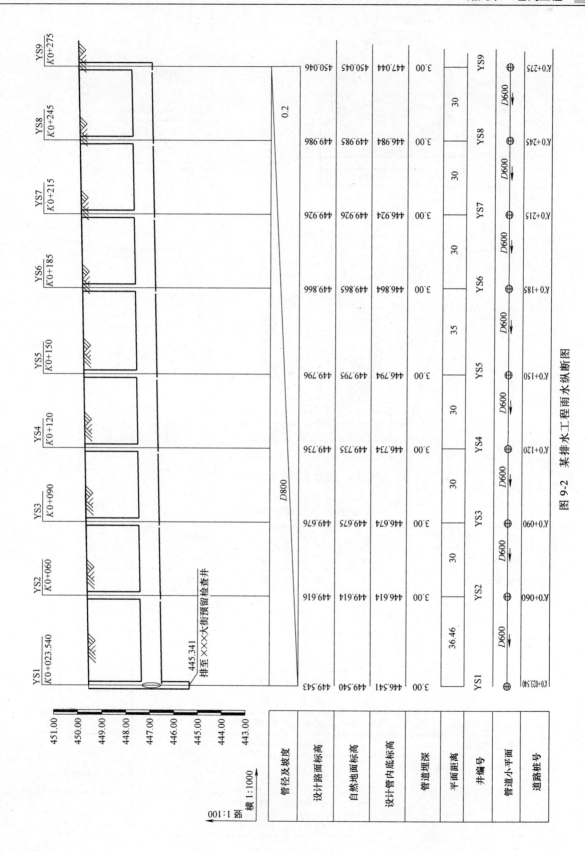

图 9-2　某排水工程雨水纵断图

管径及坡度								
设计路面标高	449.540	449.614	449.675	449.735	449.795	449.865	449.926	449.985	450.045
自然地面标高	449.541	449.616	449.676	449.736	449.796	449.866	449.926	449.986	450.046
设计管内底标高	446.541	446.614	446.675	446.734	446.794	446.864	446.924	446.984	447.044
管道埋深	3.00	3.00	3.00	3.00	3.00	3.00	3.00	3.00	3.00
平面距离	36.46	30	30	30	35	30	30	30
井编号	YS1	YS2	YS3	YS4	YS5	YS6	YS7	YS8	YS9
管道小平面	⊕	⊕	⊕	⊕	⊕	⊕	⊕	⊕	⊕
道路桩号	K0+023.540	K0+060	K0+090	K0+120	K0+150	K0+185	K0+215	K0+245	K0+275

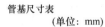

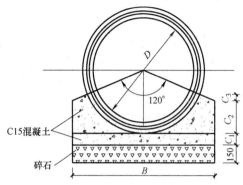

图 9-3　承插接口管道基础

管径	承插接口			
D	B	C_1	C_2	C_3
400	700	100	170	30
500	830	110	170	30
600	990	130	240	40
800	1200	160	310	60

管基尺寸表
（单位：mm）

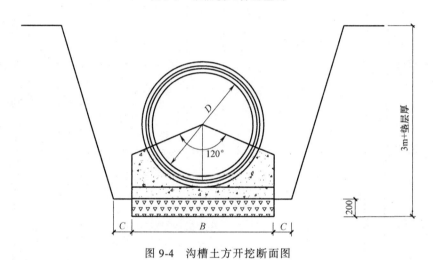

图 9-4　沟槽土方开挖断面图

表 9-3　工程量计算表

序号	工程项目名称	单位	工程量	计算过程	备注
1	ϕ600mm 混凝土管道	m	245.86	251.46−8×0.7	
	15cm 厚碎石垫层	m³	36.51	245.86×0.99×0.15	
	混凝土管基础	m	245.86	251.46−8×0.7	
	ϕ600mm 管道平基和管座模板	m²	90.97	245.86×（0.13+0.24）	计入措施项目
	接口	个	115	245.86/2−8	
	闭水试验	m	251.46	251.46	
2	ϕ400mm 混凝土管道	m	80.00	80	
	15cm 厚碎石垫层	m³	8.40	80×0.7×0.15	
	混凝土管基础	m	80.00	80	
	ϕ400mm 管道平基和管座模板	m²	21.60	80×（0.1+0.17）	计入措施项目
	接口	个	24.00	80/2−16	
	闭水试验	m	80.00	80	

（续）

序号	工程项目名称	单位	工程量	计算过程	备注
3	内径 1250mm 检查井	座	8	井深 $H=3+0.06=3.06(m)$	
	井字架	座	8		计入措施项目
4	雨水进水井	座	15	井深 $H=1m$	
5	建筑占用体积	m³	273.24	160.08+44.91+51.47+16.78	
	管道及基础所占体积	m³	160.08	245.86×0.56+80×0.28	
	管道垫层所占体积	m³	44.91	245.86×0.99×0.15+80×0.7×0.15	
	内径 1250mm 检查井所占总体积	m³	51.47	井深 $H=1.8+0.84+0.42=3.06(m)$	
	内径 1250mm 检查井其中:井底基础层所占体积	m³	2.10	3.14×0.915×0.915×0.1×8	
	内径 1250mm 检查井其中:井室所占体积	m³	33.83	3.14×0.865×0.865×1.8×8	
	内径 1250mm 检查井其中:变径段所占体积	m³	11.87	(3.14×0.865×0.865+3.14×0.59×0.59+sqrt(3.14×0.865×0.865+3.14×0.59×0.59))/3×0.84×8	sqrt 为计算平方根的函数
	内径 1250mm 检查井其中:井筒所占体积	m³	3.67	3.14×0.59×0.59×0.42×8	
	雨水进水井所占体积	m³	16.78	(1.26×0.96×0.1+1.16×0.86×1)×15	
6	挖沟槽土方	m³	2273.36	251.46×(0.99+0.5×2+(3+0.06+0.13)×0.25)×(3+0.06+0.13)+251.46×0.99×0.15	φ600mm 混凝土管道
	井室所需增加开挖土方	m³	56.83	2273.36×0.025	φ600mm 混凝土管道
	挖沟槽土方	m³	158.00	80×(0.7+0.5×2)×(1+0.1)+80×0.7×0.15	φ400mm 混凝土管道
	井室所需增加开挖土方	m³	3.95	158×0.025	φ400mm 混凝土管道
7	回填土方	m³	2218.90	(2273.36+56.83+158+3.95)−273.24	
8	回运土方	m³	59.60	2218.9×1.15−(2273.36+56.83+158+3.95)	

（3）用一般计税法模式计算工程造价（含增值税销项税额的工程造价）。

1）套用调整版定额，计算得出不含进项税额的直接工程费为 116418.13 元，见表 9-4。

表 9-4　直接工程费计算表（不含进项税额）

序号	定额编号	子目名称	工程量		单价/元	其中/元			合价/元	其中/元		
			单位	数量		人工费	材料费	机械费		人工费	材料费	机械费
1	D1-81	反铲挖掘机 不装车 三类土	1000m³	2.37	2564.33	342		2222.33	6071.13	809.7		5261.43

（续）

序号	定额编号	子目名称	工程量		单价/元	其中/元			合价/元	其中/元		
			单位	数量		人工费	材料费	机械费		人工费	材料费	机械费
2	D1-9×1.5	人工挖沟槽土方 三类土深度在4m以内子目×1.5	100m³	1.25	5419.85	5419.85			6753.51	6753.51		
3	D1-123	机械平整场地及回填填土夯实槽坑	100m³	22.19	953.54	786.6		166.94	21158.1	17453.87		3704.23
4	D1-44	回运土方机动翻斗车运土运距200m以内	100m³	0.6	1842	858.99		983.01	1097.83	511.96		585.87
5	D4-474	垫层 碎石	10m³	3.65	1447.16	115.17	988.81	13.18	5283.58	1625.32	3610.15	48.12
6	D4-4	定型混凝土管道基础120°管径600mm	100m	2.46m	6302.55	2423.07	3434.85	444.63	15495.45	5957.36	8444.92	1093.17
7	D4-89	管道铺设管径600mm	100m	2.46	11931.35	983.25	10508.3	439.8	29334.42	2417.42	25835.71	1081.29
8	D4-252	承插接口沥青油膏接口管径600mm	10个口	11.5	160.74	45.03	115.71		1848.51	517.85	1330.67	
9	D4-289	管道闭水试验管径600mm	100m	2.51	417.24	174.42	242.82		1049.19	438.6	610.6	
10	D4-474	垫层 碎石	10m³	0.84	1447.16	445.17	988.81	13.18	1215.61	373.94	830.6	11.07
11	D4-2	定型混凝土管道基础120°管径400mm	100m	0.8	4308.49	1795.5	2245.38	267.61	3446.79	1436.4	1796.3	214.09
12	D4-87	管道铺设混凝土管道承插式管径400mm以内	100m	0.8	7621.45	627	6735.28	259.17	6097.16	501.6	5388.22	207.34
13	D4-249	沥青油膏接口管径400mm	10个口	2.4	90.28	39.33	50.95		216.67	94.39	122.28	
14	D4-288	管道闭水试验管径400mm	100m	0.8	219	105.45	113.55		175.2	84.36	90.84	
15	D4-404	定型雨水检查井井室内径1000mm井深2.5m	座	8	1158.04	464.55	688.1	5.39	9264.32	3716.4	5504.8	43.12
16	D4-405×2.8	定型雨水检查井井室内径1000mm每增0.2m子目×2.8	座	8	141.37	55.86	85.51		1130.96	446.88	684.08	

（续）

序号	定额编号	子目名称	工程量 单位	工程量 数量	单价/元	其中/元 人工费	其中/元 材料费	其中/元 机械费	合价/元	其中/元 人工费	其中/元 材料费	其中/元 机械费
17	D4-426	定型雨水口 单算 680mm×380mm 井深 1.0m	座	15	451.98	176.7	272.59	2.69	6779.7	2650.5	4088.85	40.35
		小计							116418.13	45790.06	58338.02	12290.08

2）套用调整版定额，计算得出不含进项税额的技术措施费为 4305.88 元，见表 9-5。

表 9-5　技术措施费计算表（不含进项税额）

序号	编号	名称	工程量 单位	工程量 数量	价值/元 单价	价值/元 合价	其中/元 人工费	其中/元 材料费	其中/元 机械费
1	D4-1146	φ600mm 管道平基和管座钢模	100m²	0.9097	3058.18	2782.03	1411.95	1248.95	121.13
2	D4-1146	φ400mm 管道平基和管座钢模	100m²	0.216	3058.18	660.57	335.26	296.55	28.76
3	D4-1198	井字架 钢管 井深 4m 以内	座	8	107.91	863.28	811.68	51.6	
	小计	混凝土、钢筋混凝土模板及支架	项	1	4305.88	4305.88	2558.89	1597.1	149.89

3）根据已知费率，计算得出不含进项税额的组织措施费为 2584.49 元，见表 9-6。

表 9-6　组织措施费计算表（不含进项税额）

序号	项目名称	计算基数 ①	费率 ②	工程量 ③	单价小计/元 ④=⑥+⑦+⑧	合价小计/元 ⑤=③×④	单价中(保留2位小数)/元 人工费单价 ⑥=①×②×20%	单价中(保留2位小数)/元 材料费单价 ⑦=①×②×70%	单价中(保留2位小数)/元 机械费单价 ⑧=①×②×10%
1	安全施工费	定额基价（人工费+材料费+机械费，本例中为 116418.33 元）	0.64	1	745.08	745.08	149.02	521.55	74.51
2	文明施工费	定额基价（人工费+材料费+机械费，本例中为 116418.33 元）	0.53	1	617.02	617.02	123.40	431.91	61.70
3	生活性临时设施费	定额基价（人工费+材料费+机械费，本例中为 116418.33 元）	0.64	1	745.08	745.08	149.02	521.55	74.51
4	生产性临时设施费	定额基价（人工费+材料费+机械费，本例中为 116418.33 元）	0.41	1	477.32	477.32	95.46	334.12	47.73
	小　计					2584.49			

4）根据已计算出的数据汇总，并计算管理费、利润、规费、税金等，合计得出本工程

含销项税额的工程造价为 162801.55 元，见表 9-7。

表 9-7 工程造价汇总表（含销项税额）

序号	费用名称	取费说明（或取费基数）	费率（%）	费用金额/元
1	直接工程费	人工费+材料费+机械费		116418.13
2	施工技术措施费	技术措施项目合计		4305.88
3	施工组织措施费	组织措施项目合计		2584.49
4	直接费小计	直接工程费+施工技术措施费+施工组织措施费		123308.5
5	企业管理费	直接费小计	6.13	7558.81
6	规费	养老保险费+失业保险费+医疗保险费+工伤保险费+生育保险费+住房公积金		8816.56
7	养老保险费	直接费小计	3.98	4907.68
8	失业保险费	直接费小计	0.27	332.93
9	医疗保险费	直接费小计	1.07	1319.40
10	工伤保险费	直接费小计	0.23	283.61
11	生育保险费	直接费小计	0.09	110.98
12	住房公积金	直接费小计	1.51	1861.96
13	间接费小计	企业管理费+规费		16375.37
14	利润	直接费小计+间接费小计	5	6984.19
15	动态调整	人材机价差（本项目没有考虑）		
16	税金（增值税销项税额）	直接费小计+间接费小计+利润+动态调整	11	16133.49
17	工程造价	直接费小计+间接费小计+利润+动态调整+税金		162801.55

第三节　给水工程定额计价

给水就是供给城市生活、生产和其他活动所需要的用水，并保证合格的水质，足够的水量及水压。

给水工程中包括管道安装、管道内防腐、管件安装、管道附属构筑物、取水工程。

给水工程适用于城镇范围内的新建、扩建市政给水工程。与安装工程管道的线路以水表井为界，无水表井者，以二者碰头点为界。

给水工程定额工程量计算规则

（一）管道安装

1）定额管材有效长度取定见表 9-8。

表 9-8 定额管材有效长度取定表

管材	铸铁管		球墨铸铁管	预应力混凝土管	塑料管
管径/mm	200 以内	200 以外			
取定节长/m	4	5	6	5	5

实际长度与定额长度不同时，按下列方法调整。

$$调增（减）人工=定额工日×0.4×（调整系数-1）$$

$$调增（减）材料=定额接口材料×（调整系数-1）$$

式中　调整系数——定额管节长÷实际管节长

2）管道安装均按施工图中心线的长度计算（支管长度从主管中心开始计算到支管末端交接处的中心），管件、阀门所占长度已在管道施工损耗中综合考虑，计算工程量时均不扣除其所占长度。

3）管道安装均不包括管件（指三通、弯头、异径管）、阀门的安装，需另行计算。

4）遇有新旧管连接时，管道安装工程量计算到碰头的阀门处，但阀门及与阀门相连的承（插）盘短管、法兰盘的安装均包括在新旧管连接定额内，不再另计。

5）承插铸铁管安装，分青铅接口、石棉水泥接口、膨胀水泥接口、胶圈接口，按公称直径，以"10m"为计量单位。

6）球墨铸铁管安装、预应力（自应力）混凝土管安装，按胶圈接口，区分不同的公称直径，以"10m"为计量单位。

7）塑料管安装，按粘接、胶圈接口，区分不同的公称直径，以"10m"为计量单位。

8）新旧管连接：铸铁给水管按青铅接口、石棉水泥接口、膨胀水泥接口，区分不同的公称直径，以"处"为计量单位；钢管按焊接，区分不同的公称直径，以"处"为计量单位。

9）管道试压、管道消毒冲洗，区分不同的公称直径，以"100m"为计量单位。

（二）管道内防腐

管道内防腐按施工图中心线长度计算，计算工程量时不扣除管件、阀门所占的长度，但管件、阀门的内防腐也不另行计算，区分不同的公称直径，以"10m"为计量单位。

（三）管件安装

管件、分水栓、马鞍卡子、二合三通、水表的安装按施工图数量以"个"或"组"为单位计算。

（四）管道附属构筑物

给水管网中的附件一般都安装在井中，因管网附件主要是各种阀门，因此统称为阀门井，在定额中有阀门井、水表井、消火栓井、排泥湿井等。

1）管道附属构筑物在定额中主要依据2005年《给水排水标准图集》合订本S5中（一）编制，实际与此不同时，可参照排水工程中非定型井的有关项目套用。

2）各种井均按施工图数量，以"座"为计量单位。

3）管道支墩按施工图以实体积计算，不扣除钢筋、钢件所占的体积，以"10m³"为计量单位。

（五）取水工程

取水工程是市政给水系统的源头。大口井是用于开采浅层地下水的取水构筑物。辐射井与大口井相似，也是由钢筋混凝土或砖石建成的圆筒状构筑物，只是进水部分与大口井不同。大口井以井壁和井底进水，而辐射井是辐射井管在含水层下部从井壁向四周水平伸出，呈辐射状，取水全部由辐射井管承担。

1）大口井内套管、辐射井管安装按设计图中心线长度计算。

2）大口井内套管安装，区分不同的套管内径，以"处"为计量单位；辐射井管安装、钢筋混凝土渗渠制作安装，区分不同的管径，以"m"为计量单位。

3）渗渠滤料填充，区分不同的滤料直径，以"10m³"为计量单位。

第四节　给水工程定额计价案例

实例27　某新建给水管道工程，其中一段管线如图9-5、图9-6所示，工程数量见表9-9，管材为球墨铸铁管，接口采用胶圈接口，计算管线管道安装部分直接工程费及费用总价。

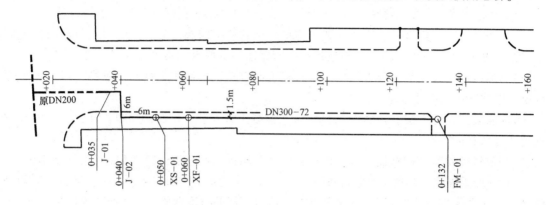

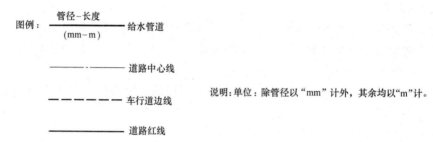

说明：单位：除管径以"mm"计外，其余均以"m"计。

图9-5　给水平面图

表9-9　工程数量表

序号	工程项目	规格、型号	单位	数量	备注
1	球墨铸铁管	DN300	m	84	K10级，承插连接
2	球墨铸铁管	DN100	m	6	K10级，承插连接
3	球墨铸铁承插弯头	DN300×90°	个	2	1.0MPa
4	球墨铸铁双承插异径管	DN300×200	个	1	1.0MPa
5	球墨铸铁承插中盘三通	DN300×100	个	1	1.0MPa
6	球墨铸铁承插中盘泄水三通	DN300×100	个	1	1.0MPa
7	球墨铸铁承盘短管	DN300	个	1	1.0MPa
8	球墨铸铁插盘短管	DN100	个	1	1.0MPa
9	蝶阀　D341X-10	DN100	个	1	法兰连接，1.0MPa
10	闸阀　Z45T-10	DN100	个	1	法兰连接，1.0MPa
11	蝶阀　D341X-10	DN300	个	1	法兰连接，1.0MPa
12	消火栓	SA100/65-1.0	套	1	1.0MPa
13	盲板	DN300	个	1	1.0MPa
14	法兰套筒伸缩器	DN300	个	1	1.0MPa

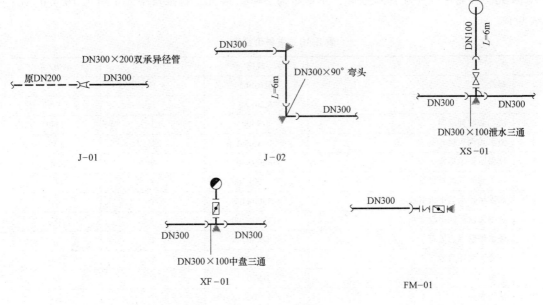

图例

DN600-20	管径-长度(mm-m)	- - - - -	原有管道	▶	混凝土支墩
⋈	双承异径管	⋈	法兰闸阀	⊢⊣	伸缩器
⊤	插盘短管	○ ⊕	阀门井、泄水井	◗	消火栓(井)
⊢	承盘短管	⊥	承插盘三通	⊥	承插盘泄水三通
⅂	承插弯头	Ɪ	法兰盲板	◪	法兰蝶阀

图 9-6　给水节点图

本例中需要注意：

1) 暂不考虑土建工程部分，仅考虑管道安装部分，取费以人工费为计费基础。

2) 暂不考虑人工调差和材料实际市场价调差对工程造价的影响。在定额套用中，注意阀门定额子目中不含螺栓价格，要补充材料，补充材料部分只取税金。在市政定额中无相应的子目，需借套其他定额子目，在本例中就借套以 C 开头的安装工程定额子目。

主材单价见表 9-10：

3) 计算组织措施费时一般计税法模式考虑：安全施工费 1.39%；文明施工费 1.83%；生活性临时设施费 2.63%；生产性临时设施费 1.8%。

4) 一般计税法模式下计价取费费率：企业管理费费率为 25.28%；利润费率为 24%；养老保险费费率为 21.2%；失业保险费费率为 1.5%；医疗保险费费率为 6%；工伤保险费费率为 1.3%；生育保险费费率为 0.5%；住房公积金费率为 8.5%。

5) 用一般计税法计算时税金费率取 11%。

6) 如采用简易计税法模式，注意计价定额套用和取费费率的不同，其他计算程序不变。

(1) 确定工程量，见表 9-11。

(2) 用一般计税法模式计算工程造价（含增值税销项税额的工程造价）。

1) 套用调整版定额，计算得出不含进项税额的直接工程费为 28436.7 元，其中直接费为

3334.54 元，补充材料费为 199.92 元，主材费为 24902.24 元，直接费中人工费为 1654.63 元，见表 9-12。

表 9-10 主材价格表

序号	主　材	规格	单位	单价/元
1	螺栓	M16×65	套	3.5
2	螺栓	M20×80	套	3.5
3	法兰套筒伸缩器	DN300	个	1240
4	地下式消火栓	SA100/65-1.0	套	650
5	球墨铸铁承插弯头	DN300×90°	个	405
6	球墨铸铁双承异径管	DN300×200	个	600
7	球墨铸铁承插中盘三通	DN300×100	个	480
8	球墨铸铁承插中盘泄水三通	DN300×100	个	480
9	球墨铸铁承盘短管	DN300	个	265
10	球墨铸铁插盘短管	DN100	个	85
11	盲板	DN300	个	65
12	法兰蝶阀	DN100 D341X-10	个	214
13	法兰闸阀	DN100 Z45T-10	个	216
14	法兰蝶阀	DN300 D341X-10	个	1353.24
15	球墨铸铁给水管	DN300	m	214
16	球墨铸铁给水管	DN100	m	78

表 9-11 工程量计算表

序号	工程项目名称	单位	工程量	计算过程	备　注
1	球墨铸铁给水管 DN300 安装	m	84	84	
	管道总试压及冲洗	m	84	84	
	管道消毒冲洗	m	84	84	
2	球墨铸铁给水管 DN100 安装	m	6	6	
	管道总试压及冲洗	m	6	6	
	管道消毒冲洗	m	6	6	
3	球墨铸铁承插弯头 DN300×90° 安装	个	2	2	
4	球墨铸铁双承异径管 DN300×200 安装	个	1	1	
5	球墨铸铁承插中盘三通 DN300×100 安装	个	1	1	
6	球墨铸铁承插中盘泄水三通 DN300×100 安装	个	1	1	
7	球墨铸铁承盘短管 DN300 安装	个	1	1	
8	球墨铸铁插盘短管 DN100 安装	个	1	1	
9	法兰蝶阀 DN100 安装	个	1	1	补充螺栓 M16×65 2×8.16 套
10	法兰闸阀 DN100 安装	个	1	1	补充螺栓 M16×65 2×8.16 套
11	法兰蝶阀 DN300 安装	个	1	1	补充螺栓 M20×80 2×12.24 套
12	地下式消火栓 SA100/65-1.0 安装	个	1	1	
13	盲板 DN300 安装	个	1	1	
14	法兰套筒伸缩器 DN300 安装	个	1	1	

注：表中螺栓的用量在定额中可以查出。

表 9-12 直接工程费计算表（不含进项税额）

序号	编号	名称	工程量		价值/元		其中/元			
			单位	数量	单价	合价	人工费	材料费	机械费	主材设备费
1	D5-61 换	球墨铸铁管安装（胶圈接口）公称直径300mm 以内	10m	8.4	154.86	1300.82	655.96	336.59	308.28	
	主材	球墨铸铁给水管 DN300	m	84	214	17976				17976
2	D5-155 换	管道试压 公称直径300mm 以内	100m	0.84	299.77	251.81	142.68	73.89	35.24	
3	D5-173	管道消毒冲洗 公称直径300mm 以内	100m	0.84	333.06	279.77	103.9	175.87		
4	D5-59	球墨铸铁管安装（胶圈接口）公称直径150mm 以内	10m	0.6	78.45	47.07	32.15	14.92		
	主材	球墨铸铁给水管 DN100	m	6	78	468				468
5	D5-153	管道试压 公称直径100mm 以内	100m	0.06	159.39	9.56	5.57	2.26	1.73	
6	D5-171	管道消毒冲洗 公称直径100mm 以内	100m	0.06	118.46	7.11	4.72	2.39		
7	D5-262 换	铸铁管件安装（胶圈接口）公称直径300mm 以内	个	2	82.34	164.68	131.1	19.16	14.42	
	主材	球墨承插弯头 DN300×90°	个	2	405	810				810
8	D5-262	铸铁管件安装（胶圈接口）公称直径300mm 以内	个	1	82.35	82.35	65.55	9.58	7.22	
	主材	球墨铸铁双承异径管 DN300×200	个	1	600	600				600
9	D5-262 换	铸铁管件安装（胶圈接口）公称直径300mm 以内	个	1	82.34	82.34	65.55	9.58	7.21	
	主材	球墨承插中盘三通 DN300×100	个	1	480	480				480
10	D5-262 换	铸铁管件安装（胶圈接口）公称直径300mm 以内	个	1	82.34	82.34	65.55	9.58	7.21	
	主材	球墨承插中盘泄水三通 DN300×100	个	1	480	480				480
11	D5-262	铸铁管件安装（胶圈接口）公称直径300mm 以内	个	1	82.35	82.35	65.55	9.58	7.22	
	主材	球墨铸铁承盘短管 DN300	个	1	265	265				265
12	D5-260	铸铁管件安装（胶圈接口）公称直径150mm 以内	个	1	51.66	51.66	46.17	5.49		
	主材	球墨铸铁插盘短管 DN100	个	1	85	85				85
13	D6-571	法兰阀门安装 公称直径100mm 内	个	1	24.45	24.45	22.8	1.65		
	主材	法兰蝶阀 DN100	个	1	214	214				214
	补充材料	螺栓 M16×65	套	16.32	3.5	57.12		57.12		

（续）

序号	编号	名称	工程量		价值/元		其中/元			
			单位	数量	单价	合价	人工费	材料费	机械费	主材设备费
14	D6-571	焊接法兰阀门安装 公称直径100mm以内	个	1	24.45	24.45	22.8	1.65		
	主材	法兰闸阀 DN100	个	1	216	216				216
	补充材料	螺栓 M16×65	套	16.32	3.5	57.12		57.12		
15	D6-576	焊接法兰阀门安装 公称直径300mm以内	个	1	104.58	104.58	58.14	3.88	42.56	
	主材	法兰蝶阀 DN300	个	1	1353.24	1353.24				1353.24
	补充材料	螺栓 M20×80	套	24.48	3.5	85.68		85.68		
16	借 C7-89	室外地下式消火栓 1.0MPa浅型	套	1	39.61	39.61	37.62	1.99		
	主材	地下式消火栓 SA100/65-1.0	套	1	650	650				650
17	D6-479	盲（堵）板安装 公称直径300mm以内	组	1	115.54	115.54	46.74	18.18	50.62	
	主材	盲板 DN300	个	1	65	65				65
18	借 C8-268	焊接法兰式套筒伸缩器安装 公称直径300mm以内	个	1	584.05	84.05	82.08	316.1	185.87	
	主材	法兰套筒伸缩器 DN300	个	1	1240	1240				1240
		总 计				28436.7	1654.63	1212.26（含补充材料199.92）	667.58	24902.24

2）根据已知费率，计算得出不含进项税额的组织措施费为126.58元，其中人工费为25.32元，见表9-13。

表9-13 组织措施费计算表（不含进项税额）

序号	项目名称	计算基数 ①	费率 ②	工程量 ③	单价小计/元 ④=⑥+⑦+⑧	合价小计/元 ⑤=③×④	单价中（保留2位小数）/元		
							人工费单价 ⑥=①×②×20%	材料费单价 ⑦=①×②×70%	机械费单价 ⑧=①×②×10%
1	安全施工费	定额基价（人工费，本例中为1654.63元）	1.39	1	23.00	23.00	4.60	16.10	2.30
2	文明施工费	定额基价（人工费，本例中为1654.63元）	1.83	1	30.28	30.28	6.06	21.20	3.03
3	生活性临时设施费	定额基价（人工费，本例中为1654.63元）	2.63	1	43.52	43.52	8.70	30.46	4.35
4	生产性临时设施费	定额基价（人工费，本例中为1654.63元）	1.8	1	29.78	29.78	5.96	20.85	2.98
	小 计					126.58	25.32	88.61	12.66

3）根据已计算出的数据汇总，并计算管理费、利润、规费、税金等，合计得出本工程含销项税额的工程造价为 33351.44 元，见表 9-14。

表 9-14　工程造价汇总表（含销项税额）

序号	费用名称	取费说明（或取费基数）	费率（%）	费用金额/元
1	直接工程费	人工费+材料费+机械费		3334.54
	其中：人工费			1654.63
2	施工技术措施费	技术措施项目合计		
	其中：人工费			
3	施工组织措施费	组织措施项目合计		126.58
	其中：人工费			25.32
4	直接费小计	直接工程费+施工技术措施费+施工组织措施费		3461.12
5	企业管理费	直接费中人工费小计（1654.63 元+25.32 元）	25.28	424.69
6	规费	养老保险费+失业保险费+医疗保险费+工伤保险费+生育保险费+住房公积金		655.18
	养老保险费	直接费中人工费小计（1654.63 元+25.32 元）	21.2	356.15
	失业保险费	直接费中人工费小计（1654.63 元+25.32 元）	1.5	25.20
	医疗保险费	直接费中人工费小计（1654.63 元+25.32 元）	6	100.80
	工伤保险费	直接费中人工费小计（1654.63 元+25.32 元）	1.3	21.84
	生育保险费	直接费中人工费小计（1654.63 元+25.32 元）	0.5	8.40
	住房公积金	直接费中人工费小计（1654.63 元+25.32 元）	8.5	142.80
7	间接费小计	企业管理费+规费		1079.87
8	利润	直接费中人工费小计（1654.63 元+25.32 元）	24	403.19
9	动态调整	人材机价差（本项目没有考虑）		
10	主材费			24902.24
11	只计税金的项目费用			199.92
12	税金（增值税销项税额）	直接费小计+间接费小计+利润+动态调整+主材费+只计税金的项目费用	11	3305.10
13	工程造价	直接费小计+间接费小计+利润+动态调整+主材费+只计税金的项目费用+税金		33351.44

第五节　燃气与集中供热工程定额计价

燃气与集中供热工程包括管道安装，管件制作、安装，法兰、阀门安装，燃气用设备安装，集中供热用器具安装。

燃气工程与安装工程的界限以二者的碰头点为界。

集中供热工程与安装工程的界限从热源厂外第一块流量孔板、管件或焊口起，至采暖户的户外第一个阀门、进户装置的第一个接头零件或建筑物墙外 1.5m 处止。在此区域内为市政工程，此区域外为安装工程。

定额工程量计算规则。

（一）管道安装

（1）定额管材有效长度取定见表 9-15。

表 9-15　定额管材有效长度取定表

管材	碳钢管	钢板卷管（公称直径）			预制保温管	铸铁管	塑料管（管外径）				
							对接熔接			电熔管件熔接	
管径/mm		≤1000	≤2000	>2000			≤63	75	≥90	≤63	≥75
取定节长/m	6	6.4	4.8	3.6	12	5	80	40	10	80	10

实际管长与定额不符时，按下列方法调整：

1）调整系数＝定额管节长÷实际管节长

2）采用电焊接口的，电焊机、电焊条烘干箱和接口用材料乘以调整系数，其余不变。

3）采用其他方式接口的，接口用的机械和接口用的材料乘以调整系数，人工按下式增减：

调增（减）人工＝定额工日×0.4×（调整系数−1）

4）预制保温管接头发泡项目不作调整。

（2）各种管道的工程量均按延长米计算，管件、阀门、法兰所占长度已在管道施工损耗中综合考虑，计算工程量时均不扣除其所占长度。

（3）埋地钢管使用套管时（不包括顶进的套管），按套管管径执行同一安装项目。套管封堵的材料费可按实际耗用量调整。

（4）铸铁管安装按 N_1 和 X 型接口计算，如采用 N 型和 SMJ 型人工乘以系数 1.05。

（5）燃气工程、集中供热工程采用双管同槽且只能一侧下管时，定额中起重机台班量乘以系数 1.13。

（6）碳钢管安装、碳素钢板卷管安装、活动法兰承插铸铁管安装（机械接口）、套管内铺设钢板卷管、套管内铺设铸铁管（机械接口），按公称直径或外径，以"10m"为计量单位。

（7）预制保温管安装焊接，按不同的公称直径，以"100m"为计量单位。

（8）预制保温管接头发泡，按不同的公称直径，以"10个口"为计量单位。

（9）塑料管安装，按不同的管外径，以"100m"为计量单位。

（二）管件制作、安装

1）焊接弯头制作（30°、45°、60°、90°），区分不同的管外径，以"个"为计量单位。

2）弯头（异径管）安装、三通安装、挖眼接管、钢管煨弯、钢塑过渡头安装，区分不同的管外径，以"个"为计量单位。

3）铸铁管件安装（机械接口），按不同的公称直径，以"件"为计量单位。

4）盲（堵）板安装，按不同的公称直径，以"组"为计量单位。

5）防雨环帽制作、安装：制作以"kg"为计量单位；安装以"100kg"为计量单位。

6）预制保温管件安装、焊接，区分不同的公称直径，以"个"为计量单位。

（三）法兰、阀门安装

1）法兰安装，区分不同的公称直径，以"副"为计量单位。

2）阀门安装、阀门水压试验、低压及中压阀门解体、检查、清洗、研磨，均应区分不同的公称直径，以"个"为计量单位。

3）阀门操纵装置安装，以"100kg"为计量单位。

（四）燃气用设备安装

1）凝水缸制作，区分不同的公称直径，以"个"为计量单位；凝水缸安装，区分不同的公称直径，以"组"为计量单位。

2）调压器安装，区分不同的型号，以"组"为计量单位。

3）鬃毛过滤器安装、萘油分离器安装、煤气调长器安装，区分不同的公称直径，以"个"为计量单位。

4）安全水封、检漏管安装，以"组"为计量单位。

（五）集中供热用容器具安装

1）除污器组成安装，区分不同的公称直径，以"组"为计量单位。

2）补偿器安装，区分不同的公称直径，以"个"为计量单位。

（六）管道试压、吹扫

1）强度试验、气密性试验、管道吹扫，区分不同的公称直径，以"100m"为计量单位。

2）管道总试压及冲洗，区分不同的公称直径，以"km"为计量单位。

3）牺牲阳极、测试桩安装，以"组"为计量单位。

第六节 燃气与集中供热工程定额计价案例

实例 28

某集中供热工程，其中一截管线工程量见表 9-16，管材采用预制保温管，管长为 12m，计算管线管道安装部分直接工程费及费用总价。

表 9-16 工程数量表

序号	工程项目	规格	单位	数量
1	焊接球阀	DN250	个	2
2	焊接球阀	DN300	个	2
3	直埋预制保温管（供水）	φ377×7	m	192
4	直埋预制保温管（回水）	φ377×7	m	192
5	直埋预制保温管（供水）	φ325×7	m	168
6	直埋预制保温管（回水）	φ325×7	m	168
7	直埋预制保温管（供水）	φ325×9	m	36
8	直埋预制保温管（回水）	φ325×9	m	36
9	直埋预制保温管（供水）	φ273×8	m	36
10	直埋预制保温管（回水）	φ273×8	m	36
11	变径	DN350 变 DN300	个	2
12	直埋预制保温弯头	φ325×9　R=2.5D	个	2
13	直埋预制保温弯头	φ325×9　R=1D	个	2
14	直埋预制保温弯头	φ273×8　R=2.5D	个	2
15	直埋预制保温弯头	φ273×8　R=1D	个	2
16	三通	φ377×325	个	2
17	三通	φ325×273	个	2

本例中需要注意：

1）暂不考虑土建工程部分，仅考虑管道安装部分，取费以人工费为计费基础。

2）暂时不考虑人工调差和材料实际市场价调差对工程造价的影响。定额套用中，市政定额中无相应的子目，需借套其他定额子目，在本例中就借套以 C 开头的安装工程定额子目。

主材单价见表9-17：

表 9-17　主材价格表

序号	主 材	规格	单位	单价/元
1	焊接球阀	DN250	个	11700
2	焊接球阀	DN300	个	14200
3	聚氨酯硬质泡沫预制保温管	$\phi377\times7$	m	515
4	聚氨酯硬质泡沫预制保温管	$\phi325\times7$	m	455
5	聚氨酯硬质泡沫预制保温管	$\phi325\times9$	m	480
6	聚氨酯硬质泡沫预制保温管	$\phi273\times8$	m	325
7	预制保温变径	DN350 变 DN300	个	450
8	预制保温 90°弯头	$\phi325\times9$　$R=2.5D$	个	380
9	预制保温 90°弯头	$\phi325\times9$　$R=1D$	个	350
10	预制保温 90°弯头	$\phi273\times8$　$R=2.5D$	个	305
11	预制保温 90°弯头	$\phi273\times8$　$R=1D$	个	275
12	三通	$\phi377\times325$	个	450
13	三通	$\phi325\times273$	个	400

3）计算组织措施费时一般计税法模式考虑：安全施工费 1.39%；文明施工费 1.83%；生活性临时设施费 2.63%；生产性临时设施费 1.8%。

4）一般计税法模式下取费费率：企业管理费费率为 25.28%；利润费率为 24%；养老保险费费率为 21.2%；失业保险费费率为 1.5%；医疗保险费费率为 6%；工伤保险费费率为 1.3%；生育保险费费率为 0.5%；住房公积金费率为 8.5%。

5）用一般计税法计算时税金费率取 11%。

6）如采用简易计税法模式，注意计价定额套用和取费费率的不同，其他计算程序不变。

（1）确定工程量见表 9-18。

表 9-18　工程量计算表

序号	工程项目名称	单位	工程量	计算过程	备注
1	预制保温管 $\phi377\times7$ 安装焊接	m	384	192×2	
	管道总试压及冲洗	km	0.384	384÷1000	
	焊缝探伤	口	32	384÷12	
2	预制保温管 $\phi325\times7$ 安装焊接	m	336	168×2	
	管道总试压及冲洗	km	0.336	336÷1000	
	焊缝探伤	口	28	336÷12	
3	预制保温管 $\phi325\times9$ 安装焊接	m	72	36×2	
	管道总试压及冲洗	km	0.072	72÷1000	
	焊缝探伤	口	6	72÷12	

（续）

序号	工程项目名称	单位	工程量	计算过程	备注
4	预制保温管 $\phi273\times8$ 安装焊接	m	72	36×2	
	管道总试压及冲洗	km	0.072	72÷1000	
	焊缝探伤	口	6	72÷12	
5	保温变径 DN350 变 DN300 安装	个	2	2	
	接头发泡	个	4	2×2	
	焊缝探伤	口	4	2×2	
6	预制保温弯头安装 $\phi325\times9,R=2.5D$	个	2	2	
	接头发泡	个	4	2×2	
	焊缝探伤	口	4	2×2	
7	预制保温弯头安装 $\phi325\times9,R=1D$	个	2	2	
	接头发泡	个	4	2×2	
	焊缝探伤	口	4	2×2	
8	预制保温弯头安装 $\phi273\times8,R=2.5D$	个	2	2	
	接头发泡	个	4	2×2	
	焊缝探伤	口	4	2×2	
9	预制保温弯头安装 $\phi273\times8,R=1D$	个	2	2	
	接头发泡	个	4	2×2	
	焊缝探伤	口	4	2×2	
10	预制保温三通安装 $\phi377\times325$	个	2	2	
	接头发泡	个	4	2×2	
	焊缝探伤	口	6	2×3	
11	预制保温三通安装 $\phi325\times273$	个	2	2	
	接头发泡	个	4	2×2	
	焊缝探伤	口	6	2×3	
12	焊接球阀安装 DN300	个	2	2	
	阀门水压试验	个	2	2	
	阀门解体检查	个	2	2	
	接头发泡	个	4	2×2	
	焊缝探伤	口	4	2×2	
13	焊接球阀安装 DN250	个	2	2	
	阀门水压试验	个	2	2	
	阀门解体检查	个	2	2	
	接头发泡	个	4	2×2	
	焊缝探伤	口	4	2×2	

（2）用一般计税法模式计算工程造价（含增值税销项税额的工程造价）。

1）套用调整版定额，计算得出不含进项税额的直接工程费为540674.69元，其中主材费为468305.84元，直接费为72368.85元，直接费中人工费为24675.18元，见表9-19。

表9-19 直接工程费计算表（不含进项税额）

序号	编号	名称	工程量 单位	工程量 数量	价值/元 单价	价值/元 合价	其中/元 人工费	其中/元 材料费	其中/元 机械费	主材设备费
1	D6-16	预制保温管安装焊接 公称直径350mm以内	100m	3.84	2863.29	10995.03	6625.5	502.39	3867.15	
	主材	聚氨酯硬质泡沫预制保温管 φ377×7	m	386.304	515	198946.56				198946.56
2	D6-851	管道总试压及冲洗 公称直径400mm以内	km	0.38	8770.18	3367.75	1986.12	992.1	389.53	
3	D6-33	预制保温管接头发泡 公称直径350mm以内	10个口	3.2	3204.08	10253.06	724.13	9505.31	23.62	
4	借C6-2542	焊缝无损探伤 超声波探伤 公称直径350mm以内	10个口	3.2	552.92	1769.34	445.06	763.46	560.83	
5	D6-15	预制保温管安装焊接 公称直径300mm以内	100m	3.36	2245.97	7546.46	4498.8	349.41	2698.25	
	主材	聚氨酯硬质泡沫预制保温管 φ325×7	m	338.352	455	153950.16				153950.16
6	D6-851	管道总试压及冲洗 公称直径400mm以内	km	0.34	8770.18	2946.78	1737.85	868.09	340.84	
7	D6-32	预制保温管接头发泡 公称直径300mm以内	10个口	2.8	2425.61	6791.71	560.2	6217.74	13.78	
8	借C6-2542	焊缝无损探伤 超声波探伤 公称直径350mm以内	10个口	2.8	552.92	1548.18	389.42	668.02	490.73	
9	D6-15	预制保温管安装焊接 公称直径300mm以内	100m	0.72	2245.97	1617.1	964.03	74.87	578.2	
	主材	聚氨酯硬质泡沫预制保温管 φ325×9	m	72.504	480	34801.92				34801.92
10	D6-851	管道总试压及冲洗 公称直径400mm以内	km	0.07	8770.18	631.45	372.4	186.02	73.04	
11	D6-32	预制保温管接头发泡 公称直径300mm以内	10个口	0.6	2425.61	1455.37	120.04	1332.37	2.95	
12	借C6-2542	焊缝无损探伤 超声波探伤 公称直径350mm以内	10个口	0.6	552.92	331.75	83.45	143.15	105.16	

（续）

序号	编号	名称	工程量		价值/元		其中/元			
			单位	数量	单价	合价	人工费	材料费	机械费	主材设备费
13	D6-14	预制保温管安装焊接 公称直径250mm以内	100m	0.72	1850.74	1332.53	842.14	58.28	432.12	
	主材	聚氨酯硬质泡沫预制保温管 φ273×8	m	72.576	325	23587.2				23587.2
14	D6-851	管道总试压及冲洗 公称直径400mm以内	km	0.07	8770.18	631.45	372.4	186.02	73.04	
15	D6-31	预制保温管接头发泡 公称直径250mm以内	10个口	0.6	2153.82	1292.29	109.1	1180.24	2.95	
16	借C6-2541	焊缝无损探伤 超声波探伤 公称直径250mm以内	10个口	0.6	341.32	204.79	54.04	81.95	68.81	
17	D6-505	预制保温管件安装、焊接 公称直径350mm	个	2	347.1	694.2	322.62	70.56	301.02	
	主材	预制保温变径 DN350变DN300	个	2	450	900				900
18	D6-33	预制保温管接头发泡 公称直径350mm以内	10个口	0.4	3204.08	1281.63	90.52	1188.16	2.95	
19	借C6-2542	焊缝无损探伤 超声波探伤 公称直径350mm以内	10个口	0.4	552.92	221.17	55.63	95.43	70.1	
20	D6-504	预制保温管件安装、焊接 公称直径300mm	个	2	290.19	580.38	269.04	54.92	256.42	
	主材	预制保温 90°弯头 φ325×9 R=2.5D	个	2	380	760				760
21	D6-33	预制保温管接头发泡 公称直径350mm以内	10个口	0.4	3204.08	1281.63	90.52	1188.16	2.95	
22	借C6-2542	焊缝无损探伤 超声波探伤 公称直径350mm以内	10个口	0.4	552.92	221.17	55.63	95.43	70.1	
23	D6-504	预制保温管件安装、焊接 公称直径300mm	个	2	290.19	580.38	269.04	54.92	256.42	
	主材	预制保温 90°弯头 φ325×9 R=1D	个	2	350	700				700
24	D6-33	预制保温管接头发泡 公称直径350mm以内	10个口	0.4	3204.08	1281.63	90.52	1188.16	2.95	

（续）

序号	编号	名称	工程量		价值/元		其中/元			主材设备费
			单位	数量	单价	合价	人工费	材料费	机械费	
25	借 C6-2542	焊缝无损探伤 超声波探伤 公称直径 350mm 以内	10 个口	0.4	552.92	221.17	55.63	95.43	70.1	
26	D6-503	预制保温管件安装、焊接 公称直径 250mm	个	2	240.69	481.38	226.86	47.8	206.72	
	主材	预制保温 90° 弯头 $\phi273\times8$ $R=2.5D$	个	2	305	610				610
27	D6-31	预制保温管接头发泡 公称直径 250mm 以内	10 个口	0.4	2153.82	861.53	72.73	786.83	1.97	
28	借 C6-2541	焊缝无损探伤 超声波探伤 公称直径 250mm 以内	10 个口	0.4	341.32	136.53	36.02	54.63	45.87	
29	D6-503	预制保温管件安装、焊接公称直径 250mm	个	2	240.69	481.38	226.86	47.8	206.72	
	丰材	预制保温 90° 弯头 $\phi273\times8$ $R=1D$	个	2	275	550				550
30	D6-31	预制保温管接头发泡 公称直径 250mm 以内	10 个口	0.4	2153.82	861.53	72.73	786.83	1.97	
31	借 C6-2541	焊缝无损探伤 超声波探伤 公称直径 250mm 以内	10 个口	0.4	341.32	136.53	36.02	54.63	45.87	
32	D6-505	预制保温管件安装、焊接 公称直径 350mm	个	2	347.1	694.2	322.62	70.56	301.02	
	主材	三通 $\phi377\times325$	个	2	450	900				900
33	D6-33	预制保温管接头发泡 公称直径 350mm 以内	10 个口	0.6	3204.08	1922.45	135.77	1782.25	4.43	
34	借 C6-2542	焊缝无损探伤 超声波探伤 公称直径 350mm 以内	10 个口	0.6	552.92	331.75	83.45	143.15	105.16	
35	D6-504	预制保温管件安装、焊接 公称直径 300mm	个	2	290.19	580.38	269.04	54.92	256.42	
	主材	三通 $\phi325\times273$	个	2	400	800				800
36	D6-32	预制保温管接头发泡 公称直径 300mm 以内	10 个口	0.6	2425.61	1455.37	120.04	1332.37	2.95	
37	借 C6-2542	焊缝无损探伤 超声波探伤 公称直径 350mm 以内	10 个口	0.6	552.92	331.75	83.45	143.15	105.16	

（续）

序号	编号	名称	工程量		价值/元		其中/元			
			单位	数量	单价	合价	人工费	材料费	机械费	主材设备费
38	借C6-1227	低压阀门　法兰阀门　公称直径300mm以内	个	2	265.72	531.44	394.44	7.94	129.06	
	主材	焊接球阀　DN300	个	2	14200	28400				28400
39	D6-612	阀门水压试验　公称直径300mm以内	个	2	123.72	247.44	38.76	180.54	28.14	
40	D6-627	低压阀门解体、检查、清洗、研磨　公称直径300mm以内	个	2	333.33	666.66	575.7	46.06	44.9	
41	D6-33	预制保温管接头发泡　公称直径350mm以内	10个口	0.4	3204.08	1281.63	90.52	1188.16	2.95	
42	借C6-2542	焊缝无损探伤　超声波探伤　公称直径350mm以内	10个口	0.4	552.92	221.17	55.63	95.43	70.1	
43	借C6-614	低压管件　碳钢管件（电弧焊）　公称直径250mm以内	10个	0.2	1425.65	285.13	48.34	33.7	203.1	
	主材	焊接球阀　DN250	个	2	11700	23400				23400
44	D6-612	阀门水压试验　公称直径300mm以内	个	2	123.72	247.44	38.76	180.54	28.14	
45	D6-626	低压阀门解体、检查、清洗、研磨　公称直径250mm以内	个	2	268.35	536.7	454.86	36.94	44.9	
46	D6-31	预制保温管接头发泡　公称直径250mm以内	10个口	0.4	2153.82	861.53	72.73	786.83	1.97	
47	借C6-2541	焊缝无损探伤　超声波探伤　公称直径250mm以内	10个口	0.4	341.32	136.53	36.02	54.63	45.87	
		总计				540674.69	24675.18	35056.28	12637.4	468305.84

2）根据已知费率，计算得出不含进项税额的组织措施费为 1887.66 元，其中人工费为 377.53 元，见表 9-20。

表 9-20　组织措施费计算表（不含进项税额）

序号	项目名称	计算基数①	费率②	工程量③	单价小计/元 ④=⑥+⑦+⑧	合价小计/元 ⑤=③×④	单价中（保留2位小数）/元		
							人工费单价 ⑥=①×②×20%	材料费单价 ⑦=①×②×70%	机械费单价 ⑧=①×②×10%
1	安全施工费	定额基价（人工费，本例中为24675.18元）	1.39	1	342.99	342.99	68.60	240.09	34.30

（续）

序号	项目名称	计算基数①	费率②	工程量③	单价小计/元 ④=⑥+⑦+⑧	合价小计/元 ⑤=③×④	单价中（保留2位小数）/元		
							人工费单价 ⑥=①×②×20%	材料费单价 ⑦=①×②×70%	机械费单价 ⑧=①×②×10%
2	文明施工费	定额基价（人工费,本例中为24675.18元）	1.83	1	451.56	451.56	90.31	316.09	45.16
3	生活性临时设施费	定额基价（人工费,本例中为24675.18元）	2.63	1	648.96	648.96	129.79	454.27	64.90
4	生产性临时设施费	定额基价（人工费,本例中为24675.18元）	1.8	1	444.15	444.15	88.83	310.91	44.42
	小计					1887.66	377.53	1321.36	188.77

3）根据已计算出的数据汇总，并计算管理费，利润、规费、税金等，合计得出本工程含销项税额工程造价为626793.56元，见表9-21。

表9-21 工程造价汇总表（含销项税额）

序号	费用名称	取费说明（或取费基数）	费率（%）	费用金额/元
1	直接工程费	人工费+材料费+机械费		72368.85
	其中:人工费			24675.18
2	施工技术措施费	技术措施项目合计		
	其中:人工费			
3	施工组织措施费	组织措施项目合计		1887.66
	其中:人工费			377.53
4	直接费小计	直接工程费+施工技术措施费+施工组织措施费		74256.51
5	企业管理费	直接费中人工费小计（24675.18元+377.53元）	25.28	6333.33
6	规费	养老保险费+失业保险费+医疗保险费+工伤保险费+生育保险费+住房公积金		9770.55
	养老保险费	直接费中人工费小计（24675.18元+377.53元）	21.2	5311.17
	失业保险费	直接费中人工费小计（24675.18元+377.53元）	1.5	375.79
	医疗保险费	直接费中人工费小计（24675.18元+377.53元）	6	1503.16
	工伤保险费	直接费中人工费小计（24675.18元+377.53元）	1.3	325.69
	生育保险费	直接费中人工费小计（24675.18元+377.53元）	0.5	125.26
	住房公积金	直接费中人工费小计（24675.18元+377.53元）	8.5	2129.48
7	间接费小计	企业管理费+规费		16103.88
8	利润	直接费中人工费小计（24675.18元+377.53元）	24	6012.65
9	动态调整	人材机价差（本项目没有考虑）		
10	主材费			468305.84
11	税金（增值税销项税额）	直接费小计+间接费小计+利润+动态调整+主材费	11	62114.68
12	工程造价	直接费小计+间接费小计+利润+动态调整+主材费+税金		626793.56

第七节　管网工程清单计价

一、排水、给水、燃气、集中供热的各类管道

（一）《规范》附录项目内容

管道铺设工程量清单项目设置、项目特征描述的内容、计量单位及工程量计算规则见表 9-22。

表 9-22　管道铺设（《规范》E.1 表）

项目编码	项目名称	项目特征	计量单位	工程量计算规则	工作内容
040501001	混凝土管	1. 垫层、基础材质及厚度 2. 管座材质 3. 规格 4. 接口方式 5. 铺设深度 6. 混凝土强度等级 7. 管道检验及试验要求			1. 垫层、基础铺筑及养护 2. 模板制作、安装、拆除 3. 混凝土拌和、运输、浇筑、养护 4. 预制管枕安装 5. 管道铺设 6. 管道接口 7. 管道检验及试验
040501002	钢管	1. 垫层、基础材质及厚度 2. 材质及规格 3. 接口方式 4. 铺设深度 5. 管道检验及试验要求 6. 集中防腐运距		按设计图示中心线长度以延长米计算。不扣除附属构筑物、管件及阀门等所占长度	1. 垫层、基础铺筑及养护 2. 模板制作、安装、拆除 3. 混凝土拌和、运输、浇筑、养护 4. 管道铺设 5. 管道检验及试验 6. 集中防腐运输
040501003	铸铁管				
040501004	塑料管	1. 垫层、基础材质及厚度 2. 材质及规格 3. 连接形式 4. 铺设深度 5. 管道检验及试验要求	m		1. 垫层、基础铺筑及养护 2. 模板制作、安装、拆除 3. 混凝土拌和、运输、浇筑、养护 4. 管道铺设 5. 管道检验及试验
040501005	直埋式预制保温管	1. 垫层材质及厚度 2. 材质及规格 3. 接口方式 4. 铺设深度 5. 管道检验及试验要求			1. 垫层铺筑及养护 2. 管道铺设 3. 接口处保温 4. 管道检验及试验
040501006	管道架空跨越	1. 管道架设高度 2. 管道材质及规格 3. 接口方式 4. 管道检验及试验要求 5. 集中防腐运距		按设计图示中心线长度以延长米计算。不扣除管件及阀门等所占长度	1. 管道架设 2. 管道检验及试验 3. 集中防腐运输

（续）

项目编码	项目名称	项目特征	计量单位	工程量计算规则	工作内容
040501007	隧道（沟、管）内管道	1. 基础材质及厚度 2. 混凝土强度等级 3. 材质及规格 4. 接口方式 5. 管道检验及试验要求 6. 集中防腐运距	m	按设计图示中心线长度以延长米计算。不扣除附属构筑物、管件及阀门等所占长度	1. 基础铺筑、养护 2. 模板制作、安装、拆除 3. 混凝土拌和、运输、浇筑、养护 4. 管道铺设 5. 管道检验及试验 6. 集中防腐运输
040501008	水平导向钻进	1. 土壤类别 2. 材质及规格 3. 一次成孔长度 4. 接口方式 5. 泥浆要求 6. 管道检验及试验要求 7. 集中防腐运距		按设计图示长度以延长米计算。扣除附属构筑物（检查井）所占长度	1. 设备安装、拆除 2. 定位、成孔 3. 管道接口 4. 拉管 5. 纠偏、监测 6. 泥浆制作、注浆 7. 管道检测及试验 8. 集中防腐运输 9. 泥浆、土方外运
040501009	夯管	1. 土壤类别 2. 材质及规格 3. 一次夯管长度 4. 接口方式 5. 管道检验及试验要求 6. 集中防腐运距			1. 设备安装、拆除 2. 定位、夯管 3. 管道接口 4. 纠偏、监测 5. 管道检测及试验 6. 集中防腐运输 7. 土方外运
040501010	顶（夯）管工作坑	1. 土壤类别 2. 工作坑平面尺寸及深度 3. 支撑、围护方式 4. 垫层、基础材质及厚度 5. 混凝土强度等级 6. 设备、工作台主要技术要求	座	按设计图示数量计算	1. 支撑、围护 2. 模板制作、安装、拆除 3. 混凝土拌和、运输、浇筑、养护 4. 工作坑内设备、工作台安装及拆除
040501011	预制混凝土工作坑	1. 土壤类别 2. 工作坑平面尺寸及深度 3. 垫层、基础材质及厚度 4. 混凝土强度等级 5. 设备、工作台主要技术要求 6. 混凝土构件运距			1. 混凝土工作坑制作 2. 下沉、定位 3. 模板制作、安装、拆除 4. 混凝土拌和、运输、浇筑、养护 5. 工作坑内设备、工作台安装及拆除 6. 混凝土构件运输

（续）

项目编码	项目名称	项目特征	计量单位	工程量计算规则	工作内容
040501012	顶管	1. 土壤类别 2. 顶管工作方式 3. 管道材质及规格 4. 中继间规格 5. 工具管材质及规格 6. 触变泥浆要求 7. 管道检验及试验要求 8. 集中防腐运距	m	按设计图示长度以延长米计算。扣除附属构筑物（检查井）所占的长度	1. 管道顶进 2. 管道接口 3. 中继间、工具管及附属设备安装拆除 4. 管内挖、运土及土方提升 5. 机械顶管设备调向 6. 纠偏、监测 7. 触变泥浆制作、注浆 8. 洞口止水 9. 管道检测及试验 10. 集中防腐运输 11. 泥浆、土方运输
040501013	土壤加固	1. 土壤类别 2. 加固填充材料 3. 加固方式	1. m 2. m³	1. 按设计图示加固段长度以延长米计算 2. 按设计图示加固段体积以"m³"计算	打孔、调浆、灌注
040501014	新旧管连接	1. 材质及规格 2. 连接方式 3. 带（不带）介质连接	处	按设计图示数量计算	1. 切管 2. 钻孔 3. 连接
040501015	临时放水管线	1. 材质及规格 2. 铺设方式 3. 接口形式	m	按放水管线长度以延长米计算，不扣除管件、阀门所占长度	管线铺设、拆除
040501016	砌筑方沟	1. 断面规格 2. 垫层、基础材质及厚度 3. 砌筑材料品种、规格、强度等级 4. 混凝土强度等级 5. 砂浆强度等级、配合比 6. 勾缝、抹面要求 7. 盖板材质及规格 8. 伸缩缝（沉降缝）要求 9. 防渗、防水要求 10. 混凝土构件运距	m	按设计图示尺寸以延长米计算	1. 模板制作、安装、拆除 2. 混凝土拌和、运输、浇筑、养护 3. 砌筑 4. 勾缝、抹面 5. 盖板安装 6. 防水、止水 7. 混凝土构件运输
040501017	混凝土方沟	1. 断面规格 2. 垫层、基础材质及厚度 3. 混凝土强度等级 4. 伸缩缝（沉降缝）要求 5. 盖板材质及规格 6. 防渗、防水要求 7. 混凝土构件运距			1. 模板制作、安装、拆除 2. 混凝土拌和、运输、浇筑、养护 3. 盖板安装 4. 防水、止水 5. 混凝土构件运输

（续）

项目编码	项目名称	项目特征	计量单位	工程量计算规则	工作内容
040501018	砌筑渠道	1. 断面规格 2. 垫层、基础材质及厚度 3. 砌筑材料品种、规格、强度等级 4. 混凝土强度等级 5. 砂浆强度等级、配合比 6. 勾缝、抹面要求 7. 伸缩缝（沉降缝）要求 8. 防渗、防水要求	m	按设计图示尺寸以延长米计算	1. 模板制作、安装、拆除 2. 混凝土拌和、运输、浇筑、养护 3. 渠道砌筑 4. 勾缝、抹面 5. 防水、止水
040501019	混凝土渠道	1. 断面规格 2. 垫层、基础材质及厚度 3. 混凝土强度等级 4. 伸缩缝（沉降缝）要求 5. 防渗、防水要求 6. 混凝土构件运距			1. 模板制作、安装、拆除 2. 混凝土拌和、运输、浇筑、养护 3. 防水、止水 4. 混凝土构件运输
040501020	警示（示踪）带铺设	规格		按铺设长度以延长米计算	铺设

注：1. 管道架空跨越铺设的支架制作、安装及支架基础、垫层应按支架制作及安装相关清单项目编码列项。

2. 管道铺设项目中的做法如为标准设计，也可在项目特征中标注标准图集号。

（二）相关说明

1）管道工程量计算，除顶管、水平导向钻进、夯管外，管道工程量均不扣除附属构筑物、管件及阀门等所占长度。而定额计量时，要扣除。

2）顶管铺设工程量计算规则清单与定额基本一致。

3）方沟和渠道按长度"m"计算。工程内容包括了垫层、基础、墙身、盖板、勾缝、抹面、防渗、防水等全过程。

4）附录中有两个或两个以上计量单位的，应结合工程项目实际情况，确定其中一个为计量单位。同一工程项目的计量单位应一致。

（三）工程量清单编制

1）考虑项目特征的内容：管材的材质、规格，管道的结构、接口形式、埋深等。

2）清单项目的施工过程，以附录项目的内容和实际相结合来确定。

二、管件、阀门及附件安装

（一）《规范》附录项目内容

管件、阀门及附件安装工程量清单项目设置、项目特征描述的内容、计量单位及工程量计算规则见表9-23。

表 9-23 管件、阀门及附件安装 (《规范》E.2 表)

项目编码	项目名称	项目特征	计量单位	工程量计算规则	工作内容
040502001	铸铁管管件	1. 种类 2. 材质及规格 3. 接口形式	个	按设计图示数量计算	安装
040502002	钢管管件制作、安装				制作、安装
040502003	塑料管管件	1. 种类 2. 材质及规格 3. 接口形式			安装
040502004	转换件	1. 材质及规格 2. 接口形式			
040502005	阀门	1. 种类 2. 材质及规格 3. 连接形式 4. 试验要求			
040502006	法兰	1. 材质、规格、结构形式 2. 连接方式 3. 焊接方式 4. 垫片材质			
040502007	盲堵板制作、安装	1. 材质及规格 2. 连接方式			制作、安装
040502008	套管制作、安装	1. 形式、材质及规格 2. 管内填料材质			
040502009	水表	1. 规格 2. 安装方式			安装
040502010	消火栓	1. 规格 2. 安装部位、方式			
040502011	补偿器(波纹管)	1. 规格 2. 安装方式			
040502012	除污器组成、安装		套		组成、安装
040502013	凝水缸	1. 材料品种 2. 型号及规格 3. 连接方式			1. 制作 2. 安装
040502014	调压器	1. 规格 2. 型号 3. 连接方式	组		安装
040502015	过滤器				
040502016	分离器				
040502017	安全水封	规格			
040502018	检漏(水)管				

注:凝水井应按管道附属构筑物相关清单项目编码列项。

（二）相关说明

除盲堵板制作外，管件、阀门及附件安装工程量计算规则清单与定额基本一致，都是按设计图示数量计算。

（三）工程量清单编制

1）管件、阀门、法兰在项目特征中都要标明种类、材质及规格、接口形式、连接方式等。

2）调压器、过滤器、分离器项目特征中要标明规格、型号、连接方式等。

3）消火栓项目特征要标明安装部位、规格等。

4）清单项目的施工过程，以附录项目的内容和实际相结合来确定。

三、支架制作及安装

（一）《规范》附录项目内容

支架制作及安装工程量清单项目设置、项目特征描述的内容、计量单位及工程量计算规则见表 9-24。

表 9-24　支架制作及安装（《规范》E. 3 表）

项目编码	项目名称	项目特征	计量单位	工程量计算规则	工作内容
040503001	砌筑支墩	1. 垫层材质、厚度 2. 混凝土强度等级 3. 砌筑材料、规格、强度等级 4. 砂浆强度等级、配合比	m³	按设计图示尺寸以体积计算	1. 模板制作、安装、拆除 2. 混凝土拌和、运输、浇筑、养护 3. 砌筑 4. 勾缝、抹面
040503002	混凝土支墩	1. 垫层材质、厚度 2. 混凝土强度等级 3. 预制混凝土构件运距			1. 模板制作、安装、拆除 2. 混凝土拌和、运输、浇筑、养护 3. 预制混凝土支墩安装 4. 混凝土构件运输
040503003	金属支架制作、安装	1. 垫层、基础材质及厚度 2. 混凝土强度等级 3. 支架材质 4. 支架形式 5. 预埋件材质及规格	t	按设计图示质量计算	1. 模板制作、安装、拆除 2. 混凝土拌和、运输、浇筑、养护 3. 支架制作、安装
040503004	金属吊架制作、安装	1. 吊架形式 2. 吊架材质 3. 预埋件材质及规格			制作、安装

（二）相关说明

支墩工程量计算规则清单与定额基本一致，都是按设计图示尺寸以体积计算。

（三）工程量清单编制

清单项目的施工过程，以附录项目的内容和实际相结合来确定。

四、管道附属构筑物

（一）《规范》附录项目内容

管道附属构筑物工程量清单项目设置、项目特征描述的内容、计量单位及工程量计算规则见表 9-25。

表 9-25　管道附属构筑物（《规范》E.4 表）

项目编码	项目名称	项目特征	计量单位	工程量计算规则	工作内容
040504001	砌筑井	1. 垫层、基础材质及厚度 2. 砌筑材料品种、规格、强度等级 3. 勾缝、抹面要求 4. 砂浆强度等级、配合比 5. 混凝土强度等级 6. 盖板材质、规格 7. 井盖、井圈材质及规格 8. 踏步材质、规格 9. 防渗、防水要求	座	按设计图示数量计算	1. 垫层铺筑 2. 模板制作、安装、拆除 3. 混凝土拌和、运输、浇筑、养护 4. 砌筑、勾缝、抹面 5. 井圈、井盖安装 6. 盖板安装 7. 踏步安装 8. 防水、止水
040504002	混凝土井	1. 垫层、基础材质及厚度 2. 混凝土强度等级 3. 盖板材质、规格 4. 井盖、井圈材质及规格 5. 踏步材质、规格 6. 防渗、防水要求			1. 垫层铺筑 2. 模板制作、安装、拆除 3. 混凝土拌和、运输、浇筑、养护 4. 井圈、井盖安装 5. 盖板安装 6. 踏步安装 7. 防水、止水
040504003	塑料检查井	1. 垫层、基础材质及厚度 2. 检查井材质、规格 3. 井筒、井盖、井圈材质及规格			1. 垫层铺筑 2. 模板制作、安装、拆除 3. 混凝土拌和、运输、浇筑、养护 4. 检查井安装 5. 井筒、井圈、井盖安装
040504004	砖砌井筒	1. 井筒规格 2. 砌筑材料品种、规格 3. 砌筑、勾缝、抹面要求 4. 砂浆强度等级、配合比 5. 踏步材质、规格 6. 防渗、防水要求	m	按设计图示尺寸以延长米计算	1. 砌筑、勾缝、抹面 2. 踏步安装
040504005	预制混凝土井筒	1. 井筒规格 2. 踏步规格			1. 运输 2. 安装

（续）

项目编码	项目名称	项目特征	计量单位	工程量计算规则	工作内容
040504006	砌体出水口	1. 垫层、基础材质及厚度 2. 砌筑材料品种、规格 3. 砌筑、勾缝、抹面要求 4. 砂浆强度等级及配合比	座	按设计图示数量计算	1. 垫层铺筑 2. 模板制作、安装、拆除 3. 混凝土拌和、运输、浇筑、养护 4. 砌筑、勾缝、抹面
040504007	混凝土出水口	1. 垫层、基础材质及厚度 2. 混凝土强度等级			1. 垫层铺筑 2. 模板制作、安装、拆除 3. 混凝土拌和、运输、浇筑、养护
040504008	整体化粪池	1. 材质 2. 型号、规格			安装
040504009	雨水口	1. 雨水箅子及圈口材质、型号、规格 2. 垫层、基础材质及厚度 3. 混凝土强度等级 4. 砌筑材料品种、规格 5. 砂浆强度等级及配合比			1. 垫层铺筑 2. 模板制作、安装、拆除 3. 混凝土拌和、运输、浇筑、养护 4. 砌筑、勾缝、抹面 5. 雨水箅子安装

注：管道附属构物为标准定型附属构物时，在项目特征中应标注标准图集编号及页码。

（二）相关说明

1）各种井类的计量单位都是"座"，其工作内容包括垫层、基础、井墙的砌筑或混凝土浇筑、井盖板、井盖、井圈制作安装等。

2）出水口计量单位是"座"，定额计量单位是"处"。

3）整体化粪池工作内容只是安装，塑料检查井除井体安装外，还包括垫层、基础。

（三）工程量清单编制

1）井类、出水口在项目特征中应标明垫层、基础材质及厚度、砌筑材料品种、混凝土强度等级、盖板材质及规格、砂浆强度等级及配合比、井盖及井圈的材质及规格等。

2）清单项目的施工过程，以附录项目的内容和实际相结合来确定。

五、水处理构筑物

（一）《规范》附录项目内容

水处理构筑物工程量清单项目设置、项目特征描述的内容、计量单位及工程量计算规则见表9-26。

表9-26　水处理构筑物（《规范》F.1表）

项目编码	项目名称	项目特征	计量单位	工程量计算规则	工作内容
040601001	现浇混凝土沉井井壁及隔墙	1. 混凝土强度等级 2. 防水、抗渗要求 3. 断面要求	m³	按设计图示尺寸以体积计算	1. 垫木铺设 2. 模板制作、安装、拆除 3. 混凝土拌和、运输、浇筑 4. 养护 5. 预留孔封口

（续）

项目编码	项目名称	项目特征	计量单位	工程量计算规则	工作内容
040601002	沉井下沉	1. 土壤类别 2. 断面尺寸 3. 下沉深度 4. 减阻材料种类	m³	按自然面标高至设计垫层底标高间的高度乘以沉井外壁最大断面面积以体积计算	1. 垫木拆除 2. 挖土 3. 沉井下沉 4. 填充减阻材料 5. 余方弃置
040601003	沉井混凝土底板	1. 混凝土强度等级 2. 防水、抗渗要求		按设计图示尺寸以体积计算	1. 模板制作、安装、拆除 2. 混凝土拌和、运输、浇筑 3. 养护
040601004	沉井内地下混凝土结构	1. 部位 2. 混凝土强度等级 3. 防水、抗渗要求			
040601005	沉井混凝土顶板				
040601006	现浇混凝土池底				
040601007	现浇混凝土池壁（隔墙）	1. 混凝土强度等级 2. 防水、抗渗要求			
040601008	现浇混凝土池柱				
040601009	现浇混凝土池梁				
040601010	现浇混凝土池盖板				
040601011	现浇混凝土板	1. 名称、规格 2. 混凝土强度等级 3. 防水、抗渗要求			
040601012	池槽	1. 混凝土强度等级 2. 防水、抗渗要求 3. 池槽断面尺寸 4. 盖板材质	m	按设计图示尺寸以长度计算	1. 模板制作、安装、拆除 2. 混凝土拌和、运输、浇筑 3. 养护 4. 盖板安装 5. 其他材料铺设
040601013	砌筑导流壁、筒	1. 砌体材料、规格 2. 断面尺寸 3. 砌筑、勾缝、抹面砂浆强度等级	m³	按设计图示尺寸以体积计算	1. 砌筑 2. 抹面 3. 勾缝
040601014	混凝土导流壁、筒	1. 混凝土强度等级 2. 防水、抗渗要求 3. 断面尺寸			1. 模板制作、安装、拆除 2. 混凝土拌和、运输、浇筑 3. 养护

（续）

项目编码	项目名称	项目特征	计量单位	工程量计算规则	工作内容
040601015	混凝土楼梯	1. 结构形式 2. 底板厚度 3. 混凝土强度等级	1. m² 2. m³	1. 以"m²"计量,按设计图示尺寸以水平投影面积计算 2. 以"m³"计量,按设计图示尺寸以体积计算	1. 模板制作、安装、拆除 2. 混凝土拌和、运输、浇筑或预制 3. 养护 4. 楼梯安装
040601016	金属扶梯、栏杆	1. 材质 2. 规格 3. 防腐刷油材质、工艺要求	1. t 2. m	1. 以"t"计量,按设计图示尺寸以质量计算 2. 以"m"计量,按设计图示尺寸以长度计算	1. 制作、安装 2. 除锈、防腐、刷油
040601017	其他现浇混凝土构件	1. 构件名称、规格 2. 混凝土强度等级			1. 模板制作、安装、拆除 2. 混凝土拌和、运输、浇筑 3. 养护
040601018	预制混凝土板	1. 图集、图样名称 2. 构件代号、名称 3. 混凝土强度等级 4. 防水、抗渗要求	m³	按设计图示尺寸以体积计算	1. 模板制作、安装、拆除 2. 混凝土拌和、运输、浇筑 3. 养护 4. 构件安装 5. 接头灌浆 6. 砂浆制作 7. 运输
040601019	预制混凝土槽				
040601020	预制混凝土支墩				
040601021	其他预制混凝土构件	1. 部位 2. 图集、图样名称 3. 构件代号、名称 4. 混凝土强度等级 5. 防水、抗渗要求			
040601022	滤板	1. 材质 2. 规格 3. 厚度 4. 部位	m²	按设计图示尺寸以面积计算	1. 制作 2. 安装
040601023	折板				
040601024	壁板				
040601025	滤料铺设	1. 滤料品种 2. 滤料规格	m³	按设计图示尺寸以体积计算	铺设
040601026	尼龙网板	1. 材料品种 2. 材料规格	m²	按设计图示尺寸以面积计算	1. 制作 2. 安装
040601027	刚性防水	1. 工艺要求 2. 材料品种、规格			1. 配料 2. 铺筑
040601028	柔性防水				涂、贴、粘、刷防水涂料

（续）

项目编码	项目名称	项目特征	计量单位	工程量计算规则	工作内容
040601029	沉降（施工）缝	1. 材料品种 2. 沉降缝规格 3. 沉降缝部位	m	按设计图示尺寸以长度计算	铺、嵌沉降（施工）缝
040601030	井、池渗漏试验	构筑物名称	m³	按设计图示储水尺寸以体积计算	渗漏试验

注：1. 沉井混凝土地梁工程量，应并入底板内计算。
　　2. 各类垫层应按桥涵工程相关编码列项。

（二）相关说明

1）除池槽外，现浇混凝土构筑物都是按设计图示尺寸以体积计算，同定额计量规则基本一致。

2）附录中有两个或两个以上计量单位的，应结合工程项目实际情况，确定其中一个为计量单位。同一工程项目的计量单位应一致。

（三）工程量清单编制

1）现浇混凝土项目特征中应标明混凝土强度等级以及防水、防渗要求等。

2）清单项目的施工过程，以附录项目的内容和实际相结合来确定。

六、水处理设备

（一）《规范》附录项目内容

水处理设备工程量清单项目设置、项目特征描述的内容、计量单位及工程量计算规则见表 9-27。

表 9-27　水处理设备（《规范》F.2 表）

项目编码	项目名称	项目特征	计量单位	工程量计算规则	工作内容
040602001	格栅	1. 材质 2. 防腐材料 3. 规格	1. t 2. 套	1. 以"t"计量，按设计图示尺寸以质量计算 2. 以"套"计量，按设计图示数量计算	1. 制作 2. 防腐 3. 安装
040602002	格栅除污机				
040602003	滤网清污机				
040602004	压榨机				
040602005	刮砂机				
040602006	吸砂机	1. 类型 2. 材质 3. 规格、型号 4. 参数	台	按设计图示数量计算	1. 安装 2. 无负荷试运转
040602007	刮泥机				
040602008	吸泥机				
040602009	刮吸泥机				
040602010	撇渣机				
040602011	砂（泥）水分离器				
040602012	曝气机				
040602013	曝气器		个		

（续）

项目编码	项目名称	项目特征	计量单位	工程量计算规则	工作内容
040602014	布气管	1. 材质 2. 直径	m	按设计图示尺寸以长度计算	1. 钻孔 2. 安装
040602015	滗水器	1. 类型 2. 材质 3. 规格、型号 4. 参数	套	按设计图示数量计算	1. 安装 2. 无负荷试运转
040602016	生物转盘				
040602017	搅拌机		台		
040602018	推进器				
040602019	加药设备	1. 类型 2. 材质 3. 规格、型号 4. 参数	套		
040602020	加氯机				
040602021	氯吸收装置				
040602022	水射器	1. 材质 2. 公称直径	个		
040602023	管式混合器				
040602024	冲洗装置		套		
040602025	带式压滤机	1. 类型 2. 材质 3. 规格、型号 4. 参数	台		
040602026	污泥脱水机				
040602027	污泥浓缩机				
040602028	污泥浓缩脱水一体机				
040602029	污泥输送机				
040602030	污泥切割机				
040602031	闸门	1. 类型 2. 材质 3. 形式 4. 规格、型号	1. 座 2. t	1. 以"座"计量，按设计图示数量计算 2. 以"t"计量，按设计图示尺寸以质量计算	1. 安装 2. 操纵装置安装 3. 调试
040602032	旋转门				
040602033	堰门				
040602034	拍门				
040602035	启闭机		台	按设计图示数量计算	
040602036	升杆式铸铁泥阀	公称直径	座		
040602037	平底盖闸				
040602038	集水槽	1. 材质 2. 厚度 3. 形式 4. 防腐材料	m²	按设计图示尺寸以面积计算	1. 制作 2. 安装
040602039	堰板				
040602040	斜板	1. 材料品种 2. 厚度			安装
040602041	斜管	1. 斜管材料品种 2. 斜管规格	m	按设计图示尺寸以长度计算	

（续）

项目编码	项目名称	项目特征	计量单位	工程量计算规则	工作内容
040602042	紫外线消毒设备	1. 类型 2. 材质 3. 规格、型号 4. 参数	套	按设计图示数量计算	1. 安装 2. 无负荷试运转
040602043	臭氧消毒设备				
040602044	除臭设备				
040602045	膜处理设备				
040602046	在线水质检测设备				

（二）相关说明

1）水处理设备都是按设计图示数量计算，同定额计量规则基本一致。

2）附录中有两个或两个以上计量单位的，应结合工程项目实际情况，确定其中一个为计量单位。同一工程项目的计量单位应一致。

（三）工程量清单编制

水处理设备在项目特征中应标明类型、材质、规格、型号、参数等。

七、钢筋工程

（一）《规范》附录项目内容

钢筋工程工程量清单项目设置、项目特征描述的内容、计量单位及工程量计算规则见表9-28。

表 9-28　钢筋工程（《规范》J.1表）

项目编码	项目名称	项目特征	计量单位	工程量计算规则	工作内容
040901001	现浇构件钢筋	1. 钢筋种类 2. 钢筋规格			1. 制作 2. 运输 3. 安装
040901002	预制构件钢筋				
040901003	钢筋网片				
040901004	钢筋笼				
040901005	先张法预应力钢筋（钢丝束、钢绞线）	1. 部位 2. 预应力筋种类 3. 预应力筋规格	t	按设计图示尺寸以质量计算	1. 张拉台座制作、安装、拆除 2. 预应力筋制作、张拉
040901006	后张法预应力钢筋（钢丝束、钢绞线）	1. 部位 2. 预应力筋种类 3. 预应力筋规格 4. 锚具种类、规格 5. 砂浆强度等级 6. 压浆管材质、规格			1. 预应力筋孔道制作、安装 2. 锚具安装 3. 预应力筋制作、张拉 4. 安装压浆管道 5. 孔道压浆
040901007	型钢	1. 材料种类 2. 材料规格			1. 制作 2. 运输 3. 安装、定位

（续）

项目编码	项目名称	项目特征	计量单位	工程量计算规则	工作内容
040901008	植筋	1. 材料种类 2. 材料规格 3. 植入深度 4. 植筋胶品种	根	按设计图示数量计算	1. 定位、钻孔、清孔 2. 钢筋加工成型 3. 注胶、植筋 4. 抗拔试验 5. 养护
040901009	预埋件		t	按设计图示尺寸以质量计算	1. 制作 2. 运输 3. 安装
040901010	高强螺栓	1. 材料种类 2. 材料规格	1. t 2. 套	1. 以"t"计量，按设计图示尺寸以质量计算 2. 以"套"计量，按设计图示数量计算	

注：1. 现浇构件中伸出构件的锚固钢筋、预制构件的吊钩和固定位置的支撑钢筋等，应并入钢筋工程量内。除设计标明的搭接外，其他施工搭接不计算工程量，由投标人在报价中综合考虑。

2. 钢筋工程所列"型钢"是指劲性骨架的型钢部分。

3. 凡型钢与钢筋组合（除预埋件外）的钢格栅，应分别列项。

（二）相关说明

1）钢筋工程除植筋外都是按设计图示以质量计算，同定额计量规则基本一致。

2）附录中有两个或两个以上计量单位的，应结合工程项目实际情况，确定其中一个为计量单位。同一工程项目的计量单位应一致。

（三）工程量清单编制

1）钢筋工程在项目特征中应标明规格、种类等。

2）清单项目的施工过程，以附录项目的内容和实际相结合来确定。

第八节 管网工程清单计价案例

实例29

编制实例27中给水管道工程的清单及清单计价。

1）选择附录项目，确定前九位项目编码见表9-29。

表9-29 前9位项目编码表

序号	确定的附录项目	确定的前9位项目编码
1	球墨铸铁管	040501003
2	球墨铸铁管	040501003
3	铸铁管管件	040502001
4	铸铁管管件	040502001
5	铸铁管管件	040502001
6	铸铁管管件	040502001

（续）

序号	确定的附录项目	确定的前9位项目编码
7	铸铁管管件	040502001
8	铸铁管管件	040502001
9	阀门	040502005
10	阀门	040502005
11	阀门	040502005
12	消火栓	040502010
13	盲堵板制作、安装	040502007
14	补偿器（波纹管）	040502011

2）确定清单项目见表9-30。

表9-30 清单项目表

序号	确定的清单项目	确定的前12位项目编码
1	球墨铸铁管	040501003001
2	球墨铸铁管	040501003002
3	铸铁管管件	040502001001
4	铸铁管管件	040502001002
5	铸铁管管件	040502001003
6	铸铁管管件	040502001004
7	铸铁管管件	040502001005
8	铸铁管管件	040502001006
9	蝶阀	040502005001
10	闸阀	040502005002
11	阀门	040502005003
12	消火栓	040502010001
13	盲堵板制作、安装	040502007001
14	法兰套筒伸缩器	040502011001

3）计算清单工程量，见表9-9。

4）填写工程量清单，见表9-31。

表9-31 工程量清单

序号	项目编码	项目名称	项目特征	单位	工程量
1	040501003001	球墨铸铁管	1. 材质：球墨铸铁 2. 规格：DN300 3. 接口形式：胶圈接口 4. 管道试验压力及冲洗消毒要求：按设计要求	m	84
2	040501003002	球墨铸铁管	1. 材质：球墨铸铁 2. 规格：DN100 3. 接口形式：胶圈接口 4. 管道试验压力及冲洗消毒要求：按设计要求	m	6

（续）

序号	项目编码	项目名称	项目特征	单位	工程量
3	040502001001	铸铁管管件	1. 材质：球墨铸铁 2. 种类：弯头 3. 规格：DN300×90° 4. 接口形式：胶圈接口	个	2
4	040502001002	铸铁管管件	1. 材质：球墨铸铁 2. 种类：双承异径管 3. 规格：DN300×200 4. 接口形式：胶圈接口	个	1
5	040502001003	铸铁管管件	1. 材质：球墨铸铁 2. 种类：承插中盘三通 3. 规格：DN300×100 4. 接口形式：胶圈接口	个	1
6	040502001004	铸铁管管件	1. 材质：球墨铸铁 2. 种类：承插中盘泄水三通 3. 规格：DN300×100 4. 接口形式：胶圈接口	个	1
7	040502001005	铸铁管管件	1. 材质：球墨铸铁 2. 种类：承盘短管 3. 规格：DN300 4. 接口形式：胶圈接口	个	1
8	040502001006	铸铁管管件	1. 材质：球墨铸铁 2. 种类：插盘短管 3. 规格：DN100 4. 接口形式：胶圈接口	个	1
9	040502005001	蝶阀	1. 种类：蝶阀 2. 型号：D341X-10 3. 规格：DN100 4. 连接方式：法兰连接	个	1
10	040502005002	闸阀	1. 种类：闸阀 2. 型号：Z45T-10 3. 规格：DN100 4. 连接方式：法兰连接	个	1
11	040502005003	阀门	1. 种类：蝶阀 2. 型号：D341X-10 3. 规格：DN300 4. 连接方式：法兰连接	个	1
12	040502010001	消火栓	1. 安装部位：室外 2. 名称：地下式消火栓 3. 规格：SA100/65-1.0	个	1
13	040502007001	盲（堵）板 制作、安装	1. 材质：碳钢 2. 规格：DN300 3. 连接方式：法兰连接	个	1
14	040502011001	法兰套筒伸缩器	1. 种类：法兰套筒伸缩器 2. 规格：DN300 3. 连接方式：法兰连接	个	1

5）确定定额工程量，见表 9-11。

6）套用调整版定额，计算得出不含进项税额的直接工程费为 28436.7 元，其中直接费为 3334.54 元，补充材料费为 199.92 元，主材费为 24902.24 元，直接费中人工费为 1654.63 元，见表 9-32。

表 9-32 直接工程费计算表（不含进项税额）

序号	定额编号	子目名称	工程量 单位	工程量 数量	单价/元 主材	单价/元 单价	单价/元 其中 人工费	单价/元 其中 材料费	单价/元 其中 机械费	总价/元 主材	总价/元 合价	总价/元 其中 人工费	总价/元 其中 材料费	总价/元 其中 机械费
1	D5-61换	球墨铸铁管安装（胶圈接口）公称直径300mm以内	10m	8.4		154.86	78.09	40.07	36.7		1300.82	655.96	336.59	308.28
	主材	球墨铸铁给水管DN300	m	84	214	214				17976	17976			
2	D5-155换	管道试压 公称直径300mm以内	100m	0.84		299.77	169.86	87.96	41.95		251.81	142.68	73.89	35.24
3	D5-173	管道消毒冲洗 公称直径300mm以内	100m	0.84		333.06	123.69	209.37			279.77	103.9	175.87	
4	D5-59	球墨铸铁管安装（胶圈接口）公称直径150mm以内	10m	0.6		78.45	53.58	24.87			47.07	32.15	14.92	
	主材	球墨铸铁给水管DN100	m	6	78	78				468	468			
5	D5-153	管道试压 公称直径100mm以内	100m	0.06		159.39	92.91	37.59	28.89		9.56	5.57	2.26	1.73
6	D5-171	管道消毒冲洗 公称直径100mm以内	100m	0.06		118.46	78.66	39.8			7.11	4.72	2.39	
7	D5-262换	铸铁管件安装（胶圈接口）公称直径300mm以内	个	2		82.34	65.55	9.58	7.21		164.68	131.1	19.16	14.42
	主材	球墨承插弯头DN300×90°	个	2	405	405				810	810			
8	D5-262	铸铁管件安装（胶圈接口）公称直径300mm以内	个	1		82.35	65.55	9.58	7.22		82.35	65.55	9.58	7.22
	主材	墨铸铁双承异径管DN300×200	个	1	600	600				600	600			
9	D5-262换	铸铁管件安装（胶圈接口）公称直径300mm以内	个	1		82.34	65.55	9.58	7.21		82.34	65.55	9.58	7.21
	主材	球墨承插中盘三通DN300×100	个	1	480	480				480	480			

（续）

序号	定额编号	子目名称	单位	数量	主材(单价/元)	单价	人工费	材料费	机械费	主材(总价/元)	合价	人工费	材料费	机械费
10	D5-262换	铸铁管件安装（胶圈接口） 公称直径300mm以内	个	1		82.34	65.55	9.58	7.21		82.34	65.55	9.58	7.21
	主材	球墨承插中盘泄水三通 DN300×100	个	1	480	480				480	480			
11	D5-262	铸铁管件安装（胶圈接口） 公称直径300mm以内	个	1		82.35	65.55	9.58	7.22		82.35	65.55	9.58	7.22
	主材	球墨铸铁承盘短管 DN300	个	1	265	265				265	265			
12	D5-260	铸铁管件安装（胶圈接口） 公称直径150mm以内	个	1		51.66	46.17	5.49			51.66	46.17	5.49	
	主材	球墨铸铁插盘短管 DN100	个	1	85	85				85	85			
13	D6-571	焊接法兰阀门安装 公称直径100mm以内	个	1		24.45	22.8	1.65			24.45	22.8	1.65	
	主材	法兰蝶阀 DN100	个	1	214	214				214	214			
	补充材料	螺栓 M16×65	套	16.32		3.5		3.5			57.12		57.12	
14	D6-571	焊接法兰阀门安装 公称直径100mm以内	个	1		24.45	22.8	1.65			24.45	22.8	1.65	
	主材	法兰闸阀 DN100	个	1	216	216				216	216			
	补充材料	螺栓 M16×65	套	16.32		3.5		3.5			57.12		57.12	
15	D6-576	焊接法兰阀门安装 公称直径300mm以内	个	1		104.58	58.14	3.88	42.56		104.58	58.14	3.88	42.56
	主材	法兰蝶阀 DN300	个	1	1353.24	1353.24				1353.24	1353.24			
	补充材料	螺栓 M20×80	套	24.48		3.5		3.5			85.68		85.68	
16	借C7-89	室外地下式消火栓 1.0MPa 浅型	套	1		39.61	37.62	1.99			39.61	37.62	1.99	
	主材	地下式消火栓 SA100/65-1.0	套	1	650	650				650	650			
17	D6-479	盲（堵）板安装 公称直径300mm以内	组	1		115.54	46.74	18.18	50.62		115.54	46.74	18.18	50.62

（续）

序号	定额编号	子目名称	工程量单位	工程量数量	单价/元 单价	单价/元 主材	单价/元 其中 人工费	单价/元 其中 材料费	单价/元 其中 机械费	总价/元 合价	总价/元 主材	总价/元 其中 人工费	总价/元 其中 材料费	总价/元 其中 机械费
主材		盲板DN300	个	1	65	65				65	65			
18	借C8-268	焊接法兰式套筒伸缩器安装 公称直径300mm以内	个		584.05		82.08	316.1	185.87	584.05		82.08	316.1	185.87
主材		法兰套筒伸缩器DN300	个	1	1240	1240				1240	1240			
		小计								28436.7	24902.24	1654.63	1212.26（含补材料199.92）	667.58

7）此例中没有技术措施。

8）确定综合单价及合价（不含进项税额），见表9-33。

9）计算得出分部分项工程量清单总价为29252.15元（不含进项税额），见表9-34。

表9-33 综合单价及合价计算表（不含进项税额）

序号	项目编码	项目名称	项目特征	清单单位	清单工程量①	套用定额号	定额项目名称	定额单位	定额工程量②	定额单价（不含进项税）/元	其中 主材费③	其中 人工费④	其中 材料费⑤	其中 机械费⑥	换算系数⑦=②/①	综合单价组成/元 主材费⑧=③×⑦	综合单价组成/元 人工费⑨=④×⑦	综合单价组成/元 材料费⑩=⑤×⑦	综合单价组成/元 机械费⑪=⑥×⑦	综合单价组成/元 管理费⑫=⑨×费率25.28%	综合单价组成/元 利润⑬=⑨×费率24%	综合单价（保留2位小数）/元	综合单价小计/元	综合合价（保留2位小数）/元
1	4050100300 1	球墨铸铁管	1. 材质：球墨铸铁 2. 规格：DN300 3. 接口形式：胶圈接口 4. 管道试验压力及冲洗消毒要求：按设计要求	m	84	D5-61 换	球墨铸铁管安装（胶圈接口）公称直径300mm以内	10m	8.4	154.86		78.09	40.07	36.70	0.1	0	7.809	4.007	3.67	1.9741	1.8741	19.33	241.1	20253

（续）

序号	项目编码	项目名称	项目特征	清单工程量单位	清单工程量①	套用定额号	定额项目名称	定额单位	定额工程量②	定额单价(不含进项税)/元	主材费③	人工费④	材料费⑤	机械费⑥	换算系数⑦=②/①	主材费⑧=③×⑦	人工费⑨=④×⑦	材料费⑩=⑤×⑦	机械费⑪=⑥×⑦	管理费⑫=⑨×费率25.28%	利润⑬=⑨×费率24%	综合单价小计/元	综合单价(保留2位小数)/元	综合合价(保留2位小数)/元
1	40501003001	球墨铸铁管	1.材质:球墨铸铁 2.规格:DN300 3.接口形式:胶圈接口 4.管道试验压力及冲洗消毒要求:按设计要求	m	84	主材	球墨铸铁给水管DN300	m	84	214	214				1	214						214	241.1	20253
						D5-155换	管道试压 公称直径300mm以内	100m	0.84	299.77		169.86	87.96	41.95	0.01		1.6986	0.8796	0.4195	0.4294	0.4076	3.8477		
						D5-173	管道消毒冲洗 公称直径300mm以内	100m	0.84	333.06		123.69	209.4		0.01		1.2369	2.0937		0.3126	0.2968	3.94014		
						D5-59	球墨铸铁管安装(胶圈接口) 公称直径150mm以内	10m	0.6	78.45		53.58	24.87		0.1		5.358	2.487		1.3545	1.2859	10.484		
2	40501003002	球墨铸铁管	1.材质:球墨铸铁 2.规格:DN100 3.接口形式:胶圈接口 4.管道试验压力及冲洗消毒要求:按设计要求	m	6	主材	球墨铸铁给水管DN100	m	6	78	78				1	78						78	92.11	552.66
						D5-153	管道试压 公称直径100mm以内	100m	0.06	159.39		92.91	37.59	28.29	0.01		0.9291	0.3759	0.2829	0.2348	0.2298	2.04576		
						D5-171	管道消毒冲洗 公称直径100mm以内	100m	0.06	118.46		78.66	39.8		0.01		0.7866	0.398		0.1988	0.1887	1.57224		

（续）

序号	项目编码	项目名称	项目特征	单位	清单工程量①	套用定额号	定额项目名称	定额单位	定额工程量②	定额单价（不含进项税）/元	主材费③	人工费④	材料费⑤	机械费⑥	换算系数⑦=②/①	主材费⑧=③×⑦	人工费⑨=④×⑦	材料费⑩=⑤×⑦	机械费⑪=⑥×⑦	管理费⑫=⑨×费率25.28%	利润⑬=⑨×费率24%	综合单价小计/元	综合单价（保留2位小数）/元	综合价（保留2位小数）/元
3	40502001001	铸铁管件	1. 材质：球墨铸铁 2. 种类：弯头 3. 规格：DN300×90° 4. 接口形式：胶圈接口	个	2	D5-262换	铸铁管件安装（胶圈接口）公称直径300mm以内	个	2	82.34		65.55	9.58	7.21	1		65.55	9.58	7.21	16.5710	15.732	114.643	519.6	1039.3
						主材	球墨承插弯头 DN300×90°	个	2	405	405				1	405						405		
4	40502001002	铸铁管件	1. 材质：球墨铸铁 2. 种类：双承异径管 3. 规格：DN300×200 4. 接口形式：胶圈接口	个	1	D5-262	铸铁管件安装（胶圈接口）公称直径300mm以内	个	1	82.35		65.55	9.58	7.22	1	0	65.55	9.58	7.22	16.5710	15.732	114.653	714.7	714.65
						主材	球墨铸铁双承异径管 DN300×200	个	1	600	600				1	600						600		
5	40502001003	铸铁管件	1. 材质：球墨铸铁 2. 种类：承插中盘三通 3. 规格：DN300×100 4. 接口形式：胶圈接口	个	1	D5-262换	铸铁管件安装（胶圈接口）公称直径300mm以内	个	1	82.34		65.55	9.58	7.21	1		65.55	9.58	7.21	16.5710	15.732	114.643	594.6	594.64
						主材	球墨承甬中盘三通 DN300×100	个	1	480	480				1	480						480		

（续）

序号	项目编码	项目名称	项目特征	清单工程量单位	清单工程量①	套用定额号	定额项目名称	定额单位	定额工程量②	定额单价（不含进项税）②/元	其中/元 主材费③	人工费④	材料费⑤	机械费⑥	换算系数⑦=②/①	综合单价组成/元 主材费⑧=③×⑦	人工费⑨=④×⑦	材料费⑩=⑤×⑦	机械费⑪=⑥×⑦	管理费⑫=⑨×费率25.28%	利润⑬=⑨×费率24%	综合单价小计/元	综合单价（保留2位小数）/元	综合合价（保留2位小数）/元
6	40502001004	铸铁管管件	1. 材质：球墨铸铁 2. 种类：承插 3. 规格：DN300×100 4. 接口形式：胶圈接口	个	1	D5-262换	铸铁管件安装（胶圈接口）公称直径300mm以内	个	1	82.34		65.55	9.58	7.21	1		65.55	9.58	7.21	16.5710	15.732	114.643	594.6	594.64
						主材	球墨承插中盘泄水三通 DN300×100	个	1	480	480				1	480						480		
7	40502001005	铸铁管管件	1. 材质：球墨铸铁 2. 种类：承盘 3. 规格：DN300 4. 接口形式：胶圈接口	个	1	D5-262	铸铁管件安装（胶圈接口）公称直径300mm以内	个	1	82.35		65.55	9.58	7.22	1		65.55	9.58	7.22	16.5710	15.732	114.653	379.7	379.65
						主材	球墨承盘短管 DN300	个	1	265	265				1	265						265		
8	40502001006	铸铁管管件	1. 材质：球墨铸铁 2. 种类：捅盘 3. 规格：DN100 4. 接口形式：胶圈接口	个	1	D5-260	铸铁管件安装（胶圈接口）公称直径150mm以内	个	1	51.66		46.17	5.49		1		46.17	5.49		11.6178	11.0808	74.4126	159.4	159.41
						主材	球墨捅盘短管 DN100	个	1	85	85				1	85						85		

（续）

序号	项目编码	项目名称	项目特征	单位	清单工程量①	套用定额号	定额项目名称	定额单位	定额工程量②	定额单价(不含进项税)/元	主材费③	人工费④	材料费⑤	机械费⑥	换算系数⑦=②/①	主材费⑧=③×⑦	人工费⑨=④×⑦	材料费⑩=⑤×⑦	机械费⑪=⑥×⑦	管理费⑫=⑨×费率25.28%	利润⑬=⑨×费率24%	综合单价小计/元	综合单价(保留2位小数)/元	综合合价(保留2位小数)/元
9	40502005001	蝶阀	1.种类:蝶阀 2.型号:D341X-10 3.规格:DN100 4.连接方式:法兰连接	个	1	D6-571	焊接法兰阀门安装 公称直径100mm以内	个	1	24.45		22.8	1.65		1		22.8	1.65		5.76384	5.472	35.6858	306.8	306.8
						主材	法兰蝶阀DN100	个	1	214	214				1	214						214		
						补充材料	螺栓M16×65	套	16.32	3.5	3.5				16.32	57.12						57.12		
10	40502005002	闸阀	1.种类:闸阀 2.型号:Z45T-10 3.规格:DN100 4.连接方式:法兰连接	个	1	D6-571	焊接法兰阀门安装 公称直径100mm以内	个	1	24.45		22.8	1.65		1		22.8	1.65		5.76384	5.472	35.6858	308.8	308.8
						主材	法兰闸阀DN100	个	1	216	216				1	216						216		
						补充材料	螺栓M16×65	套	16.32	3.5	3.5				16.32	57.12						57.12		
11	40502005003	阀门	1.种类:蝶阀 2.型号:D341X-10 3.规格:DN300 4.连接方式:法兰连接	个	1	D6-576	焊接法兰阀门安装 公称直径300mm以内	个	1	104.58		58.14	3.88	42.56	1		58.14	3.88	42.56	14.69779	13.9536	133.231	1572.2	1572.2
						主材	法兰蝶阀DN300	个	1	1353.24	1353				1	1353						1353.24		
						补充材料	螺栓M20×80	套	24.48	3.5	3.5				24.48	85.68						85.68		

（续）

序号	项目编码	项目名称	项目特征	单位①	清单工程量①	套用定额号	定额项目名称	定额单位	定额工程量②	定额单价（不含进项税）/元	主材费③	人工费④	材料费⑤	机械费⑥	换算系数⑦=②/①	主材费⑧=③×⑦	人工费⑨=④×⑦	材料费⑩=⑤×⑦	机械费⑪=⑥×⑦	管理费⑫=⑨×费率25.28%	利润⑬=⑨×费率24%	综合单价小计/元	综合单价（保留2位小数）/元	综合合价（保留2位小数）/元
12	040502010001	消火栓	1.安装部位:室外 2.名称:地下式消火栓 3.规格:SA100/65-1.0	个	1	借C7-89	室外地下式消火栓 1.0MPa 浇型	套	1	39.61		37.62	1.99		1		37.62	1.99		9.5103	9.0288	58.1491	708.27	708.15
						主材	地下式消火栓 SA100/65-1.0	套	1	650	650				1	650						650		
13	040502007001	盲（堵）板制作、安装	1.材质:碳钢 2.规格:DN300 3.连接方式:法兰连接	个	1	D6-479	盲（堵）板安装 公称直径 300mm以内	组	1	115.54		46.74	18.18	50.62	1		46.74	18.18	50.62	11.8158	11.2176	138.573	203.62	203.58
						主材	盲板 DN300	个	1	65	65				1	65						65		
14	040502011001	法兰伸缩器	1.种类:法兰 2.规格:DN300 3.连接方式:法兰连接	个	1	借C8-268	焊接法兰式套筒伸缩器安装 公称直径 300mm以内	个	1	584.05		82.08	316.1	185.87	1		82.08	316.1	185.87	20.7498	19.6692	624.499	1865	1864.5
						主材	法兰套筒伸缩器 DN300	个	1	1240	1240				1	1240						1240		
小计																								29252.15

表 9-34　分部分项工程量清单计价表（不含进项税额）

序号	项目编码	项目名称	项 目 特 征	单位	清单工程量	综合单价/元	综合合价（保留 2 位小数）/元
1	040501003001	球墨铸铁管	1. 材质：球墨铸铁 2. 规格：DN300 3. 接口形式：胶圈接口 4. 管道试验压力及冲洗消毒要求：按设计要求	m	84	241.11	20253.24
2	040501003002	球墨铸铁管	1. 材质：球墨铸铁 2. 规格：DN100 3. 接口形式：胶圈接口 4. 管道试验压力及冲洗消毒要求：按设计要求	m	6	92.11	552.66
3	040502001001	铸铁管管件	1. 材质：球墨铸铁 2. 种类：弯头 3. 规格：DN300×90° 4. 接口形式：胶圈接口	个	2	519.64	1039.28
4	040502001002	铸铁管管件	1. 材质：球墨铸铁 2. 种类：双承异径管 3. 规格：DN300×200 4. 接口形式：胶圈接口	个	1	714.65	714.65
5	040502001003	铸铁管管件	1. 材质：球墨铸铁 2. 种类：承插中盘三通 3. 规格：DN300×100 4. 接口形式：胶圈接口	个	1	594.64	594.64
6	040502001004	铸铁管管件	1. 材质：球墨铸铁 2. 种类：承插中盘泄水三通 3. 规格：DN300×100 4. 接口形式：胶圈接口	个	1	594.64	594.64

（续）

序号	项目编码	项目名称	项目特征	单位	清单工程量	综合单价/元	综合合价(保留2位小数)/元
7	040502001005	铸铁管管件	1. 材质：球墨铸铁 2. 种类：承盘短管 3. 规格：DN300 4. 接口形式：胶圈接口	个	1	379.65	379.65
8	040502001006	铸铁管管件	1. 材质：球墨铸铁 2. 种类：插盘短管 3. 规格：DN100 4. 接口形式：胶圈接口	个	1	159.41	159.41
9	040502005001	蝶阀	1. 种类：蝶阀 2. 型号：D341X-10 3. 规格：DN100 4. 连接方式：法兰连接	个	1	306.8	306.8
10	040502005002	闸阀	1. 种类：闸阀 2. 型号：Z45T-10 3. 规格：DN100 4. 连接方式：法兰连接	个	1	308.8	308.8
11	040502005003	阀门	1. 种类：蝶阀 2. 型号：D341X-10 3. 规格：DN300 4. 连接方式：法兰连接	个	1	1572.15	1572.15
12	040502010001	消火栓	1. 安装部位：室外 2. 名称：地下式消火栓 3. 规格：SA100/65-1.0	个	1	708.15	708.15
13	040502007001	盲(堵)板制作·安装	1. 材质：碳钢 2. 规格：DN300 3. 连接方式：法兰连接	个	1	203.58	203.58

（续）

序号	项目编码	项目名称	项目特征	单位	清单工程量	综合单价/元	综合合价（保留2位小数）/元
14	040502011001	法兰套筒伸缩器	1. 种类:法兰套筒伸缩器 2. 规格:DN300 3. 安装方式:法兰连接	个	1	1864.5	1864.5
		合　计					29252.15

10）确定总价措施（组织措施）分部分项工程量清单计价表（不含进项税额），见表9-35。

表9-35　总价措施分部分项工程量清单计价表（不含进项税额）

序号	项目编码	项目名称	单位	计算基数①	费率（%）②	工程量③	综合单价（保留2位小数）/元 ④=⑥+⑦+⑧+⑨+⑩	综合合价（保留2位小数）/元 ⑤=③×④	综合单价中（保留2位小数）/元				
									人工费单价 ⑥=①×②×20%	材料费单价 ⑦=①×②×70%	机械费单价 ⑧=①×②×10%	管理费单价 ⑨=⑥×费率25.28%	利润单价 ⑩=⑥×费率24%
1	041109001001	安全施工费	项	定额基价（即人工费，本例中为1654.63元）	1.39	1	25.27	25.27	4.60	16.10	2.30	1.16	1.10
2	041109001002	文明施工费	项	定额基价（即人工费，本例中为1654.63元）	1.83	1	33.26	33.26	6.06	21.20	3.03	1.53	1.45
3	041109001003	生活性临时设施费	项	定额基价（即人工费，本例中为1654.63元）	2.63	1	47.81	47.81	8.70	30.46	4.35	2.20	2.09
4	041109001004	生产性临时设施费	项	定额基价（即人工费，本例中为1654.63元）	1.8	1	32.72	32.72	5.96	20.85	2.98	1.51	1.43
小计							139.06	139.06	25.32	88.61	12.66	6.40	6.07

从表9-35中可知，总价措施费中人工费为25.32元。

11) 计算得出总价措施项目总费用（不含进项税额）为 139.06 元，见表 9-36。

表 9-36　总价措施项目计价表（不含进项税额）

序号	项目编码	项目名称	计算基础	费率（%）	金额/元
1	041109001001	安全施工费	分部分项直接费中人工费	1.39	25.27
2	041109001002	文明施工费	分部分项直接费中人工费	1.83	33.26
3	041109001003	生活性临时设施费	分部分项直接费中人工费	2.63	47.81
4	041109001004	生产性临时设施费	分部分项直接费中人工费	1.8	32.72
		小计			139.06

注：表中"分部分项直接费中人工费"，本例中为 1654.63 元。

12) 计算得出规费项目计价为 655.19 元，见表 9-37。

表 9-37　规费项目计价表

序号	项目名称	计算基础	计算基数/元	计算费率（%）	金额/元
1	规费				655.19
1.1	社会保障费	养老保险费+失业保险费+医疗保险费+工伤保险费+生育保险费			512.39
1.1.1	养老保险费	分部分项预算价直接费中人工费+技术措施直接费中人工费+组织措施直接费中人工费	1654.63+25.32	21.2	356.15
1.1.2	失业保险费	分部分项预算价直接费中人工费+技术措施直接费中人工费+组织措施直接费中人工费	1654.63+25.32	1.5	25.20
1.1.3	医疗保险费	分部分项预算价直接费中人工费+技术措施直接费中人工费+组织措施直接费中人工费	1654.63+25.32	6	100.80
1.1.4	工伤保险费	分部分项预算价直接费中人工费+技术措施直接费中人工费+组织措施直接费中人工费	1654.63+25.32	1.3	21.84
1.1.5	生育保险费	分部分项预算价直接费中人工费+技术措施直接费中人工费+组织措施直接费中人工费	1654.63+25.32	0.5	8.40
1.2	住房公积金	分部分项预算价直接费中人工费+技术措施直接费中人工费+组织措施直接费中人工费	1654.63+25.32	8.5	142.80

13) 填写单位工程费汇总表，总费用为 33351.5 元，见表 9-38。

表 9-38　单位工程费汇总表

序号	汇总内容	金额/元	备注
1	分部分项工程费	29252.15	
2	措施项目费	139.06	
2.1	技术措施项目费		本例中没有涉及，如有，计算后列入即可
2.2	组织措施项目费	139.06	

（续）

序号	汇总内容	金额/元	备注
2.2.1	其中:安全文明施工费	139.06	安全文明施工费包括:环境保护、文明施工、安全施工、临时设施
3	其他项目费		本例中没有涉及,如有,列入即可
3.1	暂列金额		本例中没有涉及,如有,列入即可
3.2	专业工程暂估价		本例中没有涉及,如有,列入即可
3.3	计日工		本例中没有涉及,如有,列入即可
3.4	总承包服务费		本例中没有涉及,如有,列入即可
4	规费	655.19	
4.1	社会保障费	512.39	
4.1.1	养老保险费	356.15	
4.1.2	失业保险费	25.20	
4.1.3	医疗保险费	100.80	
4.1.4	工伤保险费	21.84	
4.1.5	生育保险费	8.40	
4.2	住房公积金	142.80	
5	税金	3305.1	费率为11%,取费基数为:分部分项工程费+措施项目费+其他项目费+规费
	合计 = 1+2+3+4+5	33351.5	

实例 30

编制实例 28 中集中供热工程的清单及清单计价。

1）选择附录项目，确定前九位项目编码见表 9-39。

表 9-39 前 9 位项目编码表

序号	确定的附录项目	确定的前 9 位项目编码
1	直埋式预制保温管	040501005
2	直埋式预制保温管	040501005
3	直埋式预制保温管	040501005
4	直埋式预制保温管	040501005
5	钢管管件制作、安装	040502002
6	钢管管件制作、安装	040502002
7	钢管管件制作、安装	040502002
8	钢管管件制作、安装	040502002
9	钢管管件制作、安装	040502002

（续）

序号	确定的附录项目	确定的前 9 位项目编码
10	钢管管件制作、安装	040502002
11	钢管管件制作、安装	040502002
12	阀门	040502005
13	阀门	040502005

2）确定清单项目见表 9-40。

表 9-40 清单项目表

序号	确定的清单项目	确定的前 12 位项目编码
1	直埋式预制保温管	040501005001
2	直埋式预制保温管	040501005002
3	直埋式预制保温管	040501005003
4	直埋式预制保温管	040501005004
5	钢管管件制作、安装	040502002001
6	钢管管件制作、安装	040502002002
7	钢管管件制作、安装	040502002003
8	钢管管件制作、安装	040502002004
9	钢管管件制作、安装	040502002005
10	钢管管件制作、安装	040502002006
11	钢管管件制作、安装	040502002007
12	阀门	040502005001
13	阀门	040502005002

3）计算清单工程量，见表 9-16。

4）填写工程量清单，见表 9-41。

表 9-41 工程量清单

序号	项目编码	项目名称	项目特征	单位	工程量
1	040501005001	直埋式预制保温管	1. 材质及规格:直埋式预制保温螺旋焊缝钢管 Q235B　φ377×7 2. 接口方式:焊接 3. 管道检验及试验的要求:试压及冲洗、接口探伤 4. 接口处防腐、保温:预制保温管接头发泡	m	384

（续）

序号	项目编码	项目名称	项目特征	单位	工程量
2	040501005002	直埋式预制保温管	1. 材质及规格:直埋式预制保温螺旋焊缝钢管 Q235B $\phi325\times7$ 2. 接口方式:焊接 3. 管道检验及试验的要求:试压及冲洗、接口探伤 4. 接口处防腐、保温:预制保温管接头发泡	m	336
3	040501005003	直埋式预制保温管	1. 材质及规格:直埋式预制保温螺旋焊缝钢管 Q235B $\phi325\times9$ 2. 接口方式:焊接 3. 管道检验及试验的要求:试压及冲洗、接口探伤 4. 接口处防腐、保温:预制保温管接头发泡	m	72
4	040501005004	直埋式预制保温管	1. 材质及规格:直埋式预制保温螺旋焊缝钢管 Q235B $\phi273\times8$ 2. 接口方式:焊接 3. 管道检验及试验的要求:试压及冲洗、接口探伤 4. 接口处防腐、保温:预制保温管接头发泡	m	72
5	040502002001	钢管管件制作、安装	1. 种类:预制保温变径 2. 材质及规格:Q235B DN350 变 DN300 3. 接口形式:焊接 4. 接口检验及试验的要求:接口探伤 5. 接口处防腐、保温:预制保温管接头发泡	个	2
6	040502002002	钢管管件制作、安装	1. 种类:预制保温 90°弯头 2. 材质及规格:Q235B $\phi325\times9,R=2.5D$ 3. 接口形式:焊接 4. 接口检验及试验的要求:接口探伤 5. 接口处防腐、保温:预制保温管接头发泡	个	2
7	040502002003	钢管管件制作、安装	1. 种类:预制保温 90°弯头 2. 材质及规格:Q235B $\phi325\times9,R=1D$ 3. 接口形式:焊接 4. 接口检验及试验的要求:接口探伤 5. 接口处防腐、保温:预制保温管接头发泡	个	2

（续）

序号	项目编码	项目名称	项目特征	单位	工程量
8	040502002004	钢管管件制作、安装	1. 种类：预制保温 90°弯头 2. 材质及规格：Q235B $\phi273\times8$，$R=2.5D$ 3. 接口形式：焊接 4. 接口检验及试验的要求：接口探伤 5. 接口处防腐、保温：预制保温管接头发泡	个	2
9	040502002005	钢管管件制作、安装	1. 种类：预制保温 90°弯头 2. 材质及规格：Q235B $\phi273\times8$，$R=1D$ 3. 接口形式：焊接 4. 接口检验及试验的要求：接口探伤 5. 接口处防腐、保温：预制保温管接头发泡	个	2
10	040502002006	钢管管件制作、安装	1. 种类：预制保温三通 2. 材质及规格：Q235B $\phi377\times325$ 3. 接口形式：焊接 4. 接口检验及试验的要求：接口探伤 5. 接口处防腐、保温：预制保温管接头发泡	个	2
11	040502002007	钢管管件制作、安装	1. 种类：预制保温三通 2. 材质及规格：Q235B $\phi325\times273$ 3. 接口形式：焊接 4. 接口检验及试验的要求：接口探伤 5. 接口处防腐、保温：预制保温管接头发泡	个	2
12	040502005001	阀门	1. 种类：焊接球阀 2. 材质及规格：PN25　DN300 3. 连接方式：焊接 4. 试验、解体、检查：接口探伤 5. 接口处防腐、保温：预制保温管接头发泡	个	2
13	040502005002	阀门	1. 种类：焊接球阀 2. 材质及规格：PN25　DN250 3. 连接方式：焊接 4. 试验、解体、检查：接口探伤 5. 接口处防腐、保温：预制保温管接头发泡	个	2

5）确定定额工程量，见表 9-16。

6）套用调整版定额，计算得出不含进项税额的直接工程费为 540674.69 元，其中直接费为 72368.85 元，主材费为 468305.84 元，直接费中人工费为 24675.18 元，见表 9-42。

表 9-42　直接工程费计算表（不含进项税额）

序号	编号	名称	工程量 单位	工程量 数量	单价/元	单位价值/元 人工费	材料费	机械费	主材费	合价/元	其中/元 人工费	材料费	机械费	主材费
1	D6-16	预制保温管安装焊接 公称直径350mm以内	100m	3.84	2863.29	1725.39	130.83	1007.07		10995.03	6625.5	502.39	3867.15	
	主材	聚氨酯硬质泡沫预制保温管 φ377×7	m	386.304	515				515	198946.56				198946.56
	D6-851	管道总试压及冲洗 公称直径400mm以内	km	0.38	8770.18	5172.18	2583.6	1014.4		3367.75	1986.12	992.1	389.53	
	D6-33	预制保温管接头发泡 公称直径350mm以内	10个口	3.2	3204.08	226.29	2970.41	7.38		10253.06	724.13	9505.31	23.62	
	主材	焊缝无损探伤 超声波探伤 公称直径350mm以内	10个口	3.2	552.92	139.08	238.58	175.26		1769.34	445.06	763.46	560.83	
2	D6-15	预制保温管安装焊接 公称直径300mm以内	100m	3.36	2245.97	1338.93	103.99	803.05		7546.46	4498.8	349.41	2698.25	
	主材	聚氨酯硬质泡沫预制保温管 φ325×7	m	338.352	455				455	153950.16				153950.16
	D6-851	管道总试压及冲洗 公称直径400mm以内	km	0.34	8770.18	5172.18	2583.6	1014.4		2946.78	1737.85	868.09	340.84	
	D6-32	预制保温管接头发泡 公称直径300mm以内	10个口	2.8	2425.61	200.07	2220.62	4.92		6791.71	560.2	6217.74	13.78	
	借C6-2542	焊缝无损探伤 超声波探伤 公称直径350mm以内	10个口	2.8	552.92	139.08	238.58	175.26		1548.18	389.42	668.02	490.73	

（续）

序号	编号	名称	工程量 单位	工程量 数量	单价/元	单位价值/元 人工费	单位价值/元 其中 材料费	单位价值/元 其中 机械费	单位价值/元 主材费	合价/元	其中/元 人工费	其中/元 材料费	其中/元 机械费	其中/元 主材费
3	D6-15	预制保温管安装焊接 公称直径300mm以内	100m	0.72	2245.97	1338.93	103.99	803.05		1617.1	964.03	74.87	578.2	
	主材	聚氨酯硬质泡沫预制保温管 φ325×9	m	72.504	480				480	34801.92				34801.92
	D6-851	管道总成试压及冲洗 公称直径400mm以内	km	0.07	8770.18	5172.18	2583.6	1014.4		631.45	372.4	186.02	73.04	
	D6-32	预制保温管接头发泡 公称直径300mm以内	10个口	0.6	2425.61	200.07	2220.62	4.92		1455.37	120.04	1332.37	2.95	
	借 C6-2542	焊缝无损探伤·超声波探伤 公称直径350mm以内	10个口	0.6	552.92	139.08	238.58	175.26		331.75	83.45	143.15	105.16	
4	D6-14	预制保温管安装焊接 公称直径250mm以内	100m	0.72	1850.74	1169.64	80.94	600.16		1332.53	842.14	58.28	432.12	
	主材	聚氨酯硬质泡沫预制保温管 φ273×8	m	72.576	325				325	23587.2				23587.2
	D6-851	管道总成试压及冲洗 公称直径400mm以内	km	0.07	8770.18	5172.18	2583.6	1014.4		631.45	372.4	186.02	73.04	
	D6-31	预制保温管接头发泡 公称直径250mm以内	10个口	0.6	2153.82	181.83	1967.07	4.92		1292.29	109.1	1180.24	2.95	
	借 C6-2541	焊缝无损探伤 超声波探伤 公称直径250mm以内	10个口	0.6	341.32	90.06	136.58	114.68		204.79	54.04	81.95	68.81	

（续）

序号	编号	名称	单位	数量	单价/元	人工费	材料费	机械费	主材费	合价/元	人工费	材料费	机械费	主材费
			工程量			单位价值/元					其中/元			
						其中			主材费					
5	D6-505	预制保温管件安装、焊接 公称直径350mm	个	2	347.1	161.31	35.28	150.51		694.2	322.62	70.56	301.02	
	主材	预制保温管变径 DN350变DN300	个	2	450				450	900				900
	D6-33	预制保温管接头发泡 公称直径350mm以内	10个口	0.4	3204.08	226.29	2970.41	7.38		1281.63	90.52	1188.16	2.95	
	借 C6-2542	焊缝无损探伤 超声波探伤 公称直径 350mm以内	10个口	0.4	552.92	139.08	238.58	175.26		221.17	55.63	95.43	70.1	
6	D6-504	预制保温管件安装、焊接 公称直径300mm	个	2	290.19	134.52	27.46	128.21		580.38	269.04	54.92	256.42	
	主材	预制保温90°弯头 φ325× 9 R=2.5D	个	2	380				380	760				760
	D6-33	预制保温管接头发泡 公称直径350mm以内	10个口	0.4	3204.08	226.29	2970.41	7.38		1281.63	90.52	1188.16	2.95	
	借 C6-2542	焊缝无损探伤 超声波探伤 公称直径 350mm以内	10个口	0.4	552.92	139.08	238.58	175.26		221.17	55.63	95.43	70.1	
7	D6-504	预制保温管件安装、焊接 公称直径300mm	个	2	290.19	134.52	27.46	128.21		580.38	269.04	54.92	256.42	
	主材	预制保温90°弯头 φ325× 9 R=1D	个	2	350				350	700				700
	D6-33	预制保温管接头发泡 公称直径350mm以内	10个口	0.4	3204.08	226.29	2970.41	7.38		1281.63	90.52	1188.16	2.95	
	借 C6-2542	焊缝无损探伤 超声波探伤 公称直径350mm以内	10个口	0.4	552.92	139.08	238.58	175.26		221.17	55.63	95.43	70.1	

（续）

序号	编号	名称	工程量 单位	数量	单价/元	单位价值/元 人工费	材料费	机械费	主材费	合价/元	其中/元 人工费	材料费	机械费	主材费
8	D6-503	预制保温管件安装,焊接 公称直径250mm	个	2	240.69	113.43	23.9	103.36		481.38	226.86	47.8	206.72	
	主材	预制保温 90°弯头 φ273×8 R=2.5D	个	2	305				305	610				610
	D6-31	预制保温管接头发泡 公称直径250mm以内	10个口	0.4	2153.82	181.83	1967.07	4.92		861.53	72.73	786.83	1.97	
	借 C6-2541	焊缝无损探伤 超声波 探伤 公称直径250mm以内	10个口	0.4	341.32	90.06	136.58	114.68		136.53	36.02	54.63	45.87	
9	D6-503	预制保温管件安装,焊接 公称直径250mm	个	2	240.69	113.43	23.9	103.36		481.38	226.86	47.8	206.72	
	主材	预制保温 90°弯头 φ273×8 R=1D	个	2	275				275	550				550
	D6-31	预制保温管接头发泡 公称直径250mm以内	10个口	0.4	2153.82	181.83	1967.07	4.92		861.53	72.73	786.83	1.97	
	借 C6-2541	焊缝无损探伤 超声波 探伤 公称直径250mm以内	10个口	0.4	341.32	90.06	136.58	114.68		136.53	36.02	54.63	45.87	
10	D6-505	预制保温管件安装,焊接 公称直径350mm	个	2	347.1	161.31	35.28	150.51		694.2	322.62	70.56	301.02	
	主材	三通 φ377×325	个	2	450				450	900				900
	D6-33	预制保温管接头发泡 公称直径350mm以内	10个口	0.6	3204.08	226.29	2970.41	7.38		1922.45	135.77	1782.25	4.43	
	借 C6-2542	焊缝无损探伤 超声波 探伤 公称直径350mm以内	10个口	0.6	552.92	139.08	238.58	175.26		331.75	83.45	143.15	105.16	

（续）

序号	编号	名称	工程量 单位	数量	单价/元	单位价值/元 其中 人工费	材料费	机械费	主材费	合价/元	其中/元 人工费	材料费	机械费	主材费
11	D6-504	预制保温管管件安装、焊接 公称直径300mm	个	2	290.19	134.52	27.46	128.21		580.38	269.04	54.92	256.42	
	主材	三通 φ325×273	个	2	400				400	800				800
	D6-32	预制保温管接头发泡 公称直径300mm以内	10个口	0.6	2425.61	200.07	2220.62	4.92		1455.37	120.04	1332.37	2.95	
	借 C6-2542	焊缝无损探伤 超声波探伤 公称直径350mm以内	10个口	0.6	552.92	139.08	238.58	175.26		331.75	83.45	143.15	105.16	
12	借 C6-1227	低压阀门 法兰阀门 公称直径300mm以内	个	2	265.72	197.22	3.97	64.53		531.44	394.44	7.94	129.06	
	主材	低压法兰阀门 DN300	个	2	14200				14200	28400				28400
	D6-612	阀门水压试验 公称直径300mm以内	个	2	123.72	19.38	90.27	14.07		247.44	38.76	180.54	28.14	
	D6-627	低压阀门解体、检查、清洗、研磨 公称直径300mm以内	个	2	333.33	287.85	23.03	22.45		666.66	575.7	46.06	44.9	
	D6-33	预制保温管接头发泡 公称直径350mm以内	10个口	0.4	3204.08	226.29	2970.41	7.38		1281.63	90.52	1188.16	2.95	

（续）

序号	编号	名称	工程量 单位	工程量 数量	单价/元	单位价值/元 其中 人工费	单位价值/元 其中 材料费	单位价值/元 其中 机械费	单位价值/元 主材费	合价/元	其中/元 人工费	其中/元 材料费	其中/元 机械费	其中/元 主材费
12	借 C6-2542	焊缝无损探伤 超声波探伤 公称直径 350mm 以内	10个口	0.4	552.92	139.08	238.58	175.26		221.17	55.63	95.43	70.1	
	借 C6-614	低压管件 碳钢管件（电弧焊） 公称直径 250mm 以内	10个	0.2	1425.65	241.68	168.48	1015.49		285.13	48.34	33.7	203.1	
	主材	焊接球阀 DN250	个	2	11700				11700	23400				23400
13	D6-612	阀门水压试验 公称直径 300mm 以内	个	2	123.72	19.38	90.27	14.07		247.44	38.76	180.54	28.14	
	D6-626	低压阀门解体、检查、清洗、研磨 公称直径 250mm 以内	个	2	268.35	227.43	18.47	22.45		536.7	454.86	36.94	44.9	
	D6-31	预制保温管接头发泡 公称直径 250mm 以内	10个口	0.4	2153.82	181.83	1967.07	4.92		861.53	72.73	786.83	1.97	
	借 C6-2541	焊缝无损探伤 超声波探伤 公称直径 250mm 以内	10个口	0.4	341.32	90.06	136.58	114.68		136.53	36.02	54.63	45.87	
		总计								540674.69	24675.18	35056.28	12637.4	468305.84

7) 此例中没有技术措施。

8) 确定综合单价及合价（不含进项税额），见表9-43。

9) 计算得出分项工程量清单总价为552834.64元（不含进项税额），见表9-44。

表9-43 综合单价及合价计算表（不含进项税额）

序号	项目编码	项目名称	项目特征	单位	清单工程量①	套用定额号	定额项目名称	定额单位	定额工程量②	定额单价（不含进项税）/元	主材费③	人工费④	材料费⑤	机械费⑥	换算系数⑦=②/①	主材费⑧=③×⑦	人工费⑨=④×⑦	材料费⑩=⑤×⑦	机械费⑪=⑥×⑦	管理费⑫=⑨×费率 25.28%	利润⑬=⑨×费率 24%	综合单价小计/元	综合单价（保留2位小数）/元	综合合价（保留2位小数）/元
1	040501005001	直埋式预制保温管	1. 材质及规格：直埋式预制保温螺旋焊缝钢管 Q235B φ377×7 2. 接口方式：焊接 3. 管道试验及验收要求：试压及冲洗、接口探伤 4. 接口处防腐、保温：预制保温管接头发泡	m	384	D6-16	预制保温管安装焊接 公称直径350mm以内	100m	3.84	2863.29		1725.39	130.83	1007.07	0.01		17.2539	1.3083	10.0707	4.3617	94.1409	437.13562	599.35	230150.4
						主材	聚氨酯硬质泡沫预制保温管 φ377×7	m	386.304	515	515				1.006	518.09						518.09		
						D6-851	管道总试压及冲洗 公称直径400mm以内	km	0.384	8770.18		5172.18	2583.6	1014.4	0.001		5.17218	2.5836	1.0144	1.30753	1.24132	11.31903		
						D6-33	预制保温管接头发泡 公称直径350mm以内	10个口	3.2	3204.08		226.29	2970.41	7.38	0.00833		1.8857	24.75342	0.0615	0.47672	0.45258	27.62996		
						主材	焊缝无损探伤 超声波探伤 公称直径350mm以内	10个口	3.2	552.92		139.08	238.58	175.26	0.00833		1.159	1.98817	1.4605	0.29299	0.27816	5.17882		

（续）

序号	项目编码	项目名称	项目特征	清单工程量单位①	清单工程量①	套用定额号	定额项目名称	定额单位	定额工程量②	定额单价(不含进项税)/元	主材费③	人工费④	材料费⑤	机械费⑥	换算系数⑦=②/①	主材费⑧=③×⑦	人工费⑨=④×⑦	材料费⑩=⑤×⑦	机械费⑪=⑥×⑦	管理费⑫=⑨×费率 25.28%	利润⑬=⑨×费率 24%	综合单价小计/元	综合单价(保留2位小数)/元	综合合价(保留2位小数)/元
2	040501005002	直埋式预制保温管	1.材质及规格：直埋式预制焊缝旋压螺纹钢管Q235B φ325×7 2.接口口式：焊接 3.管道检验的试压及验收要求：试压冲洗、接口探伤 4.接口处防腐、保温：预制保温管接头处	m	336	D6-15	预制保温管安装焊接 公称直径300mm以内	100m	3.36	2245.97		1338.93	103.99	803.05	0.01		13.3893	1.0399	8.0305	3.38482	3.2134	29.05795		
						主材	聚氨酯硬质泡沫预制保温管 φ325×7	m	338.352	455	455				1.007	458.185						458.185		
						D6-851	管道总试压及冲洗 公称直径400mm以内	km	0.336	8770.18		5172.18	2583.6	1014.4	0.001		5.17218	2.5836	1.0144	1.30753	1.24132	11.31903	524.78	17626.08
						D6-32	预制保温管接头发泡 公称直径300mm以内	10个口	2.8	2425.61		200.07	2220.62	4.92	0.00833		1.66725	18.50517	0.041	0.42148	0.4001	21.03504		
						借 C6-2542	焊缝无损探伤 超声波探伤 公称直径350mm以内	10个口	2.8	552.92		139.08	238.58	175.26	0.00833		1.159	1.98817	1.4605	0.29299	0.27816	5.17882		

（续）

序号	项目编码	项目名称	项目特征	清单工程量单位①	套用定额号	定额项目名称	定额单位	定额工程量②	定额单价(不含进项税)/元	主材费③	人工费④	材料费⑤	机械费⑥	换算系数⑦=②/①	主材费⑧=③×⑦	人工费⑨=④×⑦	材料费⑩=⑤×⑦	机械费⑪=⑥×⑦	管理费⑫=⑨×费率25.28%	利润⑬=⑨×费率24%	综合单价小计/元	综合单价(保留2位小数)/元	综合合价(保留2位小数)/元
3	040 501 005 003	直埋式预制保温管	1. 材质及规格：直埋螺旋式预制保缝焊管 Q235B φ325×9 2. 接口方式：焊接 3. 管道检及验收要求：试压及冲洗、接口探伤 4. 接口处防腐、保温：预制保温管接头发泡	m 72	D6-15	预制保温管安装焊接 公称直径300mm以内	100m	0.72	2245.97		1338.93	103.99	803.05	0.01		13.3893	1.0399	8.0305	3.3848	23.2134	29.0795	549.95	39596.4
					主材	聚氨酯硬质泡沫预制保温管 φ325×9	m	72.504	480	480				1.007	483.36						483.36		
					D6-851	管道总试压及冲洗 公称直径400mm以内	km	0.072	8770.18		5172.18	2583.6	1014.4	0.001		5.17218	2.5836	1.0144	1.30753	1.24132	11.31903		
					D6-32	预制保温管接头发泡 公称直径300mm以内	10个口	0.6	2425.61		200.07	2220.62	4.92	0.00833		1.66725	18.50517	0.041	0.42148	0.40014	21.03504		
					借 C6-2542	焊缝无损探伤超声波探伤 公称直径350mm以内	10个口	0.6	552.92		139.08	238.58	175.26	0.00833		1.159	1.98817	1.4605	0.29299	0.27816	5.17882		

（续）

序号	项目编码	项目名称	项目特征	单位	清单工程量①	套用定额号	定额项目名称	定额单位	定额工程量②	定额单价(不含进项税)/元	其中/元 主材费③	人工费④	材料费⑤	机械费⑥	换算系数⑦=②/①	综合单价组成/元 主材费⑧=③×⑦	人工费⑨=④×⑦	材料费⑩=⑤×⑦	机械费⑪=⑥×⑦	管理费⑫=⑨×费率 25.28%	利润⑬=⑨×费率 24%	综合单价小计/元	综合单价(保留2位小数)/元	综合合价(保留2位小数)/元
4	040501005004	直埋式预制保温管	1. 材质及规格:直埋式预制保温焊缝旋管钢管 Q235B φ273×8 2. 焊接式、接口处 3. 管道试压及验收:试压及冲洗、接口探伤 4. 防腐、保温:预制保温管接头发泡	m	72	D6-14	预制保温管安装 焊接 公称直径250mm以内	100m	0.72	1850.74		1169.64	80.94	600.16	0.01		11.6964	0.8094	6.0016	2.95685	2.8071	24.27139	385.1	27727.2
						主材	聚氨酯硬质泡沫预制保温管 φ273×8	m	72.576	325	325				1.008	327.6						327.6		
						D6-851	管道总试压及冲洗 公称直径400mm以内	km	0.072	8770.18		5172.18	2583.6	1014.4	0.001		5.17218	2.5836	1.0144	1.30752	1.24132	11.31903		
						D6-31	预制保温管接头发泡 公称直径250mm以内	10个口	0.6	2153.82		181.83	1967.07	4.92	0.00833		1.51525	16.39225	0.041	0.38306	0.36366	18.69522		
						借 C6-2541	焊缝无损探伤 声波探伤 公称直径250mm以内	10个口	0.6	341.32		90.06	136.58	114.68	0.00833		0.7505	1.13817	0.95567	0.18973	0.18012	3.21418		
5	040502002001	钢管管件制作安装	1. 种类及规格:预制保温变径 DN350变DN300 2. 材质及规格:Q235B 3. 焊接式、接口形 4. 接口试验的要求及接口探伤 5. 防腐、保温:预制保温管接头发泡	个	2	D6-505	预制保温管件安装 焊接 公称直径350mm	个	2	347.1		161.31	35.28	150.51	1		161.31	35.28	150.51	40.77917	38.7144	426.59357	1664	3328
						主材	预制保温管变径 DN350变DN300	个	2	450	450				1	450						450		
						D6-33	预制保温管接头发泡 公称直径350mm以内	10个口	0.4	3204.08		226.29	2970.41	7.38	0.2		45.258	594.082	1.476	11.44122	10.8619	663.11914		
						借 C6-2542	焊缝无损探伤 声波探伤 公称直径350mm以内	10个口	0.4	552.92		139.08	238.58	175.26	0.2		27.816	47.716	35.052	7.03188	6.67584	124.29172		

（续）

序号	项目编码	项目名称	项目特征	清单工程量单位①	套用定额号	定额项目名称	定额单位	定额工程量②	定额单价(不含进项税)/元	其中/元 主材费③	人工费④	材料费⑤	机械费⑥	换算系数⑦=②/①	综合单价组成/元 主材费⑧=③×⑦	人工费⑨=④×⑦	材料费⑩=⑤×⑦	机械费⑪=⑥×⑦	管理费⑫=⑨×费率 25.28%	利润⑬=⑨×费率 24%	综合单价小计/元	综合单价(保留2位小数)/元	综合合价(保留2位小数)/元
6	040502002002	钢管管件制作安装	1.种类:预制保温90°弯头 2.材质及规格:Q235B φ325×9,R=2.5D 3.连接形式:焊接 4.接口检验及要求:接口探伤 5.接口处防腐、保温:预制保温接头发泡	个 2	D6-504	预制保温管件安装 公称直径300mm	个	2	290.19		134.52	27.46	128.21	1		134.52	27.46	128.21	34.00665	32.2848	356.48146	1523.89	3047.78
					主材	预制保温弯头90° φ325×9 R=2.5D	个	2	380	380				1	380						380		
					D6-33	预制保温管接头发泡 公称直径350mm以内	10个/口	0.4	3204.08		226.29	2970.41	7.38	0.2		45.258	594.082	1.476	11.44122	10.86192	663.11914		
					借 C6-2542	焊缝无损探伤 声波探伤 公称直径350mm以内 超	10个/口	0.4	552.92		139.08	238.58	175.26	0.2		27.816	47.716	35.052	7.03188	6.67584	124.29172		
7	040502002003	钢管管件制作安装	1.种类:预制保温90°弯头 2.材质及规格:Q235B φ325×9,R=1D 3.连接形式:焊接 4.接口检验及要求:接口探伤 5.接口处防腐、保温:预制保温接头发泡	个 2	D6-504	预制保温管件安装 公称直径300mm	个	2	290.19		134.52	27.46	128.21	1		134.52	27.46	128.21	34.00666	32.2848	356.48146	1493.89	2987.78
					主材	预制保温弯头90° φ325×9 R=1D	个	2	350	350				1	350						350		
					D6-33	预制保温管发泡 公称直径350mm以内	10个/口	0.4	3204.08		226.29	2970.41	7.38	0.2		45.258	594.082	1.476	11.44122	10.86192	663.11914		
					借 C6-2542	焊缝无损探伤 声波探伤 公称直径350mm以内 超	10个/口	0.4	552.92		139.08	238.58	175.26	0.2		27.816	47.716	35.052	7.03188	6.67584	124.29172		

（续）

序号	项目编码	项目名称	项目特征	清单工程量①	单位	套用定额号	定额项目名称	定额单位	定额工程量②=②/①	定额单价(不含进项税)/元	其中/元 主材费③	人工费④	材料费⑤	机械费⑥	换算系数⑦=②/①	综合单价组成/元 主材费⑧=③×⑦	人工费⑨=④×⑦	材料费⑩=⑤×⑦	机械费⑪=⑥×⑦	管理费⑫=⑨×费率 25.28%	利润⑬=⑨×费率 24%	综合单价小计/元	综合单价(保留2位小数)/元	综合合价(保留2位小数)/元
8	040502002004	钢管管件制作安装	1. 种类：预制保温90°弯头 2. 规格及材质：Q235B φ273×8，R=2.5D 3. 接口形式：焊接 4. 验收及试验要求：接口探伤 5. 防腐、保温：预制保温管接头发泡	2	个	D6-503	预制保温管件安装，焊接 公称直径250mm	个	2	240.69		113.43	23.9	103.36	1		113.43	23.9	103.36	28.6751	27.2232	296.5883	1127.42	2254.84
						主材	预制保温90°弯头 φ273×8 R=2.5D	个	2	305	305				1	305						305		
						D6-31	预制保温管 发泡 公称直径250mm以内	10个口	0.4	2153.82		181.83	1967.07	4.92	0.2		36.366	393.414	0.984	9.19332	8.72784	448.68516		
						借C6-2541	焊缝无损探伤 超声波探伤的 公称直径250mm以内	10个口	0.4	341.32		90.06	136.58	114.68	0.2		18.012	27.316	22.936	4.55343	4.32288	77.14031		
9	040502002005	钢管管件制作安装	1. 种类：预制保温90°弯头 2. 规格及材质：Q235B φ273×8，R=1D 3. 接口形式：焊接 4. 验收及试验要求：接口探伤 5. 防腐、保温：预制保温管接头发泡	2	个	D6-503	预制保温管件安装，焊接 公称直径250mm	个	2	240.69		113.43	23.9	103.36	1		113.43	23.9	103.36	28.6751	27.2232	296.5883	1097.42	2194.84
						主材	预制保温90°弯头 φ273×8 R=1D	个	2	275	275				1	275						275		
						D6-31	预制保温管 发泡 公称直径250mm以内	10个口	0.4	2153.82		181.83	1967.07	4.92	0.2		36.366	393.414	0.984	9.19332	8.72784	448.68516		
						借C6-2541	焊缝无损探伤 超声波探伤的 公称直径250mm以内	10个口	0.4	341.32		90.06	136.58	114.68	0.2		18.012	27.316	22.936	4.55343	4.32288	77.14031		

（续）

序号	项目编码	项目名称	项目特征	清单工程量① 单位	清单工程量①	套用定额号	定额项目名称	定额单位	定额工程量②	定额单价（不含进项税）/元	其中-主材费③	其中-人工费④	其中-材料费⑤	其中-机械费⑥	换算系数⑦=②/①	综合-主材费⑧=③×⑦	综合-人工费⑨=④×⑦	综合-材料费⑩=⑤×⑦	综合-机械费⑪=⑥×⑦	综合-管理费⑫=⑨×费率25.28%	综合-利润⑬=⑬×⑨×费率24%	综合单价小计/元	综合单价（保留2位小数）/元	综合合价（保留2位小数）/元
10	040502002006	钢管管件制作安装	1. 种类：预制保温三通 2. 材质及规格：Q235B φ377×325 3. 接口形式：焊接 4. 接口检验及试验的要求：接口探伤 5. 接口处防腐、保温：预制保温接头发泡	个	2	D6-505	预制保温管件安装、焊接 公称直径350mm	个	2	347.1		161.31	35.28	150.51	1		161.31	35.28	150.51	40.77916	38.7144	426.59357	2057.71	4115.42
						主材	三通 φ377×325	个	2	450	450				1	450						450		
						D6-33	预制保温管接头发泡 公称直径350mm以内	10个口	0.6	3204.08		226.29	2970.41	7.38	0.3		67.887	891.123	2.214	17.16183	16.2928	994.67871		
						借 C6-2542	焊缝无损探伤 超声波探伤 公称直径350mm以内	10个口	0.6	552.92		139.08	238.58	175.26	0.3		41.724	71.574	52.578	10.54783	10.0137	186.43759		
11	040502002007	钢管管件制作安装	1. 种类：预制保温三通 2. 材质及规格：Q235B φ325×273 3. 接口形式：焊接 4. 接口检验及试验的要求：接口探伤 5. 接口处防腐、保温：预制保温接头发泡	个	2	D6-504	预制保温管件安装、焊接 公称直径300mm	个	2	290.19		134.52	27.46	128.21	1		134.52	27.46	128.21	34.00666	32.2848	356.48146	1700.19	3400.38
						主材	三通 φ325×273	个	2	400	400				1	400						400		
						D6-32	预制保温管接头发泡 公称直径300mm以内	10个口	0.6	2425.61		200.07	2220.62	4.92	0.3		60.021	666.186	1.476	15.17331	14.4050	757.26135		
						借 C6-2542	焊缝无损探伤 超声波探伤 公称直径350mm以内	10个口	0.6	552.92		139.08	238.58	175.26	0.3		41.724	71.574	52.578	10.54783	10.0137	186.43759		

（续）

序号	项目编码	项目名称	项目特征	单位	清单工程量①	套用定额号	定额项目名称	定额单位	定额工程量②	定额单价（不含进项税）/元	主材费③	人工费④	材料费⑤	机械费⑥	换算系数⑦=②/①	主材费⑧=③×⑦	人工费⑨=④×⑦	材料费⑩=⑤×⑦	机械费⑪=⑥×⑦	管理费⑫=⑨×费率 25.28%	利润⑬=⑨×费率 24%	综合单价小计/元	综合单价（保留2位小数）/元	综合合价（保留2位小数）/元
12	040502005001	阀门	1.种类：焊接球阀 2.材质及规格：PN25 DN300 3.连接方式：焊接 4.试验、检查、解体、清洗、接口探伤 5.接口处防腐、保温管接头发泡：预制保温管接头发泡	个	2	借C6-1227	低压阀门法兰阀门公称直径300mm以内	个	2	265.72		197.22	3.97	64.53	1		197.22	3.97	64.53	49.85722	47.3328	362.91002	15958.77	31917.54
						主材	低压法兰阀门DN300	个	2	14200	14200				1	14200						14200		
						D6-612	阀门水压试验公称直径300mm以内	个	2	123.72		19.38	90.27	14.07	1		19.38	90.27	14.07	4.89926	4.6512	133.27046		
						D6-627	低压阀门门解体、检查、清洗、研磨公称直径300mm以内	个	2	333.33		287.85	23.03	22.45	1		287.85	23.03	22.45	72.76848	69.084	475.18248		
						D6-33	预制保温管接头发泡公称直径350mm以内	10个口	0.4	3204.08		226.29	2970.41	7.38	0.2		45.258	594.082	1.476	11.4412	10.86192	663.11914		
						借C6-2542	焊缝无损探伤超声波探伤公称直径350mm以内	10个口	0.4	552.92		139.08	238.58	175.26	0.2		27.816	47.716	35.052	7.03188	6.67584	124.29172		

（续）

序号	项目编码	项目名称	项目特征	清单工程量①	单位	套用定额号	定额项目名称	定额单位	定额工程量②	定额单价（不含进项税）/元	其中/元				换算系数⑦=②/①	综合单价组成/元						综合单价小计/元	综合单价（保留2位小数）/元	综合合价（保留2位小数）/元
											主材费③	人工费④	材料费⑤	机械费⑥		主材费⑧=③×⑦	人工费⑨=④×⑦	材料费⑩=⑤×⑦	机械费⑪=⑥×⑦	管理费⑫=⑨×费率 25.28%	利润⑬=⑨×费率 24%			
13	040502005002	阀门	1. 种类：焊接球阀 2. 材质及规格：PN25 DN250 3. 连接方式：焊接 4. 试验、检查、解体、接口探伤 5. 接口处防腐、保温：预制保温管接头发泡	2	个	借 C6-614	低压管件 碳钢管件（电弧焊）公称直径250mm以内	10 个	0.2	1425.65		241.68	168.48	1015.49	0.1		24.168	16.848	101.549	6.10967	5.80032	154.47499		
						主材	焊接球阀 DN250	个	2	11700	11700				1	11700						11700	12893.99	25787.98
						D6-612	阀门水压试验 公称直径300mm以内	个	2	123.72		19.38	90.27	14.07	1		19.38	90.27	14.07	4.89926	4.6512	133.27046		
						D6-626	低压阀门解体、检查、清洗、研磨 公称直径250mm以内	个	2	268.35		227.43	18.47	22.45	1		227.43	18.47	22.45	57.4943	54.5832	380.4275		
						D6-31	预制保温管接头保温 公称直径250mm以内	10 个口	0.4	2153.82		181.83	1967.07	4.92	0.2		36.366	393.414	0.984	9.19332	8.72784	448.68516		
						借 C6-2541	焊缝无损探伤 超声波探伤 公称直径250mm以内	10 个口	0.4	341.32		90.06	136.58	114.68	0.2		18.012	27.316	22.936	4.55343	4.32288	77.14031		
				小计																				552034.64

表 9-44 分部分项工程量清单计价表（不含进项税额）

序号	项目编码	项目名称	项目特征	单位	清单工程量	综合单价/元	综合合价（保留 2 位小数）/元
1	040501005001	直埋式预制保温管	φ377×7 1. 材质及规格：直埋式预制保温螺旋焊缝钢管 Q235B 2. 接口方式：焊接 3. 管道检验及试验的要求：试压及冲洗，接口探伤 4. 接口处防腐、保温：预制保温管接头发泡	m	384	599.35	230150.4
2	040501005002	直埋式预制保温管	φ325×7 1. 材质及规格：直埋式预制保温螺旋焊缝钢管 Q235B 2. 接口方式：焊接 3. 管道检验及试验的要求：试压及冲洗，接口探伤 4. 接口处防腐、保温：预制保温管接头发泡	m	336	524.78	176326.08
3	040501005003	直埋式预制保温管	φ325×9 1. 材质及规格：直埋式预制保温螺旋焊缝钢管 Q235B 2. 接口方式：焊接 3. 管道检验及试验的要求：试压及冲洗，接口探伤 4. 接口处防腐、保温：预制保温管接头发泡	m	72	549.95	39596.4
4	040501005004	直埋式预制保温管	φ273×8 1. 材质及规格：直埋式预制保温螺旋焊缝钢管 Q235B 2. 接口方式：焊接 3. 管道检验及试验的要求：试压及冲洗，接口探伤 4. 接口处防腐、保温：预制保温管接头发泡	m	72	385.1	27727.2
5	040502002001	钢管管件制作、安装	1. 种类：预制保温变径 2. 材质及规格：Q235B DN350 变 DN300 3. 接口形式：焊接 4. 接口检验及试验的要求：接口探伤 5. 接口处防腐、保温：预制保温管接头发泡	个	2	1664	3328

（续）

序号	项目编码	项目名称	项 目 特 征	单位	清单工程量	综合单价/元	综合合价（保留2位小数）/元
6	040502002002	钢管管件制作、安装	1. 种类：预制保温 90°弯头 2. 材质及规格：Q235B φ325×9，R=2.5D 3. 接口形式：焊接 4. 接口检验及试验的要求：接口探伤 5. 接口处防腐、保温：预制保温接头发泡	个	2	1523.89	3047.78
7	040502002003	钢管管件制作、安装	1. 种类：预制保温 90°弯头 2. 材质及规格：Q235B φ325×9，R=1D 3. 接口形式：焊接 4. 接口检验及试验的要求：接口探伤 5. 接口处防腐、保温：预制保温接头发泡	个	2	1493.89	2987.78
8	040502002004	钢管管件制作、安装	1. 种类：预制保温 90°弯头 2. 材质及规格：Q235B φ273×8，R=2.5D 3. 接口形式：焊接 4. 接口检验及试验的要求：接口探伤 5. 接口处防腐、保温：预制保温接头发泡	个	2	1127.42	2254.84
9	040502002005	钢管管件制作、安装	1. 种类：预制保温 90°弯头 2. 材质及规格：Q235B φ273×8，R=1D 3. 接口形式：焊接 4. 接口检验及试验的要求：接口探伤 5. 接口处防腐、保温：预制保温接头发泡	个	2	1097.42	2194.84
10	040502002006	钢管管件制作、安装	1. 种类：预制保温三通 2. 材质及规格：Q235B φ377×325 3. 接口形式：焊接 4. 接口检验及试验的要求：接口探伤 5. 接口处防腐、保温：预制保温接头发泡	个	2	2057.71	4115.42
11	040502002007	钢管管件制作、安装	1. 种类：预制保温三通 2. 材质及规格：Q235B φ325×273 3. 接口形式：焊接 4. 接口检验及试验的要求：接口探伤 5. 接口处防腐、保温：预制保温接头发泡	个	2	1700.19	3400.38

（续）

序号	项目编码	项目名称	项目特征	单位	清单工程量	综合单价/元	综合合价（保留2位小数）/元
12	040502005001	阀门	1. 种类：焊接球阀 2. 材质及规格：PN25 DN300 3. 连接方式：焊接 4. 试验，解体，检查，接口探伤 5. 接口处防腐，保温，预制保温管接头发泡	个	2	15958.77	31917.54
13	040502005002	阀门	1. 种类：焊接球阀 2. 材质及规格：PN25 DN250 3. 连接方式：焊接 4. 试验，解体，检查，接口探伤 5. 接口处防腐，保温，预制保温管接头发泡	个	2	12893.99	25787.98
			合　计				552834.64

10) 确定总价措施（组织措施）分部分项工程量清单计价表（不含进项税额），见表9-45。

表9-45　总价措施分部分项工程量清单计价表（不含进项税额）

序号	项目编码	项目名称	单位	计算基数①	费率(%)②	工程量③	综合单价/元（保留2位小数）④=⑥+⑦+⑧+⑨+⑩	综合合价/元（保留2位小数）⑤=③×④	综合单价中/元（保留2位小数）				
									人工费单价⑥=①×②×20%	材料费单价⑦=①×②×70%	机械费单价⑧=①×②×10%	管理费单价⑨=⑥×率25.28%	利润单价⑩=⑥×费率24%
1	041109001001	安全施工费	项	定额基价（即人工费，本例中为24675.18元）	1.39	1	376.79	376.79	68.60	240.09	34.30	17.34	16.46
2	041109001002	文明施工费	项	定额基价（即人工费，本例中为24675.18元）	1.83	1	496.06	496.06	90.31	316.09	45.16	22.83	21.67
3	041109001003	生活性临时设施费	项	定额基价（即人工费，本例中为24675.18元）	2.63	1	712.92	712.92	129.79	454.27	64.90	32.81	31.15
4	041109001004	生产性临时设施费	项	定额基价（即人工费，本例中为24675.18元）	1.8	1	487.93	487.93	88.83	310.91	44.42	22.46	21.32
		小计						2073.71	377.53	1321.36	188.77	95.44	90.61

从表9-45中可知，总价措施费中人工费为377.53元。

11）计算得出总价措施项目总费用（不含进项税额）为 2073.71 元，见表 9-46。

表 9-46　总价措施项目计价表（不含进项税额）

序号	项目编码	项目名称	计算基础	费率（%）	金额/元
1	041109001001	安全施工费	分部分项直接费中人工费	1.39	376.79
2	041109001002	文明施工费	分部分项直接费中人工费	1.83	496.06
3	041109001003	生活性临时设施费	分部分项直接费中人工费	2.63	712.92
4	041109001004	生产性临时设施费	分部分项直接费中人工费	1.8	487.93
		小计			2073.71

注：表中"分部分项直接费中人工费"，本例中为 24675.18 元。

12）计算得出规费项目计价为 9770.55 元，见表 9-47。

表 9-47　规费项目计价表

序号	项目名称	计算基础	计算基数/元	计算费率（%）	金额/元
1	规费				9770.55
1.1	社会保障费	养老保险费+失业保险费+医疗保险费+工伤保险费+生育保险费			7641.07
1.1.1	养老保险费	分部分项预算价直接费中人工费+技术措施直接费中人工费+组织措施直接费中人工费	24675.18+377.53	21.2	5311.17
1.1.2	失业保险费	分部分项预算价直接费中人工费+技术措施直接费中人工费+组织措施直接费中人工费	24675.18+377.53	1.5	375.79
1.1.3	医疗保险费	分部分项预算价直接费中人工费+技术措施直接费中人工费+组织措施直接费中人工费	24675.18+377.53	6	1503.16
1.1.4	工伤保险费	分部分项预算价直接费中人工费+技术措施直接费中人工费+组织措施直接费中人工费	24675.18+377.53	1.3	325.69
1.1.5	生育保险费	分部分项预算价直接费中人工费+技术措施直接费中人工费+组织措施直接费中人工费	24675.18+377.53	0.5	125.26
1.2	住房公积金	分部分项预算价直接费中人工费+技术措施直接费中人工费+组织措施直接费中人工费	24675.18+377.53	8.5	2129.48

13）填写单位工程费汇总表，总费用为 626793.58 元，见表 9-48。

表 9-48　单位工程费汇总表

序号	汇总内容	金额/元	备注
1	分部分项工程费	552834.64	
2	措施项目费	2073.71	
2.1	技术措施项目费		本例中没有涉及，如有，计算后列入即可
2.2	组织措施项目费	2073.71	
2.2.1	其中:安全文明施工费	2073.71	安全文明施工费包括:环境保护、文明施工、安全施工、临时设施
3	其他项目费		本例中没有涉及，如有，列入即可

（续）

序号	汇总内容	金额/元	备注
3.1	暂列金额		本例中没有涉及,如有,列入即可
3.2	专业工程暂估价		本例中没有涉及,如有,列入即可
3.3	计日工		本例中没有涉及,如有,列入即可
3.4	总承包服务费		本例中没有涉及,如有,列入即可
4	规费	9770.55	
4.1	社会保障费	7641.07	
4.1.1	养老保险费	5311.17	
4.1.2	失业保险费	375.79	
4.1.3	医疗保险费	1503.16	
4.1.4	工伤保险费	325.69	
4.1.5	生育保险费	125.26	
4.2	住房公积金	2129.48	
5	税金	62114.68	费率为11%,取费基数为:分部分项工程费+措施项目费+其他项目费+规费
	合计 = 1+2+3+4+5	626793.58	

参 考 文 献

[1] 中华人民共和国住房和城乡建设部，国家质量监督检验检疫总局. 建设工程工程量清单计价规范：GB 50500—2013 [S]. 北京：中国计划出版社，2013.

[2] 中华人民共和国住房和城乡建设部，国家质量监督检验检疫总局. 市政工程工程量计算规范：GB 50857—2013 [S]. 北京：中国计划出版社，2013.

[3] 规范编制组. 2013 建设工程计价计量规范辅导 [M]. 北京：中国计划出版社，2013.

[4] 山西省建设工程造价管理协会. 市政工程 [M]. 太原：山西科学技术出版社，2008.

[5] 山西省工程造价管理总站. 2011 山西省建设工程计价依据 市政工程预算定额 [S]. 太原：山西科学技术出版社，2011.

[6] 山西省工程造价管理总站. 2011 山西省建设工程计价依据 建设工程费用定额 [S]. 太原：山西科学技术出版社，2011.